应用型本科(农林类)"十二五"规划教材

U0270208

农产品安全检测技术

主　编　朱丽梅　张美霞

副主编　宰学明　游玉明

　　　　金　凤　赵　辉

上海交通大学出版社

内 容 提 要

本书重点介绍农产品安全检测技术的相关基础理论及其相关的实用技术,主要内容包括我国农产品质量安全现状及存在问题;国内外农产品安全标准体系和农产品质量检测体系;大气、水体和土壤的环境监测方法;农产品中农药残留、重金属、生物性污染、食品添加剂等检测方法;转基因农产品的生物安全性、风险性及安全检测技术。书后附有相关的检测实例。

本书可供农业、食品、医学、商学、化工等行业的科研、教学、设计、生产和管理人员使用,也可供对农产品安全检测感兴趣的普通读者阅读。

图书在版编目(CIP)数据

农产品安全检测技术/朱丽梅,张美霞主编. —上海:上海交通大学出版社,2012(2022重印)
应用型本科(农林类)"十二五"规划教材
ISBN 978-7-313-08545-0

Ⅰ.农... Ⅱ.①朱...②张... Ⅲ.农产品—质量检验—高等学校—教材 Ⅳ.S37

中国版本图书馆 CIP 数据核字(2012)第 107362 号

农产品安全检测技术
朱丽梅 张美霞 主编
上海交通大学出版社出版发行
(上海市番禺路 951 号 邮政编码 200030)
电话:64071208
江苏凤凰数码印务有限公司 印刷 全国新华书店经销
开本:787mm×1092mm 1/16 印张:15.25 字数:372 千字
2012 年 8 月第 1 版 2022 年 7 月第 7 次印刷
ISBN 978-7-313-08545-0 定价:38.00 元

前　　言

　　农产品的安全关系到广大人民群众的身体健康和生命安全,关系到经济发展和社会稳定。近年来,我国的农产品安全水平有了明显的提高。但各种工业、环境污染物的存在,农药、兽药以及添加剂的误用、滥用,有害微生物的污染以及转基因等农业新技术的应用均可能带来各种各样的农产品安全问题。在这种情况下,如何提高农产品的质量与安全性,如何建立保证农产品安全性的有效监控管理体系,为消费者营造放心满意的消费环境,有效保障我国农产品的安全,控制不安全的农产品进入人们的饮食之中,保障人民群众健康安全,是政府乃至科研工作者、生产者、经营者和管理者在内的全社会都关注的重点。农产品的安全检测和监督是农产品安全的保障,在保证食品安全、保障人民群众健康上发挥着重要的作用。

　　本教材系统地分析了影响农产品安全的各类因素和主要检测方法,并且重点介绍了常见农产品安全问题的主要检测方法原理和应用实例,既有全面系统的理论分析,又有紧密结合生产实际的应用实例,可供农业、食品、医学、商学、化工等行业的科研、教学、设计、生产和管理人员使用,也可供对农产品安全检测感兴趣的普通读者阅读。

　　全书共分为8章,系统地介绍了农产品安全检测的理论和方法,主要内容为农产品质量安全的内涵、环境污染对农产品安全性的影响及检测、农药残留检测技术、重金属污染对农产品的安全性影响和检测、生物性污染对农产品的影响及检测、滥用物对农产品安全性的影响及检测、转基因农产品安全与检测技术以及实验方法评价与数据处理。每章附有相关的检测实例。本书由金陵科技学院、重庆文理学院、西南大学的教师和国家农副产品质量监督检验中心南京市产品质量监督检验院的研究人员参加编写,具体分工下:朱丽梅(第0、1章)、张美霞(第2章)、游玉明(第3章)、金凤(第4章)、赵辉(第5章)、宰学明(第6章)和黄威(第7章),王倩、胡飞杰、黄威、张玉等参与初稿的修改。

　　由于本书涉及的领域很广,编者水平有限,书中难免有许多不足之处,敬请广大读者提出宝贵意见,以便再版时补充修正。

编　者

2012.5

目　　录

0 绪 论

【学习重点】

　　在学习农产品安全性等基本概念基础上,了解农产品质量安全的内涵和我国农产品安全质量现状及存在问题,重点学习国内外农产品安全标准体系和农产品质量检测体系。

　　"民以食为天,食以安为先",农产品质量安全问题是一个关系到人类身体健康和生命安全的重大社会问题。同时,随着农产品贸易和经济全球一体化的推进,农产品质量安全又关系到一个国家经济的发展和国际形象,因此各国政府都非常重视农产品的质量安全问题。

　　但即便如此,国内外农产品质量安全事件仍然频繁爆发。从 1986 年肆虐英国的疯牛病、1998 年席卷东南亚国家的猪脑病、1999 年轰动世界的比利时二噁英污染鸡风波到 2011 年的德国大肠杆菌感染事件;国内,毒大米、毒木耳、毒猪肉、毒食用油、劣质奶粉等农产品质量安全事件也时有发生,农产品质量安全事件的频繁爆发引发了人类空前的农产品质量安全危机。我国常因农产品的质量安全不达标,农产品出口屡遭"绿色贸易技术壁垒",在国际贸易中处于不利局面。如 2005 年,欧盟提高了对动物源性产品中检出药物残留的规定,我国淡水小龙虾出口受阻。2006 年 5 月 29 日本"肯定列表制度"的实施,大幅度抬高了我国出口农产品的技术门槛,直接影响到我国近 80 亿美元的出口额,涉及 6300 多家对日农产品出口企业及主产区的经济发展和农民的收入,我国的农产品质量安全问题日趋严峻。

　　虽然欧盟及其他发达国家凭借其技术优势,通过制定动植物检疫技术法规,实施的食品安全标准和管制措施,有阻止国外农产品进口的动机,但我国农产品出口越来越多地遭遇欧盟和其他国家技术壁垒的影响也与自身存在的质量安全问题有关。因此,提高我国农产品质量安全是扭转我国在农产品贸易中不利局面的关键所在。

0.1 农产品质量安全的内涵

0.1.1 农产品及食品的定义

　　根据《农产品质量安全法》的定义,农产品是指来源于农业的初级产品,即在农业活动中获得的植物、动物、微生物及其产品,包括在农业活动中直接获得的未经加工以及经过分拣、去皮、清洗、切割、冷冻、打蜡、分级、包装等粗加工但未改变基本自然形状和化学性质的加工品，如蔬菜、加工前的鲜奶、捕捞船上的渔获物等。但在农产品质量安全管理方面，大家常说的农产品，多指食用农产品，包括鲜活农产品及其直接加工品。说到农产品质量安全，通常有 3 种认识：一是包括农产品安全、优质、营养要素的所有因素，该定义来源于现行的国家标准和行业标准；二是重点突出质量中的安全因素，强调农产品在产地、生产过程、贮藏、运输、加工和销售等各个环节中各种有毒有害物质得到控制，产品达到了安全标准要求，对消费者本人、后代和环境不会造成危害和损失，该定义常见于相关的政府文件和新闻报道；三是质量和安全的组合，质量是指农产品的外观和内在品质，即农产品的使用价值、商品性能，如营养成分、色香味、口感、加工特性以及包装标识；安全是指农产品的危害因素，如农药残留、兽药残留、重金属污染等对人和动植物以及环境存在的危害与潜在危害，该定义常见于学术研究。从 3 种定义的分析可以看出，农产品质量安全概念是在不断发展变化的，应当说在不同的时期和不同的发展阶段对农产品的质量安全有各自的理解。从发展趋势看，大多是先笼统地抓质量安全，启用第一种概念；进而突出安全，推崇第二种概念；最后在安全问题解决的基础上重点是提高品质，抓好质量，也就是推广第三种概念。总体上讲，生产出既安全又优质的农产品，既是农业生产的根本目的，也是农产品市场消费的基本要求，更是农产品市场竞争的内涵和载体。

食品是指人类生存与发展所需的最基本的物质生活资料，是人们从事精神和物质生产的必要前提。食品和农产品的内涵有差异，外延有交叉。一般将食物或食品与农产品等概念混同使用，如从事食品科学研究的人偏好使用食品（食物）安全，从事农业科学研究的人偏好使用农产品质量安全。相对而言，农产品质量安全涵盖的范围较宽，既包括可食用农产品质量安全，又包括非食用农产品质量安全。前者构成农产品质量安全的主体部分；同时，可食用农产品又包含在食品这个大概念中，也是食品工业的主要原料来源，可食用农产品的生产是食品加工产业的源头。

0.1.2　食品与可食用农产品的安全性

0.1.2.1　食品的安全性

我国农产品供给形势改善后，数量供给压力减弱，质量供给压力加大。理解农产品安全首先要澄清两个基本概念：粮食安全（Food Security）和食品安全（Food Safety）。过去由于中国粮食短缺严重，当联合国粮农组织初次提出 food security 概念时，我国翻译为"粮食安全"。但中国粮食供给状况改善以后，食物供给结构发生了改变，这种翻译对正确理解该概念的局限就表现出来，一些学者建议将 Food Security 翻译为"食物安全保障"、"食物保障"或"食物战略安全"，其内涵包括食物供需平衡和营养平衡，也包括 Food Safety。在目前实际应用中，这几种概念经常混同使用。食物安全的概念是一个动态发展的概念，它随一个国家的经济发展水平不断丰富和完善。目前常用的一个概念是 1992 年国际营养大会上定义的"在任何时候人人都可以获得安全营养的食物来维持健康的生活"。这一概念包含了 3 个层次的内容：从数量上要求食物的供需平衡，满足食物数量安全；从质量上要求食物的营养结构合理、优质卫生健康，满足食物质量要求；从发展的角度，要求食物的获取要注重生态环境的良好保护和资源利用的可持续性，即确保食物来源的可持续性。食物安全内涵的层次性决定了只有低层次目标实现后，才可能实现高层次目标。

食品安全和粮食安全都是有可以客观度量的界限。粮食短缺和营养不良到了一定的水平,就成了粮食安全问题;食品污染或者营养失衡到了一定的程度(以一个国家相关的产品质量标准为限),就成了食品安全问题。但在目前广泛应用的食品安全概念中,有一种倾向,就是把所有食品问题都归结为食品安全问题,如食品包装问题、标签问题,甚至因不符合发达国家人为提高的过分苛求的质量标准问题,也认为是食品安全问题。因此关于食品的安全性或安全食品,世界卫生组织 1984 年在《食品安全在卫生和发展中的作用》文件中,曾把“食品安全”与“食品卫生”作为同义语,定义为:“生产、加工、储存、分配和制作食品过程中确保食品安全可靠,有益于健康并且适合人消费的种种必要条件和措施”。1996 年世界卫生组织在其发表的《加强国家级食品安全性计划指南》中,则把食品安全性与食品卫生作为两个概念加以区别,其中食品安全性被解释为“对食品按其原定用途进行制作和(或)食用时不会使消费者受害的一种担保”。有学者建议区分绝对安全性与相对安全性。绝对安全性是指确保不可能因食用某种食品而危及健康或造成伤害的一种承诺,也就是说食品应绝对没有风险。这是在当代环境威胁加剧的条件下消费者的理想追求,但不符合客观事实及科学性。相对安全性被定义为,一种食物或成分在合理食用方式和正常食量的情况下不会导致对健康损害的实际确定性。因此,食品安全性应该是食品在生产、贮存、流通和使用过程中的一切处理,对在正常食用量的情况下,采用合理的食用方式,不会对消费者健康造成损害的一种性状。目前对食品安全的研究,更多关注的是食品质量的安全特性,因此有时也将食品安全翻译成食品质量安全。

0.1.2.2 可食用农产品的安全性

虽然可食用农产品又包含在食品这个大概念中,但农产品又有其特点,其安全性是其质量特性的一个方面。可食用农产品质量既包括人们对农产品的营养、安全、美味、环保和合法等要求,又包括对健康、资源和可持续性等的需要。因此可食用农产品质量安全的内涵应该是:可食用农产品以其所具有的卫生、营养状况,在满足不同的消费需求时,不会对消费者健康造成危害的一种性状,它要求合理利用农业生产资源、保证农业生产的可持续发展,强调农产品的质量安全是人类维持健康生活的一种基本权利。

0.1.3 现阶段农产品质量安全水平的划分

现阶段反映农产品质量安全水平的有 3 个概念:有机农产品、绿色农产品和无公害农产品。不同概念下的农产品质量安全水平是通过不同的质量来反映的。

0.1.3.1 有机农产品

有机农业是一种遵循有机农业标准,在生产中不采用基因工程技术获得的生物及其产物,生产过程中不使用化学合成的农药、化肥、生长调节剂以及饲料添加剂等物质,而是遵循自然规律和生态学原理,协调种植业和养殖业的平衡,采用一系列可持续发展的农业技术,维持持续稳定的农业生产过程。有机农产品所强调的是有机农业的产物,通常指来源于有机农业生产体系,根据国际有机农业生产要求和相应的标准生产的,并通过独立的有机食品认证机构认证的农产品。国际上有机农业的发展是自下而上开始的,由部分农民和消费者的自发行为开展到一定规模,由政府制定法规进行规范。近几年来,我国的有机农业正在逐步兴起,但从我国农业生产的实际情况出发,有机农业还不能成为主流产业。

0.1.3.2　绿色农产品

绿色农产品是遵循可持续发展原则,按照特定生产方式生产,经专门机构认定,许可使用绿色食品商标标志的无污染的安全、优质、营养类食品。绿色农产品分 A 级和 AA 级。我国绿色农产品工程 1989 年开始筹备,1990 年首先在全国最大的国营农业企业——农垦系统启动,1994 年由农垦系统向农村和社会全方位推进。

0.1.3.3　无公害农产品

无公害农产品是指产地环境、生产过程和产品质量符合国家有关标准和规范的要求,经认证合格获得认证证书,并允许使用无公害农产品标志的未经加工或者加工的安全、优质、面向大众消费的农产品。这类产品生产过程中允许限量、限品种、限时间地使用人工合成的、安全的化学农药、兽药、渔药、肥料和饲料添加剂等。2001 年 4 月,农业部贯彻落实《中共中央、国务院关于做好 2001 年农业和农村经济工作的意见》,正式启动了全国"无公害食品行动计划",其指导思想是将农业生产从过去的数量增长型向质量安全型转变,力争通过 8～10 年的时间使我国农产品的安全生产提高到新的水平,解决目前由于滥用农用化学品造成的农产品污染问题。

无公害农产品主要是初级食用农产品,如粮、菜、果、肉、蛋、奶等,它是对农产品质量安全的最基本要求,属农产品市场准入的最低条件。生产无公害农产品是我国政府为了解决近几年来日趋严重的农产品安全问题而推行的政府行为,是从整体上提高农产品质量安全水平的入手点。

表 0.1　无公害农产品、绿色食品、有机农产品的比较

不同点	有机农产品	绿色食品	无公害农产品
标准	国家环境保护总局有机食品发展中心制定的有机产品的认证标准	中国绿色食品发展中心组织制定的统一标准	国家农业部牵头制定的标准
标识	有机食品标识	绿色食品标识	无公害食品标识
级别	无级别之分	A 级和 AA 级	无级别之分
认证机构	国家环境保护总局有机食品发展中心	中国绿色食品发展中心	省级农业管理部门主管的认证机构
认证方法	实地检查认证为主,检测认证为辅	A 级检查认证和检测认证并重;AA 级实地检查认证为主,检测认证为辅	检查认证和检测认证并重

表 0.2　无公害农产品、绿色食品、有机农产品的比较

标　准	产地环境
无公害农产品(GB18406.1~4-2001)	蔬菜、水果、畜禽肉、水产品产地环境要求符合 GB/T18407.1~4-2001 要求
A 级绿色食品(NY/T391~394-2000)	环境质量符合 NY/T391-2000 要求
AA 级绿色食品(NY/T391~394-2000)	环境质量符合 NY/T391-2000 要求
有机农产品(HJ/T80-2001)	土地从生产其他农产品到生产有机农产品需要 2~3 年的转换期

(注:摘自李铜山,2008)

表 0.3　无公害农产品、绿色食品、有机农产品的比较

标　准	限制条件	生产方式
无公害农产品(GB18406.1~4-2001)	蔬菜、水果、畜禽肉、水产品的有毒有害物质控制在标准规定限量范围内,但一般不禁止使用基因工程技术	在无公害食品标准规定的生产环境下按规定的要求进行生产
A 级绿色食品(NY/T391~394-2000)	允许限量使用限定的农药、化肥和合成激素,但禁止使用基因工程技术	按 NY/T392-394 规定生产操作规程进行生产
AA 级绿色食品(NY/T391~394-2000)	不使用任何农药、化肥和人工合成激素,并禁止使用基因工程技术	按有机食品生产方式生产
有机农产品(HJ/T80-2001)	禁止使用农药、化肥、激素等人工合成物质,并禁止使用基因工程技术	按有机农业规定的生产方式加工、生产

(注:摘自李铜山,2008)

0.2　我国农产品安全质量现状及存在问题

0.2.1　我国农产品安全质量现状及存在问题

　　我国农村经济已进入新的发展阶段,现有的大多数农产品供给充裕,甚至相对过剩,农产品有效需求不足。在农业和农村经济结构战略性调整的关键时期,提高农产品的质量是主攻方向。实现农产品优质化既是满足城乡居民生活质量不断提高、扩大出口、全面提升农业和农村经济运行质量与效益的关键所在,也是促进农业跨上新的台阶,给农业注入持续发展的活力

与动力,增强抵御市场风险能力的必然要求,但我国农产品的质量与广大消费者的要求及国际先进水平相比,还有相当的差距。目前,我国食用农产品的安全问题与农业种植、养殖中滥用化肥和农药有很大的关系。我国农业种植中杀虫剂占70%,杀虫剂中的有机磷农药占70%,加上不合理施用,造成农产品中农药残留量超标。据不完全统计,我国农药使用量达30万t(原药),集约化农区施用水平在300～450kg/hm²剂量水平,除30%～40%被农作物吸收外,大部分多余的农药进入了水体、土壤及农产品中。我国化肥的年施用量也高达1424万t,按播种面积计算,平均每公顷化肥使用量就达400kg,远远超过发达国家为防止化肥污染所设置的225kg/hm²的安全上限(见表0.4)。

兽药、重金属、抗生素以及激素等对肉类食品的污染以及环境污染带来的潜在危害难以评估。我国动物产品因兽药残留和其他有毒有害物质超标造成的餐桌污染和引发的中毒事件时有发生。例如,浙江的"瘦肉精"中毒,内蒙古"死因不明"羊肉,江西病死肉加工食品,河北死鸡加工等肉类食品污染案件。此外,不卫生的注水肉几乎在各省市都存在,屡禁不绝。动物产品残留超标、产品染疫、安全性差的问题十分突出。这些问题的存在,使得消费者缺乏消费安全,也影响了国内的消费并制约了畜牧业的发展

表0.4　中国与其他国家化肥施用比较

项　　目	俄罗斯	加拿大	美国	巴西	澳大利亚	中国
年均施用量(kg/hm²)	29	60	108	85	32	261
谷物平均产量(t/hm²)	1.61	2.57	5.09	2.26	1.71	3.29
平均每kg化肥的生产力/kg	55.5	42.8	47.1	26.6	53.4	12.6

(注:摘自宫辰,2009)

0.2.2　影响农产品质量安全的因素

0.2.2.1　产地环境

影响农产品质量安全的首要因素就是环境的本底性污染。本底性污染是指农产品产地环境中的污染物对农产品质量安全产生的危害,它主要包括产地环境中水、土、空气的污染,如灌溉水、土壤、大气中的污染物超标等。本底性污染治理难度最大,需要通过净化产地环境或调整种养品种等措施加以解决。本底性污染中首先是农田大气的污染,其中煤烟型大气污染最为严重,污染物以二氧化硫、烟尘和粉尘为主,其次还有氮氧化物、一氧化碳,硫化氢和氟等。大气的污染直接影响了农作物生长发育期的光合作用,形成弱苗,苗的抗病虫能力减弱,导致农产品的数量和质量有所下降。其次是地下和地表水质的影响,我国有许多河流湖泊遭到不同程度的污染,致使农产品受化学污染的机会大大提高。地下水中氰化物、六价铬、铅、砷、铬、镉等化学物质通过食物链进入人体,经过长期积蓄将直接影响着农产品的质量安全,就会对人体健康造成慢性危害。三是农田的土壤影响。土壤本身的危害元素包括砷、镉、铬、铜、汞、铅、镍、锌等8种重金属元素,主要是前4种元素。另外,外来污染物进入农田加重了土壤的污染程度,由于土壤污染问题具有隐蔽性和滞后性等特点,一旦受到污染,短时间很难治理恢复。

0.2.2.2　农业投入品

农药、化肥等化学品的使用是关系农产品质量安全的关键环节。近年来我国农药使用量不断上升，且相当一部分是高毒、高残留农药。农药造成的主要问题是：杀死益虫和有益动物；害虫对农药产生抗性；对农产品造成药害残留；更严重的是使鲜果、鲜菜类农产品中农药残留量严重超标，对环境、人畜造成污染和毒害。其次，化肥使用量过多和不科学合理的使用，导致化肥利用率降低和环境污染，使农产品中蔬菜累积硝酸盐含量增高，品质下降。第三是农用塑膜的影响。由于农膜在农业生产中大量使用，影响了土壤的通透性，阻碍了农作物根系对水肥吸收和生长发育，尤其是塑料中增塑剂——邻苯二甲酸烷基脂类化合物，在环境中持久性残留，使作物吸收和富集，导致了农产品污染，并通过食物链浓缩，对人体构成潜在性危害。第四是激素的滥用。为追求农产品的数量，菜农过量过频地使用激素，虽然达到催长催熟的目的，但是使蔬菜中水分含量增高，有效营养成分降低，不耐储运，品质变差，甚至影响了城乡居民的身体健康。动物性农产品的抗生素残留可引起病原菌对多种抗生素产生抗药性；高激素残留，特别是性激素，对青少年的生长发育极为不利；瘦肉精能引起人的心率加快，代谢紊乱等不良后果。

0.2.2.3　农产品生产加工模式因素

我国农产品生产最显著的特点是农村人口多、人均耕地少、生产规模小，千家万户分散生产，独立经营，无论是购进生产资料还是销售农产品，都是一家一户单独面向市场。分散的生产和经营不利于控制投入品的质量，标准化生产水平低，产品的质量不容易控制。近年来，人们已经认识到通过农产品加工龙头企业可以有效地带动农产品的标准化生产，但目前农业龙头企业发育滞后，绝大部分农户生产的农产品都以原始初级产品的形式进入市场，既没有加工、分级包装，也没有品牌商标，产地、品种、品质等特点无法体现，质量没有要求，生产者千家万户，经营者千军万马，产销之间没有形成固定的供求合作关系，产销脱节，质量得不到保证，责任无法追溯，虽然对农产品的消费已经出现不同的质量层次追求，但差别化经营没有应运而生。

农作物的种植设施、施肥、浇水、病虫害防治等农艺管理技术和产品采集后商品化处理，如加工、包装、预冷、运输、贮藏等环节都对农产品质量安全有直接影响。目前，在操作过程中，一些环节还没有严格执行农产品质量标准和技术规范。有些农产品在加工、包装、存储、运输过程中由于设备、工艺操作等方面存在问题而导致的"二次污染"严重。因此，通过各种途径规范农户的生产行为，形成从"农田到餐桌"，从环境、投入品到产品全过程一条龙、产供销一体化的管理格局，建立清洁安全的农产品生产供应链是目前确保农产品质量安全的最佳途径。

0.2.2.4　标准体系因素

(1) 农产品质量安全标准体系很不完备。标准常常不配套，使得组织农产品生产加工以及实施监督缺乏有效的技术依据；标准的国际对接性差，国外一般用技术法规来规范生产，我国一律用标准，不同的贸易国有不同的质量要求，我们用一种标准来规范农产品质量难以与贸易国对接。

(2) 农产品质量安全检验检测体系很不健全。检测机构缺乏，尤其是面向生产基地和市场的基层质检机构严重缺乏,检测手段相对落后,设备陈旧,检验人员力量不足,检测能力不能适应新的检测项目和参数的要求。

(3) 农产品质量安全认证体系还处于初级阶段。发达国家除了对最终产品进行质量安全认证外,还普遍在生产企业推行 HACCP 认证,而我国才起步。认证工作与国际不接轨,不能在贸易国发挥质量证明的作用。

0.2.2.5　技术因素

目前我国农产品质量安全生产技术缺乏、水平低、应用慢,严重影响到质量农业的发展。长期的数量农业形成了以高产为主要目标的研究开发体系,科研开发滞后,农业科技攻关的重点刚开始转向农产品质量安全,相应的研究成果还没有大量出现;推广转化不力,农技推广体系正在改革、基层乡镇农技推广机构撤并,人员编制压缩精简,事业经费严重不足,优质安全技术的试验示范、推广等活动难以组织开展,新知识、新品种、新技术、新产品的扩散渠道不畅;农民接受应用缓慢,农业效益相对低下。同时,由于从事种养殖生产的农民,主要是老弱妇幼,文化素质低,接受新知识、新技术的意识差、能力弱,习惯于传统的施肥、用药和喂料等生产管理和技术,质量的提高和质量安全控制技术的实践应用非常缓慢。

0.2.3　改善我国农产品质量安全现状的措施

0.2.3.1　制定具有中国特色的农业可持续发展规划和绿色农业发展战略

加强资源保护及农业资源综合立法,对自然资源实行资产化管理。制定和完善支持政策,建立绿色农业政策体系。强化生态意识,真正把保护和改善生态环境作为发展无公害农产品产业的一项根本性措施来抓。引导和鼓励工业企业实行清洁生产,严禁在无公害农产品生产区域建立污染型工业企业,严禁超标准排放废水、废气。环境保护部分要依法进行监控和管理,建立绿色生产保护区,重点加强土壤、水质、空气和生产资料的定期检查和跟踪监测。

0.2.3.2　宣传和普及绿色农业知识,增强全民族绿色意识

在各种层面上开展无公害农产品知识教育,不断提高全民无公害农产品意识。同时,企业应加强宣传,树立无公害农产品的品牌概念,从而营造一个绿色消费环境。

0.2.3.3　建立健全我国的农业标准化体系

积极研究采用国际标准和国外先进标准,加快我国农产品质量标准的制定和修订工作。着重要提高农产品安全标准和环境标准,按照 WTO 协议中关于食品安全和动植物卫生健康标准的协议,积极研究和采用国际标准,特别是要确保与国际食品法典委员会关于食品的标准、国际兽医组织关于动物健康的标准、国际植物保护联盟关于植物健康的标准以及国际标准化组织等方面的标准相配套,从而使我国生产的农产品接近甚至超过国际标准,促进我国农业走向世界。根据农业各个环节和各个领域,制订各相关标准,进一步完善农业标准化体系。完善农产品生产、加工、贮藏、销售全过程以及操作环境和控制等方面的标准体系,把农业生产的产前、产中、产后诸环节纳入标准化管理轨道,尽快形成与国际相配套的标准体系。

0.2.3.4 调整和优化农业产业结构及产品结构,实现产业升级

中国农业生产应立足当地资源,在产品结构上由单一追求产量向优质名牌无公害产品发展,并增加肉禽蛋奶、果蔬、花卉、药材、茶叶等名特优无公害农产品。在产业化方面,要建立无公害农产品生产基地,发展龙头企业,形成产业链及产业群。加快相关产业发展,按照无公害农产品的产业布局,科学规划相关产业项目,加强宏观调控,防止重复建设。要加快无公害农产品特有的生产资料的开发和生产,大力发展有机肥料、生物农药、优质添加剂的生产,开展无污染包装物的研究开发,确保无公害农产品的包装符合标准,适应市场需求。

0.3 国内外农产品安全标准体系

0.3.1 农产品安全标准体系及发达国家和地区农产品标准体系的概况

根据 GB/T20000.1—2002《标准化工作指南 第一部分:标准化和相关活动的通用词汇》,标准为在一定范围内获得最佳秩序,经协商一致制定并由公认机构批准,共同使用的和重复使用的一种规范性文件。标准是以科学、技术和经验的综合成果为基础,以促进最佳的共同效益为目的。

国际标准组织和发达国家对农产品标准体系的建设都非常重视,并以市场需求为导向,以保证人民的身体健康为目标,制定了一系列科学合理、适用有效的标准。

0.3.1.1 国际标准化组织概况

农产品(食品)领域的国际标准组织主要有国际标准化组织(ISO)、联合国粮农组织和世界卫生组织下属的食品法典委员会(FAO/WHO/CAC)、国际乳品联合会(IDF)、国际葡萄与葡萄酒局(IWO)、国际动物卫生组织(OIE)、国际植物保护公约(IPPC)等,其中 ISO、CAC、OIE、IPPC 四大标准组织是世界贸易组织(WTO)认可的国际标准化组织。

目前最重要的国际食品标准分属两大系统,即 ISO 系统的食品标准和 CAC 系统的食品标准,其现状和发展趋势对世界各国食品发展有举足轻重的影响。

1) 国际食品法典委员会(CAC)

CAC 制定的《食品法典》汇集了一系列标准、操作规范、准则,已经成为消费者、食品生产者和加工者、各国食品管理机构和国际食品贸易的全球参考标准。CAC 自 1963 年成立至今,已拥有 170 多个成员国,覆盖世界人口的 98%,是 WTO 认可的唯一向世界各国政府推荐的国际食品法典标准的组织,其标准也是 WTO 在国际食品贸易领域的仲裁标准。CAC 检测方法标准主要由食品法典分析与抽样方法委员会(CCMAS)统一负责组织制定,其中兽药残留检测方法由食品法典兽药残留委员会(CCRVDF)负责制定和采纳。截止 2009 年 10 月底 CAC 共发布 11 项检测方法标准,其中 5 项检测类方法标准,6 项基础类方法标准,共收录和采纳 2877 种具体检测方法,见表 0.5。

农药残留限量标准是近年来 CAC 的关注焦点,也是历次大会的讨论重点。目前 CAC 的农药残留限量标准主要收录在《农药最大残留限量(MRLs)》(CAC/MRL 1)中,制定了 213 种

农药在农产品及食品中的2 369项农药最大残留限量标准,2009 年的41 届年会增加了50 种农药在蔬菜、水果、粮食、肉类、禽类等动植物产品中的534 项最大残留限量;CAC 同时制定了《再残留限量(EMRLs)》(CAC/MRL 3),制定了148 个农药的再残留限量值。CAC 的兽药残留限量标准主要收录在《食品中兽药最大残留限量》(CAC/MRL 2)中,制定了56 种兽药在动物产品中的481 项兽药残留限量标准。

表 0.5　CAC 检测方法标准目录

标准编号	标准名称	方法数量/个
CODEX STAN 228-2004	污染物分析通用方法	4
CODEX STAN 229-2003	农药残留分析推荐方法	1 530
CODEX STAN 231-2003	辐照食品检测通用法典方法	5
CODEX STAN 234-2009	分析和抽样推荐方法	952
MAS-RVDF-2006	兽药残留分析推荐方法	386
CAC/GL 33-1999	农药残留测定推荐取样方法	—
CAC/GL 40-2004	测量不确定度导则	—
CAC/GL 50-2004	抽样一般原则	—
CAC/GL 56-2004	应用质谱进行残留鉴定、验证和定量检测导则	—
CAC/GL 70-2009	分析测试结果争端解决导则	—
CAC/GL 72-2009	分析方法术语导则	—

(注:摘自云振宇等,2010)

目前,CAC 下设22 个工作委员会,每个委员会都由CAC 大会选定一个成员国主持,见图0.1。此前,委员会主席国除摩洛哥和巴西为发展中国家外,其余均为发达国家。在2006 年CAC 第29 届大会上,我国同时当选成为国际食品法典添加剂委员会的主席国和国际食品法典农药残留委员会主席国;2007～2009 年,农业部成功主持了CAC 农药残留委员会(CCPR)第39、40 和41 届会议,卫生部成功举办了CAC 食品添加剂法典委员会第39、40 和41 届会议,推动了我国参与CAC 工作的进度。

CAC 食品标准体系框架由两大类标准构成,一类是由一般专题分委员会制定的各种通用的技术标准、法规和良好规范;另一类是由各商品分委员会制定的某特定食品或某类别食品的商品标准。其中一般专题分委员会制定的通用标准共100 项,涉及一般的原则和要求、食品标签及包装、食品添加剂、农药和兽药残留标准、污染物、取样和分析方法、进出口食品检验和食品卫生等方面的标准;商品分委员会制定的商品标准250 项,包括谷物、豆类及其制品以及植物蛋白、油和油脂、新鲜果蔬、新鲜果汁、乳及乳制品、加工和速冻水果蔬菜、糖、可可制品及巧克力、肉及肉制品、鱼和鱼制品、营养与特殊膳用食品等方面的标准。若按照标准的适用范围分,也可将CAC 标准划分为商品标准、良好技术规范和指南、限量标准、食品的抽样和分析方法、一般导则及其指南五大类。

2)国际标准化组织(ISO)

国际标准化组织(ISO)是拥有100 多个会员国的国际质量标准委员会,其主要宗旨是借质量发展促进国际间的企业、生产和贸易的交流。在众多的国际质量标准中最具权威的一项是 ISO 9000 标准系列。ISO 9000 的发布始于 1987 年,分为 ISO 9001、ISO 9002 和 ISO 9003,用于世界各地的各类型企业组织。在食品方面,ISO 有专门负责农产品标准工作的技术委员会 ISO/TC34 和专门负责淀粉包括衍生物和副产品标准工作的技术委员会 ISO/TC93。ISO 的食品标准体系由基础标准(术语)、分析和取样方法标准、产品质量与分级标准、包装标准、运输标准、储存标准等组成。ISO/TC34 近年来的工作重点由具体的检测检验方法标准转向综合性、管理性的标准。如 2001 年 11 月 15 日发布了 ISO15161《食品和饮料行业 ISO9000:2000 应用指南》,同时正在组织基于 ISO9000 系列标准的《农业质量体系》(即 AQ9000)标准前期研讨等。近年来,ISO/TC34 对食品安全管理标准也非常重视,2001 年成立了 ISO/TC34/WG8,于 2002 年 3 月正式出台了 ISO/WD22000《食品安全管理体系(FSM)要求》,ISO 已于 2004 年 6 月推出了 ISO/DIS22000《食品安全管理体系——对整个食品链中组织的要求》,正式标准已于 2005 年发布。

　　3) 危害分析与关键控制点体系(Hazard Analysis Critical Control Point,HACCP)

　　HACCP 体系是目前世界上最有权威的食品安全质量保证体系标准。HACCP 诞生在 20 世纪 60 年代的正致力于发展空间载人飞行的美国,是为宇航员食品安全而制订的标准。该体系提供一种科学逻辑的控制食品危害的方法,避免了单纯依靠检验进行控制的方法的许多不足。一旦建立 HACCP 体系,质量保证的主要努力将针对各关键控制点(CCP)而避免了无尽无休的成品检验,以较低的成本保证较高的安全性,这些早期的认识导致逐渐形成危害分析与关键控制点(HACCP)体系。它在 20 世纪 60 年代被皮尔斯堡公司、美国宇航局和美国陆军纳提克研究所 3 个单位联合提出,在 1971 年美国的全国食品保护会议期间公布,并在美国逐步推广应用。1973 年美国药物管理局(Food and Drug Administration,FDA)首次将 HACCP 食品加工控制概念应用于罐头食品加工中,以防止腊肠杆菌感染。1985 年美国国家科学院建议所有执法机构采用 HACCP 标准,对食品加工也强制执行。1986 年美国国会要求美国海洋渔业处制订一套以 HACCP 标准为基础的水产品强制稽查制度,执行中取得显著成效。1995 年 12 月 FDA 根据 HACCP 标准制定了《水产法规》,并把 HACCP 标准扩展应用到其他食品上。HACCP 标准也被很多国家采纳,是欧盟和北美强制执行的标准,目前也被联合国食品法典委员会认可为世界范围的标准。

　　HACCP 标准的核心是保护食品在整个生产过程中免受可能发生的生物、化学、物理因素的危害。宗旨是将可能发生的食品危害消除在生产过程中,而不是靠事后检验来保证产品的可靠性。HACCP 适用于包装、加工和流通等环节。HACCP 是一个预防体系,一个食品企业如果要建立 HACCP 体系,必须在 GMP(良好操作规范)的基础上,即必须在有效实施食品法典(食品卫生通则)、适当的食品法典操作规范和适用于该企业的政府制定的食品安全法规的基础上。HACCP 的预防食品供应污染的目标期望是 100%。为了确保食品安全,HACCP 体系采取生物、化学和物理危害分析,鉴定预防尺度和关键控制点,不合格现象发生时建立的纠正措施,以及建立文件管理资料体系和鉴定程序等措施。

0.3.1.2 发达国家和地区农产品标准体系的概况

　　1) 美国

　　美国的农产品标准分为 3 个层次:一是国家标准,由农业部、卫生部、环境保护署、FDA 等

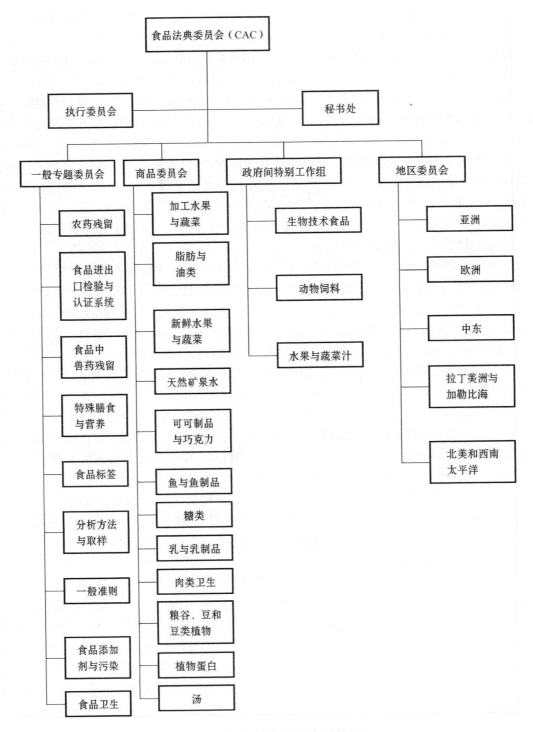

图 0.1　食品法典委员会组织结构图

机构以及联邦政府授权的特定机构制定;二是行业标准,由民间团体制定,如美国奶制品学会等,具有很高的权威性,是美国标准的主体;三是由农场主或公司制定的企业操作规范,相当于我国的企业标准。美国农产品标准体系包括常规农产品质量标准体系和有机农产品标准体系两部分,其中常规农产品质量标准体系由产品标准,农业投入品及其合理使用标准,安全卫生标准,生产技术规程,农业生态环境标准和农产品包装、储运、标签标准所组成。目前,美国《联邦法规法典》包含了 352 项农产品标准(含等级标准),其中新鲜水果、蔬菜和其他产品的等级标准 160 项,经加工的水果、蔬菜和其他产品(冷藏、罐装等)的等级标准 143 项,其中包括 13 个奶类产品分级,85 个蔬菜和水果分级,225 个以上加工产品分级,18 个粮食和豆类分级,18 个畜产品分级和很多烟草类的分级。新的分级和标准根据需要不断制定,大约每年对 7% 的分级进行修订,而且分级也比较详细,例如对于肉类产品(牛排、羊肉等),分级为 USD A PRIME,USD A CHOICE 和 USD A SELECT;对于蛋类,分级为 USD AA GRADE,USD AAA GRADE;对于蔬菜和水果,分级为 U. S. FANCY, U. S GRADE NO. 1, U. S. GRADE NO. 2 等。

2) 欧盟

欧盟的农产品标准体系分为两层:上层为欧盟指令,下层为包含具体技术内容的可自愿选择的技术标准,食品和饲料属于指令范围内的产品。目前,欧盟拥有技术标准十多万项,其中 1/4 涉及农产品。2002 年 1 月欧洲委员会出台了《欧盟农产品安全法》,涵盖了农产品或饲料生产、加工和流通的各项阶段,包括农产品卫生、污染和残留限量控制、新型食品、添加剂、调味及包装和辐射等一系列内容,欧盟的农产品安全标准体系基于此法而建立。

3) 日本

日本的农产品标准体系也分为国家标准、行业标准和企业标准 3 层。国家标准即 JAS 标准。日本的农产品标准数量很多,并形成了较为完备的标准体系,目前共有农产品规格标准 500 多项,涉及生鲜农产品、加工农产品、有机农产品和转基因农产品等。

目前,日本已设残留标准的农药共有 229 种。新修订的《食品卫生法》"肯定列表"中,包括农药、兽药及饲料添加剂在内共有 734 种,设定了 1 万多个最大允许残留量标准,即"暂定标准"。对尚不能确定具体的"暂定标准"的农药、兽药及饲料添加剂,将设 0.01mg/kg 的"一律标准"。一旦食品中残留物超标,将被禁止进口。另外,按照修正案的规定,如果进口农产品中发现含有日本未设残留标准的农药,即使该农药残留符合国际标准,对人体无害,也无法进入日本市场。

总体而言,国际组织和发达国家的农产品标准体系较为完善,主要表现在以下几个方面:一是标准种类齐全;二是标准科学、先进、实用;三是标准与法律法规结合紧密,执行有力;四是制定标准的目的明确。

0.3.2 我国农产品标准体系的概况

我国农业标准化工作始于 20 世纪 60 年代。1962 年国务院通过了《工农业产品和工程建设技术标准管理办法》,1963 年国家科委对部标准代号、编号、部指导性技术文件代号、编号和企业标准代号、编号作了统一规定。1978 年中国申请加入国际标准化组织(ISO),同年 8 月被 ISO 接纳为成员国。1981 年我国颁布第一个有农药残留限量的"粮食卫生标准 GB2715-81"。但由于受种种原因的影响,我国农业标准化工作进展缓慢,至 1982 年,仅制订了 77 个国家标准,240 个部颁标准。

"八五"期间,我国农业标准化工作取得了较大进展。农业、林业、畜牧、水产、内贸、供销、粮食、烟草、水利等部门承担并完成国家标准的制定和修订 317 项,完成行业标准的制定和修订512项,各地根据需要制定了一大批农业标准规范,许多相关企业也制定了大量的企业标准。到1995年底,全国共有农业方面的国家标准896项,行业标准1521项,省级农业标准规范10338项。八五"期末,我国已初步建立由农用生产资料检验机构、农副产品及加工品检验机构和农业生态环境监测机构组成的农业监测体系。这个体系包括国家级农业质量监督检验中心,部门产品质量检验中心,地方(包括省、地、县)产品质量检验所、站以及土肥研究检测机构、植保机构检疫机构以及环境检测机构等。这些机构对于规范农村经济秩序,促进农副产品质量的提高发挥了重要的作用。

2000年,国家技术监督局颁布并实施了《绿色食品农药准则》、《绿色食品肥料使用准则》、《绿色食品食品添加剂使用准则》和《绿色食品产地环境技术条件》等系列绿色食品质量标准。绿色食品标准分为AA级和A级,其中AA级与欧美等国外有机食品标准接轨,农业标准已逐步与国际接轨,从2008年至2011年,国家共颁布农业国家标准1791项,标准范围从原来只涉及少数农作物种子和种畜方面扩大到种植业、养殖业、饲料、农机、再生能源和生态环境等方面,基本形成了以国家标准为主体,行业标准、地方标准和企业标准相互协调配套的标准体系。

0.3.3　我国农产品质量标准体系存在的主要问题

虽然近年我国农产品质量安全相关的标准制修订工作取得了长足的进展,但与发达国家制定的标准数量还存在一定的差距。目前中国农药残留量指标只有484项(包括国家标准和行业标准),占食品法典委员会(CAC)标准(2572项)的18.8%、欧盟标准(22 289项)的2.2%、美国标准(8 669项)的5.6%、日本标准(9 052项)的5.3%。标准覆盖面不够广,如在蔬菜中,中国大宗出口的蔬菜品种有24种,多数没有国家标准和行业标准,如牛蒡、紫苏叶、木薯等;采用新工艺加工的南瓜粉和蒜蓉等也没有相应的标准;另外,山野菜的出口量在逐步扩大,目前也没有国家标准或行业标准。并且由于部分标准复审、修订不及时,制修订周期长,造成许多技术内容相对陈旧,标准技术水平不适应科技的发展速度和社会对标准的要求,机制有待完善。

由于标准前期研究不够,造成标准水平和质量不高。各部门间也缺少必要的协作机制,部分行业标准与国家标准之间、行业标准与行业标准之间存在交叉、重复,标准水平不一致等问题,影响了标准的实施。例如:GB2763和GB18406.1均为现行有效的强制国家标准,但GB2763规定蔬菜乙酰甲胺磷最大残留限量为1.0mg/kg、乐果和氧化乐果之和最大残留限量为1.0mg/kg、毒死蜱最大残留限量为0.1 mg/kg(叶菜类),而GB18406.1规定蔬菜乙酰甲胺磷最大残留限量为0.2 mg/kg、氧化乐果最大残留限量为不得检出、毒死蜱最大残留限量为1.0 mg/kg(叶菜类)。

虽然我国农业标准体系基本建立,但与国际先进国家相比,还有较大差距。如日本《肯定列表制度》有限量标准,而我国没有限量规定的农业化学品492种,33 418项,涉及食品、农产品262种。对同一种产品,日本暂定限量指标严于我国现行限量标准的农业化学品有74种、247项,影响了农产品质量安全检验检测工作。

由于标准的宣传贯彻力度不够,有些标准未普及到相关的使用单位或个人,导致不同机构或个人对同一标准的理解存在较大的差异,影响了标准的实施。

0.4 农产品质量检测体系

0.4.1 农产品检测机构和检测体系

农产品质量检测机构是根据国家有关法规、标准和农产品安全卫生质量标准,对农产品、农用生产资料、农业生态环境质量等方面的申请和委托任务进行检测、监督,以及对出现的问题向相关部门汇报,提出科学的建议和措施的机构。

农产品质量检测体系是为提高农副产品、农用资料和农业生态环境的质量,由各类具备农业专业技术和检测能力的检验、测试机构组成的监测网络,主要由农产品质量监测、农产品生产过程检测和农产品生产环境检测3个部分组成。其中,农产品质量检测主要是检测进入市场的农产品质量;农产品的生产过程检测指农产品的生产各环节是否符合标准所规定的具体操作规程和生产技术、投入品的使用等方面;农产品的生产环境检测主要是农产品生产区域内的土壤质量、大气、水质等方面的污染程度检测。农产品质量检测体系是农产品质量安全保障体系的主要技术支撑,是政府实施农产品质量安全管理的重要手段,承担着为政府提供技术决策、技术服务和技术咨询的重要职能。

0.4.2 农产品质量检测体系的构成

检测体系是农产品质量安全的技术防范壁垒,体系由五个不同层次的检测机构构成。不同层次的检测机构其职责范围与检测任务各有不同。质量检测体系构成见图0.2。

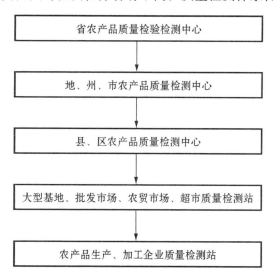

图 0.2 质量检测体系构成图

(注:摘自彭进,2005)

0.4.3　主要检测对象和检测指标范围

根据农产品的生产加工特点和不同环节,分产前、产中、产后 3 个阶段进行跟踪监督检验,"从土地到餐桌"全程质量控制。

0.4.3.1　产前阶段

产前阶段主要是对农产品生长环境质量进行检测。检测对象为产地环境中的水、土、空气的质量,监测空气、生产用水、土壤是否受到污染及污染程度。这项工作主要由省、市级环境方面质检中心承担。

0.4.3.2　产中阶段

按照农产品质量监督"关口前移"的原则,产中必须对农业投入品的质量安全进行检测,主要检测对象为肥料、兽药、各种生长素或生长调节剂、农膜、农作物种子、种畜种禽种鱼、饲料、农药及各种农业生产用设备和农产品加工机械等。这项工作需要省、市级生产资料检测中心、县级检测站、农产品生产基地和批发市场检测站相互配合共同承担。

0.4.3.3　产后阶段

产后阶段以农产品市场准入认可性检测为主,主要检测对象为种植业产品及其制品(粮油、蔬菜、水果、茶叶和食用菌等)、畜禽产品及其制品(肉蛋奶等)、水产品及其制品、转基因产品等,这项工作主要由省市级产品质检中心和速测站承担。

农产品安全的检验检测涉及的指标数十种,但总体可以归纳为重金属(汞铅镉铬砷)残留、农药残留、兽药残留、食品添加剂、微生物指标及一些营养、品质指标。但检测的难点主要集中在重金属、农药残留和兽药残留的检测上。

0.4.4　农产品质量安全检验检测体系的重要作用

农产品质量安全涉及从"农田到餐桌"全过程,以确保农业生产安全、农业投入品质量安全、生产过程安全、农产品认证质量和最终农产品质量安全,从而保障农产品消费安全、促进农业结构战略性调整、提高农产品市场竞争力,促进农产品进出口贸易。该体系的作用主要体现在以下方面:

0.4.4.1　农业环境质量监测

随着我国工业化和城镇化进程不断加快,农业集约化水平的不断提高,工业产生的大量"三废",以及化肥、农药、兽药、农膜等农用化学品的残留等,导致农业环境污染日益严重。据报道,在我国河流中,低于 III 类水标准的河长仅占总评价河长的 38.6%,也就是近 61.4% 的河流存在不同程度的污染。2001 年全国废污水排放总量 626 亿吨(其中工业废水占 62%,生活污水占 38%)。

我国废污水年排放量大于 20 亿吨的有 13 个省,废污水中包括有来源于焦化、冶金、炼油、塑料等工业废水,该种废水含有较高毒性的酚类化合物、苯类物质、有害的重金属及非金属元素(主要是指镉、铬、铅、汞、砷、氟及其化合物等)。城市生活废水尤其医院污水未处理排入地表后,排放的污水中常包含有细菌、病毒、原生动物、寄生蠕虫等,可能引起病原微生物的污染。据国家环保总局估算,目前全国受污染的耕地约有 1.5 亿亩,污水灌溉污染耕地 3 250 万亩,大气污染耕地 8 000 万亩,固体废弃物堆存占地和毁田 200 万亩,合计约占耕地总面积的 1/10 以上,其中多数集中在经济较发达的地区。全国每年因重金属污染的粮食达 1 200 万吨,造成的直接经济损失超过 200 亿元。我国二氧化硫年排放量约在 2 000 万吨左右,电解铝、磷肥生产和含氟塑料生产能排出大量氟化物,对农产品产生急性危害和慢性危害,并可通过食物链危害人的健康。此外,新农业技术的应用也产生一些问题,广泛应用的地膜是高分子的碳氢化合物,在自然条件下难以降解,随着地膜覆盖栽培面积的扩大,使用年份增加,耕地土壤中的残膜量不断增加,残留的农膜将阻碍植物吸收水分及根系生长,使耕地老化,造成土壤严重污染。污染物在土壤中大量残留,直接影响土壤生态系统的结构和功能,如生物种群结构发生改变、生物多样性减少、土壤生产力下降,造成农作物减产和农产品质量下降,对生态环境、食品安全和农业可持续发展构成威胁。由于农田大气、水、土壤质量等农业生态环境的优劣决定了农产品质量安全水平,我国农业生产环境差异很大,不同农产品生产也需要不同的环境条件,准确掌握农业生态环境质量是农业生产必备的条件,也是指导农民科学种植的基本要求。

0.4.4.2　农产品生产过程监测

根据农产品生产全过程控制理论,农产品质量安全涉及农产品生产的每个生产环节,只有每个环节都按相关标准进行操作,才能生产出高质量安全的农产品。我国幅员辽阔,南北气候差异巨大,各地区的地理环境显著不同,农产品的生产条件存在差异,农产品种类丰富多彩,主要种植的产品包括粮食、油料、水果、蔬菜、茶叶、烟草、花卉、纤维作物、饲料作物等大类,每一类又分为多种作物,每种作物也有若干品种,要提高单位面积的产量和质量,增加农业生产收入,必须选择合适的作物品种,科学使用各种农业投入品,满足作物对水分、养料、防虫治病、适时播种收获等全过程的需要,因此,除对生产环境和农业投入品进行监测外,生产过程中还要对使用的农业投入品、农作物各阶段的性状、养分需求、病虫害防治和检疫等进行检验检测,实行科学种植,标准化生产。同样,我国畜牧和水产品的种类众多,每个动物都有不同的生长条件要求和生长规律,动物不同生长阶段对营养的需求也不一样,每种动物所面临的疫病风险也存在差异,动物产品的生产过程都需要进行科学研究和监控,才能生产出安全、优质的动物产品。农产品检验检测体系也是监控农产品生产过程的必要的技术手段。

0.4.4.3　农产品认证检验检测

农产品认证包括无公害认证、绿色食品认证、有机食品认证、HACCP 认证、GAP 认证、兽药企业 GMP 认证、农机产品质量认证等,其中前 4 种认证是我国现阶段主要的认证形式。据农产品质量安全信息网报道,到 2006 年,我国累计认证无公害农产品企业 3 581 家,5 680 个产品,农业部发布的《2007 年无公害农产品认证工作要点》确定全年将新认定无公害农产品产地 5 000 个,其中种植业产地 3 000 个,畜牧业产地 1 000 个,渔业产地 1 000 个,产地认定面积累计占全国食用农产品生产总面积 25% 左右。农产品认证的规模不断扩大,认证一个产品至少检测 1~2 个产品样品、3 个土壤样品(或底泥、饲料)、1~3 个水样品、1 个大气样品,每年无公害认证要检测样品数有 3 万多份。所有这些认证的技术手段都需要对农产品生产环境、投入品、生产过程及最终农产品质量的检验检测，因此，随着农产品认证数量的增加，对农产品质量安全检验检测的需求将不断增加。据统计，到 2007 年，无公害农产品标准中，种植业技术标准共 56 项，畜牧业产品(畜、禽、乳、蛋)生产管理技术规范共 21 项，畜牧业产品农业投入品使用准则 21 项，渔业产品生产管理技术规范 29 项，渔业产品质量安全标准共 34 项，这些管理技术规范中都包括有检验检测的环节或程序。HACCP 认证的 7 个原理中，包括了关键控制点确定，关键控制点监控，验证等，这些也是通过检验检测手段来实现的，因此，检验检测机构是农产品认证必不可少的技术支撑。

0.4.4.4　农产品市场监管检验检测

农产品市场监管是确保农产品质量安全的重要措施。农产品市场监管检验检测就是对生产基地农产品、调入调出农产品、进出口农产品和批发市场及大中型集贸市场经销农产品进行质量安全监测。为确保农产品质量安全，我国部分省市已率先实施了农产品市场准入制度，如河南、北京、江苏、武汉等地对食用农产品实施市场准入。据商务部调查，我国 2 亿元以上农副产品批发市场都建立了检验室，对批发农产品进行检验检测。随着市场准入制度的实施，农产品市场准入制度将会在我国逐步推广应用，从而对农产品质量安全检验检测的需求会持续增加。

0.4.4.5　破解国外"绿色贸易技术壁垒"的主要措施

我国加入世贸组织后，我国的主要农产品出口国家发布了一系列针对限制我国农产品出口的技术性贸易壁垒措施。20 世纪 90 年代以来，我国对欧洲、日本、美国等国家和地区出口的鸡肉、猪肉、兔肉、鳗鱼、蜂蜜、茶叶和蔬菜等农产品，由于农药残留、兽药残留及重金属等有毒物质超过国际通行的食品质量安全标准，被拒收、扣留、退货、销毁、索赔和中止合同的现象时有发生，许多传统大宗出口创汇农产品被迫退出国际市场。据商务部调查，我国有 90% 的农业及食品出口企业受国外技术性贸易壁垒影响，造成每年损失约 90 亿美元，技术性贸易壁垒给国际贸易造成的障碍占关税等各种壁垒总和的比重已由原来的 20% 上升到目前的 80% 左右。如欧盟禁止茶叶上使用的农药从旧标准的 29 种增加到了新标准的 62 种，部分农药标准比原标准提高了 100 倍以上。2002 年 1 月 30 日，欧盟发表禁令(2002/69/EC)，全面禁止我国动物源性食品的进口，主要原因是我国检验检测体系不完善。该禁令造成中国出口欧盟的 40 亿美元动物产品受阻，动物源性食品出口企业损失惨重，100 多家水产企业倒闭，近 20 万工人失业。自 2001 年以来，因农兽药残留量超标问题，我出口动植物源性食品遭遇欧盟或其他国家通报、扣压或销毁的案例每年均在 100 件以上，严重损害了我出口产品声誉，也给我国贸易和经济发展造成难以估量的损失。日本 2006 年实施的《肯定列表制度》大幅度增加设限数量，仅《暂定标准》一项就涉及 734 种农业化学品、51392 个限量标准、364 种食品，分别是过去全部规定的 2.8 倍、5.6 倍和 1.4 倍，对尚不能确定具体"暂定标准"的农药、兽药及饲料添加剂，将设定 0.01ppm(即亿分之一)的"一律标准"，一旦食品中残留物含量超过这一标准，将被禁止进口或流通。除一律标准外，日本有限量标准而我国没有限量规定的农业化学品 492 种，33418 项，涉及食品、农产品 262 种；对同一种产品，日本暂定限量指标严于我国现行限量标准的农业化学品 74 种、247 项。该《肯定列表制度》的限量标准几乎覆盖大部分农、兽药和添加剂,无限量放大了检测项目种类。根据《肯定列表制度》,每种食品、农产品涉及的残留限量标准平均为 200 项,有的甚至超过 400 项。实施《肯定列表制度》后,检测项目将增加 5 倍以上。对日输出食品,日官方均要求我出入境检验检疫机构出具卫生证书,货物抵日本港后,日方还要抽检检验,有的产品甚至是批批检验,而每种平均检测 200 项,每批检测费用约 4 万元。据有关方面测算,被涉及的外贸企业近 6 200 家,涉及贸易额 80 亿美元,接近中国 2005 年农产品出口总额的 1/3。农产品出口受阻的主要原因是我国对农产品质量安全状况家底不清,许多检测项目在国内检不了,出口农产品到达贸易国口岸才查出问题,使出口企业蒙受损失,也使国外对我国整个农产品质量安全监管水平产生怀疑;进口国外农产品时,许多有毒有害物质及传染病检不出,不能有效保护我国农业生产安全和人民身体健康,也不能有效地实施合理的技术壁垒。因此,健全农产品质量安全检验检测体系对扩大农产品出口和抵御国外农产品对国内产业冲击、应对绿色壁垒、促进农产品对外贸易、维护我国农民和农业企业权益等都具有重要作用,故农产品检验检测体系是破解国外技术壁垒的主要措施。

0.4.5 我国农产品质量安全检验检测资源现状

我国从 20 世纪 80 年代末开始建设农产品质量安全检验检测机构,但由于对农产品质量安全检验检测体系缺少必要的研究,各地在质检机构建设时缺少充分的论证和科学规划,农产品质量安全检验检测体系不健全,检测能力不强,水平不高,资源浪费严重,已成为体系建设的突出问题。1988 年、1991 年、1998 年和 2003 年,农业部以条件、手段良好的中央和省属农业科研、教学、技术推广单位为依托,利用现有的专业技术人员和实验条件,通过授权认可和国家计量认证的方式,分四批规划建设了 12 个国家级农产品质检中心和 268 个部级农产品质检中心。此外,各地农业部门还相继建立了省级农产品质检机构 219 个,地(市)级农产品检验机构 439 个,县级农产品质检站 1 122 个。截至 2004 年底,农业系统共有各级质检机构 2 060 个,其中已有 201 个部级质检中心通过农业部授权认可和国家计量认证,约 400 个省、地(市)、县级质检机构通过了省级计量认证;仪器设备总投资产达 25.7 亿元;实验室总面积为 94.4 万平方米;有检测技术人员 1.96 万名。《全国农产品质量安全检验检测体系建设规划(2006～2010)》提出,从 2006～2010 年,力争用 5 年左右的时间,建立一个由部、省、县三级组成的、布局合理、职能明确、专业齐全、运行高效的,以解决食用农产品和大宗出口农产品质量安全问题为主的农产品质量安全检验检测体系框架和运行机制,对主要农产品质量安全实施全过程监管,有效改善和提高我国农产品质量安全检验检测水平,主要检测指标与国际接轨。到 2010 年,建设 1 个农业部农产品质量标准与检测技术研究中心;42 个部级专业性农产品质量安全监督检验中心;15 个部级优势农产品区域性质量安全监督检验中心;36 个省级综合性农产品质量安全监督检验中心;1 200 个县级农产品质量安全监督检验站,各级农产品质量安全检验检测机构均为技术性、事业性、公益性和非营利性机构。总之,目前我国农产品质量安全检验检测体系已初具规模,设有部、省、地市、县 4 级检测机构,基本建立了农产品质量安全检验检测体系框架,可以检验检测大部分农产品质量安全指标,但检验检测体系有待于完善,提高现有资源的利用率。

0.4.6　健全和完善农产品质量安全检验检测体系的对策探讨

0.4.6.1　完善农产品质量安全监督管理法规体系

完善农产品检验检测机构基本条件、资格认可评审细则等一系列的管理办法,加快与农产品质量安全密切相关的法规建立和修订工作,健全农产品质量安全监督管理法规体系,把农产品质量安全监管工作纳入法制化管理轨道。

0.4.6.2　统筹规划,突出重点,合理布局

从农产品的质量安全涉及的产前、产中和产后 3 个主要环节入手,加强农产品质量安全检验检测体系建设。产前以农业生态环境安全保障的检测为主进行建设,主要检测对象为产地环境中的水、土、气,包括耕地受污染状况,农灌水受污染状况,畜禽、渔业养殖水受污染状况,农区空气受污染状况,以及农用的城市垃圾、工业固体废弃物、污泥的污染监控等;产中以农业投入品质量安全保证的检测为主进行建设,主要检测对象为肥料、农(兽)药、各种生长素或生长调节剂、农膜、农作物种子(种苗)、种畜、种禽、种鱼(水生物种苗)、饲料(饵料),以及各种农业生产用机械设备和农产品加工机械设备等;产后以农产品市场准入认可性的检测为主进行建设,主要检测对象为植物产品及其制品(如粮、棉、油、蔬菜、水果、茶叶、食用菌、花卉等)、畜禽产品及其制品(如肉、蛋、奶等)、水产及制品、转基因产品等。同时,要根据所服务的对象有所侧重,优势农产品生产和发展区域要重点突出相应优势农产品的检验检测,沿海和主要出口农产品生产基地要突出出口产品的质量安全检验检测。

0.4.6.3　搭建平台,整合资源,提升档次

为实现资源共享优势互补,应鼓励国内各检测机构开展广泛的交流与合作,建立资源共用网,使其成为全国的资源共享平台,让闲置的仪器设备"动"起来,避免重复建设和资源浪费,提高资源的配置效率。政府应重点支持少数基础条件比较好的检测中心的建设,使其成为对内对外宣传的窗口,并承担示范、培训和研究的任务。

0.4.6.4　调整农业国内支持政策,加大投入力度,创新资金供给制度

借鉴国外的成功经验和做法,充分利用 WTO 有关绿箱政策,把农产品质量安全检验检测体系建设作为我国政府对农业支持的一项长期的战略措施和重点工作,列入重要议事日程,加大投入力度,调整支持结构,提高投入效率。

0.4.6.5　加快标准的研究和制修订工作

加快种植业、养殖业主导产品的质量分级、农药残留、兽药残留等安全卫生和农业生态环境及检测方法等标准的制定和修订进程,为农产品质量安全检验检测体系运行提供合法的技术支撑。目前应针对检验检测标准存在的问题,一是要积极开展对国际标准的研究工作,特别是我国农产品主要出口国的限量标准研究工作,积极采用国际标准和国外先进标准;二是要对我国限量标准中存在的太笼统、数量少和指标水平低等问题进行梳理,加快补充和修订限量标

准工作,重点是制定对人体健康和进出口贸易影响较大的农(兽)药品种的限量标准制定工作;三是要及时了解限量标准设置的规则和最新动态,适时做出相应的政策调整,以保护我国农产品生产者和消费者的利益。

0.4.6.6　加强人员培训和国际合作

面对入世和全球经济一体化进程的加快,需要在较短时间内培养一支农产品质量安全检验检测人员队伍。对农产品质量安全检验检测人员逐步推行岗位技能考核、培训制度。积极与国外特别是发达国家开展形式多样的合作与交流,学习先进的质量安全监管方法;积极参与国际活动,加强对国际标准、检测技术和方法的对比研究。

0.4.6.7　加强检验检测技术研究

农产品检验检测体系的仪器设备状况和相应的检测技术,在很大程度上决定了体系本身的运行成效,而且直接影响到农产品检验检测成本和效率及检测水平的权威性。要在引进和消化国外先进检测技术的基础上,加强对具有自我知识产权、适合不同层次检验检测机构需要的农产品质量安全检测仪器设备、检测技术、检测方法的研究与开发,加速缩小与国外发达国家在检验检测技术方面的差距,重点是加快农药残留、兽药残留等有毒有害物质快速检测仪器设备的研制和检测方法的研究,以满足农产品市场准入检测工作的需要。

思考题

1. 无公害食品、绿色食品、有机食品有何区别?
2. 简述我国农产品质量安全现状及存在问题
3. 国外的农产品安全标准体系有哪些?
4. 什么是农产品的质量检测体系?
5. 农产品质量安全检验检测体系的作用有哪些?
6. 我国农产品质量安全检验检测资源现状?

1 环境污染对农产品安全性的影响及检测方法

【学习重点】

　　了解环境的概念和环境污染的类型,重点学习大气污染、水体污染和土壤污染的来源及其对农产品安全性的影响以及大气、水体和土壤的环境监测方法。

　　人类科学技术和物质文明的进步和发展,给社会和经济生活带来了昌盛,却也带来了一系列诸如气候变化、生物多样性减少、资源耗竭、臭氧层破坏、酸雨等全球性环境问题,特别是近几年来与人类健康直接相关的由环境污染而导致的农产品安全性问题,越来越引起人们的关心和重视。

1.1 环境污染与农产品安全

1.1.1 环境与人类生存的密切关系

　　一般认为,环境是指环绕着人群的空间及其中可以直接、间接影响人类生活和发展的各种自然因素的总体。环境是一个非常复杂的体系,通常所说的环境一般是以人或人类作为主体,其他生物和非生命物质被认为是环境要素,即人类的生存环境。

　　人与环境的关系密切,如人体通过新陈代谢不断地和周围环境进行物质和能量交换,吸收氧,呼出二氧化碳,摄取水和食物来维持人体的发育、成长和遗传等。正是因为人与环境之间的密切关系,使得人体的物质组成与环境的物质组成具有很高的统一性,也就是说,人类(包括其他生物)不仅是环境发展到一定阶段的产物,而且它们的物质组成和环境的物质组成保持着平衡关系。由于人体在与环境进行物质和能量交换时,所需的物质和能量,大部分是通过人和环境之间的复杂的食物链(网)而获得的,因此,在一定程度上这种平衡关系又主要靠食物来维持。

　　人类所需的一切能量都来自于太阳,来自于植物光合作用直接或间接提供的食物。据估计,原始土地上光合作用产生的绿色植物及其供养的动物只能为一千万人提供食物。然而,人类对环境的改造和利用取得了巨大的成就,通过控制自然灾害、改良土壤,驯化野生动植物、培植优良品种,施用化肥和农药以及实现现代农业机械化,使得我们的地球为几十亿人提供了食物,加之各种资源能源的开发利用、各种制造加工业的发展等,创造了人类各种具有物质、精神文明的环境。但人类对环境的改造和利用并不是无度的,人类对环境的不适当或过度的开发和利用也产生了环境污染问题。环境污染使得环境中的物质组成改变,通过食物链(网)或其他途径,造成人体与环境物质组成所具有的平衡关系被破坏,产生了人体对生存的不适应,甚至产生对人体健康的危害,出现了由环境污染而引起的农产品安全性问题。

1.1.2　环境污染与农产品安全

环境污染是指人类活动所引起的环境质量下降而对人类及其他生物的正常生存和发展产生不良影响的现象。当物理、化学和生物因素进入大气、水体、土壤环境,其数量、改度和持续时间超过了环境的自净能力,以致破坏生态平衡,影响了人体健康,就造成了环境污染。环境污染的产生是由量变到质变的过程。目前环境污染产生的原因主要是资源的浪费和不合理使用,使有用的资源变为废物进入环境而造成。

在农产品的生产、加工、贮存、分配过程中,有可能存在农产品污染的因素,因而引起农产品的安全性问题,但由环境污染造成的农产品安全性问题,主要是针对动植物的生产过程,通常天然的动植物农产品原材料很少含有有害物质,但在这些动物、植物的生长过程中通过呼吸、吸收(或摄食)、饮水而使环境污染物质进入或积累在体中。

环境污染是影响农产品安全性的因素之一,但也并不只是污染的环境对农产品安全性有影响,未受污染的环境(原生环境)也存在农产品安全性问题。

1.1.2.1　原生环境与农产品安全

原生环境是指天然形成,并未受人为活动影响或影响较小的环境。一般来说,这种环境存在着许多有利于人体健康的因素,通过此种环境中正常化学组成的空气、水体和土壤,以及太阳辐射、微小气候和自然的生态系统,人类可获得清洁的空气、水和农产品。但产生于这种环境中的农产品也并不都是安全的。

有些原生环境也会对人体健康产生不利影响,例如:由于地球结构的原因,造成地球化学元素分布的不均匀性,使某一地区的水或土壤中某些元素过多或过少,当地居民通过水、食物等途径摄入这些元素过多或过少,而引起了某些特异性疾病,成为生物地球化学疾病,这类疾病的特点具有明显的地方性,故又称地方病。

最典型的化学元素过少而引起的地方病为碘缺乏病,它在世界各国(除冰岛外)都有不同程度的存在,我国的发病范围也较广。在远离海洋和有高山阻隔的石灰石、砂土、灰化土及泥炭土为主要土壤成分的地带,由于土壤含碘少或易流失,常常为缺碘土壤,土壤缺碘会导致水和食物中含有碘少,使人体摄碘量不足;同时不合理的膳食(营养缺乏)也会影响人对碘的吸收,而形成人体碘缺乏,由此而引起的最常见的疾病为甲状腺肿和克汀病(主要表现为生长发育落后、痴呆和聋哑)。又如,克山病和大骨节病广泛流行的地区,常常是缺硒地区。

地球结构原因使化学元素过多而导致的地方病主要为化学元素的慢性中毒,如地方性氟病、慢性砷中毒、慢性硒中毒等,它们同环境污染而引起环境化学元素过多的情形一样,尽管化学元素的产生方式或来源不同,但主要经食物和水进入人体,对人体造成危害。

1.1.2.2　次生环境与农产品安全

次生环境是指在人类活动影响下,其中的物质交换、迁移和转化、能量和信息的传递都发生了重大变化的环境。这种变化曾对人类产生了有利的影响,然而随着人类的活动对自然环境施加影响的增大,使人类开发利用自然资源的能力和范围不断扩大,环境受"三废"(废气、废水、废渣)的污染日渐明显。

矿藏的开采,金属的冶炼、加工,合成材料生产的多样化,能源的大量消耗,大规模的工农业生产,农药、化肥和其他化学品的生产和使用,在为人类带来财富的同时,大量生产性有害物质和生活废弃物进入环境,污染大气、水体和土壤。在这种环境中种植和加工的各种农产品,不同程度受到污染,从而导致食物的多种不安全因素的形成。

次生环境对农产品安全性影响因素,按性质可分为物理性、化学性和生物性三类。物理因素主要是指人类在生产活动中排放的放射性废弃物,如核爆炸、核泄漏及辐射等,是农产品受到放射性污染的主要原因。化学因素成分复杂、种类繁多,仅美国登记的化学物质已达到700万种。环境中的化学物质可通过水、食物进入人体,其中许多化学物质对人体健康具有明显损害,有些环境污染物不仅具有急性、慢性作用,而且还具有致突变、致癌、致畸等远期效应,危及当代及后代健康。生物因素主要包括环境中的细菌、真菌、病毒、寄生虫等。

可见,环境污染是环境对农产品安全性影响的主要原因,而次生环境恶化引起的对农产品安全性的影响是研究环境与农产品安全性重点解决的问题。

1.2　大气污染对农产品安全性的影响

1.2.1　大气污染与大气污染源

大气污染是指人类活动向大气排放的污染物或由它转化成的二次污染物在大气中的浓度达到有害程度的现象。人类自从用煤作燃料以后,大气污染的现象就存在了。

大气污染物的种类很多,其理化性质非常复杂,毒性也各不相同,对农作物的危害种类也很多,如 SO_2、NO_x、Cl_2、HCl、氧化剂、氟化物、汽车尾气以及粉尘等。长期暴露在污染空气中的动植物,由于其体内外污染物增多,可造成其生长发育不良或受阻,甚至发病或死亡。

大气污染源是指向大气环境排放有害物质或对大气环境造成有害影响的设备、装置和场所。按污染物的来源可分为天然污染源和人为污染源。

1.2.1.1　天然污染源

自然界中某些自然现象向环境排放有害物质或造成有害影响的场所,是大气污染物的一个重要来源,尽管与人为污染源相比,由自然现象产生的污染物种类少、浓度低,仅在局部地区某一时段可能形成严重影响,但从全球角度看,天然污染源还是很重要的,有些情况下天然污染源比人为污染源更重要,有人曾对全球的硫氧化物和氮氧化物的排入做了估计,认为全球氮氧化物排放中的93%,硫氧化物排放中的60%来自天然污染源。

1.2.1.2 人为污染源

1) 工业污染源

燃料的燃烧是一个重要的大气污染源。如火力发电厂、工业和民用炉窑的燃料燃烧等,主要污染物为 CO、SO_2、氮氧化物等。其他如钢铁冶金、有色金属冶炼以及石油、化工、造船等工矿企业生产过程中产生的污染物,包括粉尘、碳氢化合物、含硫化合物、含氮化合物以及卤素化合物等,约占总污染物的 20%。工业生产过程中产生的污染物特点是数量大、成分复杂、毒性强。

2) 生活污染源

生活污染源是指家庭炉灶、取暖设备等,一般是燃烧化石燃料。以燃煤为生活燃料的城市,由于居民密集,燃煤质量差、数量多、燃烧不完全,没有任何处理措施,排放烟囱低,在一定时期排放大量烟尘和一些有害气体,特别在冬季采暖期更加严重,危害有时超过工业污染。另外,城市垃圾的堆放和焚烧也向大气排放污染物。

3) 交通污染源

交通运输过程中产生的污染主要有汽油(柴油)等燃料产生的尾气、油料泄露扬尘和噪声等。汽车尾气中含有 CO、CO_2、NO_x、飘尘、烷烃、烯烃和四乙基铅等。由于交通运输污染源是流动的,有时也称为流动污染源。

4) 农业污染源

农业污染源指农业机械运行时排放的尾气,以及农药、化肥、地膜等,这些污染对农村生态环境的破坏十分严重。

1.2.2 大气污染对食品安全性的影响

1.2.2.1 氟化物

氟化物污染以大气污染最为严重。火山活动是大气中氟的来源之一。许多工厂排出的氟化物主要为 SiF_4 和 HF,它们易溶于水,具剧毒性。大气中氟化物对农产品的污染主要分为两类:

1) 生活燃煤污染型

这种类型的污染表现为对农产品的直接污染。在一些高寒山区,气候寒冷潮湿,烤火期长,粮食含水量高,需煤火烘烤,故居民终年煤火不息。这些地区煤贮量丰富,而煤质低劣,高氟、高硫,氟含量每 kg 几百至几千毫克。加之当地落后的燃煤方式,使用简陋的燃烧炉灶,甚至直接在室内燃烧,空气含氟高达 0.039～0.5mg/m^3。在室内贮存、烧制的粮菜被严重污染,烧烤的玉米含氟量达 26.3～84.2mg/kg,辣椒含氟高达 310.5～565.0mg/kg,居民食用后可引起中毒。

2) 工业生产污染型

氟化物来自以含氟物做原料的化工厂、铝厂、钢铁厂和磷肥厂的烟囱,化合物有氟气、HF、SiF_4 和含氟粉尘,在大型铝厂周围 300～4 000m 处测得大气含氟量为 586～319ug/m^3;在某钢铁厂周围的大气中含氟量达 1 940μg/m^3。氟的大气污染还能引起工厂周围的土壤污染。如我国某钢铁厂附近污染土壤含氟在 3 000mg/kg 以上,最高达 9 000mg/kg,而对照区为 300mg/kg。氟具有在生物体内积累的特点,植物体内的氟浓度比空气中氟的浓度高百万倍之多,农作物从空气中直接吸收的氟化物,大部分通过叶片上的气孔进入体内,也有从叶缘水孔进入,受污染的工厂四周土壤、地面水、牧草、农作物的含氟量都较高。

氟能够通过作物叶片上的气孔进入植株体内,使叶尖和叶缘坏死,嫩叶、幼芽受害尤其严重,氟化氢对花粉粒发芽和花粉管伸长有抑制作用。氟在植物体内有蓄积作用,在植物中蓄积程度因环境(大气、水、土壤)中含量、植物品种、植物年龄和叶龄不同而不同。山茶科植物能蓄积大量的氟,枯叶子物质中可达6 400mg/kg;茶叶幼叶 40~150mg/kg,老叶 400~820mg/kg。氟在蔬菜中的含量一般在 0.5~100mg/kg,在果实中含量为 0.5~5.0mg/kg,而在根中的含量较低。

受氟污染的农作物除会使污染区域粮菜的食用安全性受到影响外,氟化物还会通过禽畜食用牧草后进入食物链,对农产品造成污染。研究表明,饲料含氟超过 30~40mg/kg,牛吃了后会得氟中毒症。被吸收的氟95%以上沉积在骨骼里。由氟在人体内的积累引起的最典型的疾病为氟斑牙和氟骨症,表现为齿斑、骨增大、骨质疏松、骨的生长速率加快等。

我国现行饮水、农产品中含氟化物卫生标准为:饮水 1.0mg/L;大米、面粉、豆类、蔬菜、蛋类为 1.0mg/kg;水果为 0.5mg/kg;肉类为 2.0mg/kg。

1.2.2.2　煤烟粉尘和金属飘尘

烟尘由炭黑颗粒、煤粒和飞灰组成,粒径一般在 0.05~10μm 之间。燃烧条件不同,产生的烟尘量不同,一般每吨煤大约产生 4~28kg 的烟尘。烟尘产生于冶炼厂、钢铁厂、焦化厂和供热锅炉等烟囱附近,常以污染源为中心扩大到周围几百亩地区或下风向发展到几公里的区域。煤烟粉尘危害作物,使果蔬品质下降。

金属飘尘的粒径小于 10μm,能长时间漂浮空中。随着工业的发展,排入大气的许多金属微粒如铅、镉、铬、锌、镍、砷和汞等金属飘尘的毒性较大,这些微粒可沉积或随雨雪下降到地面。有些低沸点重金属,冶炼中很容易挥发进入大气,如镉,炼锌厂的废气中含有镉。有过这样的报道,在炼锌厂周围的农田里表土本底含镉为 0.7mg/kg,经厂废气 6 个月的污染后,土壤中镉含量达 6.2mg/kg。镉能在粮、菜作物中积累。

1.2.2.3　沥青烟雾

沥青烟雾为一种红黄色的烟尘,产生于大规模的筑路及利用沥青做原料或燃料的工厂,其化学成分复杂,除含炭粒外,还含有许多的有机化合物,如苯酚、苯和多环芳烃类的 3,4-苯并芘等致癌物质,受沥青烟雾污染的作物,常常会沾染一层发黑的、发黏的物质,给作物带来严重的危害。

受沥青烟雾污染过的作物一般不能直接食用;同时也不应在沥青制品如油毡上铺晒农产品,以防止农产品受到污染。

1.2.2.4　酸雨

酸雨通常是指 pH 值小于 5.65 的酸性降水,包括雨、雪和雾。酸雨的形成机理非常复杂。大气中的 SO_2 和 NO_x 是酸雨物质的主要来源。一般来说,SO_2 对酸雨的形成更为主要。但交通运输排放的主要污染物 NOₓ以及公共事业和工业排放的 NOₓ 量在不断增加,NOₓ 对酸雨形成的影响也显得越来越重要。另外酸雨的形成还与土壤的性质有关。

酸雨对水生生态系统的影响是使淡水湖泊和河流酸化,影响鱼类的繁殖。另外,瑞典、加拿大和美国的研究结果揭示,酸雨地区内鱼的含汞量很大,鱼和淡水湖泊中含汞量的增加,会通过食物链给人类健康产生有害影响。酸雨对陆生生态系统也带来潜在的危害,土壤酸化,土壤中的锰、铜、铅、汞、镉、锌等元素转化为可溶性化合物,使土壤溶液中重金属浓度增高,通过淋溶转入江、河、湖、海和地下水,引起水体重金属元素浓度增高,通过食物链在水生生物以及粮食、蔬菜中积累,给农产品安全性带来影响。

1.2.3　大气的环境监测

1.2.3.1　采样位置的选择

采样位置的选择应遵循下列规则:

(1) 在室外采样时,必须在周围没有树木、高大建筑物和其他掩蔽物的平坦地带,距离地面 50～180cm 高度采集没有沉降作用的大气样品。

(2) 在室内采样时,应在生产及工作人员的休息场所,离地面 150cm 高度采集样品。

(3) 采集降尘样品时,一般应在离地面 500cm 以上的高度或在四周开阔的建筑物顶上采样,不要靠近污染源、建筑工地和附近的大烟囱,避免风沙和地面灰尘等影响。

(4) 采集烟气样品时,应采集气流比较稳定、烟尘浓度比较均匀的样品,采集位置应选择在有电源、操作比较方便和气流稳定的垂直管段中,而不应该在弯曲、接头、阀门和鼓风机前后采样。

1.2.3.2　采样方法

1) 直接采样法

直接采样法一般用于空气中被测物质浓度较高,或者所用的分析方法灵敏度高,直接进样时就能满足环境监测的要求。如用氢焰离子化检测器测定空气中的苯系物,用这类方法测得的结果是瞬时或短时间内的平均浓度,它可比较快地得到分析结果。直接采样法常用的采样容器有注射器、塑料袋和一些固定器。

(1) 注射器采样法。将空气中被测物质采集在 100ml 注射器中。采样时,先用现场空气抽洗 2～3 次后再抽样至 100ml,密封进样口,带回实验室进行分析。采样后的样品存放时间不宜太长,最好当天分析完毕。此种方法一般用于有机蒸汽的采样。

(2) 塑料袋采样法。环境监测中常用一种与所采集的污染物既不起化学反应,也不吸附渗漏的塑料袋采集大气样品。这种塑料袋一般由聚乙烯或聚四氟乙烯制成,长 170mm,宽 110mm,充气容积 500ml。使用前要做气密性检查,充足气,密封进气口,将其置于水中,不冒气泡为准。采样时,先用现场空气冲洗袋子 2～3 次。采样后夹封好袋口,带回实验室分析。

(3) 真空采样法。先用真空泵将具有活塞的真空采气瓶或采气管抽成真空,使瓶或管中绝对压力为 667～1334Pa,再关闭活塞。在采样现场慢慢打开活塞,让被采集的样品充满瓶内,关好活塞,带回实验室。

2）浓缩采样法

（1）溶液吸收法。溶液吸收法是用吸收液采集空气中气态、蒸气态物质以及某些气溶胶的方法。当空气样品通过吸收液时，气泡与吸收液界面上的被测物质分子由于溶解作用或化学反应，很快进入吸收液中，同时气泡中间的气体分子因存在浓度梯度和运动速度极快，能迅速地扩散到气-液界面上，因此整个池中被测物质分子很快地被溶液吸收。各种气体吸收管就是利用这个原理设计的。

（2）固体吸收剂阻留法。在一定长度和大小的玻璃管或聚丙烯塑料管内，装入适量的固体吸收剂。当大气样品以一定流速通过管内时，大气中的被测组分因吸收、溶解和化学反应等用而被阻留在固体吸收剂上，达到浓缩污染物的目的。采样后再通过解吸或洗脱被吸附的组分，以供分析测定。

1.3　水体污染对农产品安全性的影响

1.3.1　水体污染及来源

随着工农业生产的发展和城市人口的增加，工业废水和生活污水的排放量日益增加，大量污染物进入河流、湖泊、海洋和地下水等水体，使水和水体底泥的理化性质或生物群落发生变化，造成水体污染。水体的污染对渔业和农业带来严重的威胁，它不仅使渔业资源受到严重破坏，直接或间接影响农作物的生长发育，造成作物减产，而且也给农产品的安全性带来了严重的影响。

污染水体的污染源复杂，污染物的种类繁多。各地区的具体条件不同，其水体污染物的类型和危害程度也有较大的差异。对农产品安全性有影响的水污染物有三类：无机有毒物，包括各类重金属（汞、镉、铅、铬等）和氧化物、氟化物等；有机有毒物，主要为苯酚、多环芳烃和各种人工合成的具有积累性的稳定的有机化合物，如多氯联苯和有机农药等；病原体，主要指生活污水、禽畜饲养场、医院等排放废水中的如病毒、病菌和寄生虫等。

水体污染引起的农产品安全性问题，主要是通过污水中的有害物质在动、植物中累积而造成的。污染物质随污水进入水体以后，能够通过植物的根系吸收向地上部分以及果实中转移，使有害物质在作物中累积，同时也能进入生活在水中的水生动物体内并蓄积。有些污染物（如汞、铬）其含量远低于引起农作物或水体动物生长发育的危害量时就已在体内累积，使其可食用部分的有害物质的累积量超过了食用标准，对人体健康产生危害。日本富山县的事件就是一例。日本富山县神通川流域受矿山含镉废水污染，污水灌溉农田后，使镉在稻米中积累。当地人由于长期食用含镉稻米而产生镉中毒。另一种情况是，污水中的有害物质在植物体内积累达到对人、畜产生危害时，而对作物本身的产量和外观性状仍无明显影响，从而往往被人忽视。如含酚水灌溉农作物，在含酚浓度为 50mg/L 时，对作物生长无明显影响，但当污水含酚浓度为 5mg/L 时，就可使酚在黄瓜中积累，使黄瓜带有异味。

水体污染能直接引起污染水体中水生生物中有害物质的积累，而对陆生生物的影响主要通过污灌的方式进入。污灌会引起农作物有害物质含量增加，许多国家禁止生吃干旱地区的污灌作物，即使烧煮后食用的作物，在收获前 20~45 天也要停止污水灌溉等，要求污水灌溉既不危害作物的生长发育,不降低作物的产量和质量,又不恶化土壤,不妨碍环境卫生和人体健康。

从我国水污染的现状看,水污染较为严重,绝大部分污水未经处理就用于农田灌溉,灌溉水质不符合农田灌溉水质标准,污水中污染物超标,已达到影响农产品的品质,进而危害人体健康的程度。例如污灌区稻米的黏度降低、味道不好,蔬菜易腐烂不耐贮藏,土豆畸形、黑心等。又如沈抚灌区高浓度石油废水灌溉水稻后,引起芳香烃在稻米中积累,米饭有异味。

少数城市混合污水灌区和大部分工矿灌区,已引起饮用水源(地下水和部分地表水)中重金属超标,少数地下水还有 CN^-、NO_3^-、NO_2^- 污染,影响饮用水安全。

1.3.2　水体污染物对食品安全性的影响

1.3.2.1　酚类污染物

酚类污染物的来源广,焦化厂、城市煤气厂、炼油厂和石油化工厂都会产生大量的含酚废水,且浓度高。水中含酚量 0.022mg/L 时可闻到讨厌的臭味。灌溉水和土壤里过量的酚,会在粮、菜中蓄积,使粮、菜带有酚臭味。

酚对植物的影响表现在:低浓度酚促进作物生长,而高浓度抑制作物生长。各种作物的对酚忍耐能力不同,小麦、玉米不敏感,在酚浓度 200mg/L 仍正常生长;黄瓜宜在酚浓度 25mg/L 以下生长。

低浓度酚对作物无害,高浓度则产生蓄积。1mg/L 的含酚污水浇灌土壤和粮、菜,检测不出酚残留;50mg/L 含酚污水浇灌土壤和粮、菜时,蓄积明显,一般比正常水浇灌高出 7~8 倍。试验结果表明,用不同浓度的含酚污水灌溉水稻和黄瓜,其酚的积累量随污水中酚的浓度增加而增加。表 1.1 为含酚污水灌溉后,农作物产品中酚的残留情况。由此可见,高浓度酚在黄瓜和糙米中的积累是相当明显的。

表 1.1　灌溉水中的酚在农作物中的残留情况

污水中酚浓度 /mg·L^{-1}	黄　瓜			糙　米		
	游离酚	总酚	结合酚	游离酚	总酚	结合酚
0(对照)	0.41	2.60	2.19	2.04	24.80	22.72
1	0.46	2.60	2.14	2.68	27.60	24.92
5	0.47	2.60	2.13	2.80	30.60	27.80
25	0.64	2.90	2.26	2.90	33.80	30.90
50	2.06	4.54	2.48	7.52	35.80	28.28
100	4.46	7.82	3.36	16.00	50.60	34.80
200	11.30	15.20	3.90	25.60	58.00	23.40

(注:摘自刘逸浓等,1988)

酚在植物体内的分布是不同的,一般茎叶较高,种子较低;不同植物对酚的积累能力也有差别。研究表明,蔬菜中以叶菜类较高,其排列顺次是:叶菜类＞茄果类＞豆类＞瓜类＞根菜类。

植物本身含有一定量的酚类化合物,同时从含酚水和土壤中吸收外源酚,酚进入植物体后,植物具有多种能分解酚的酶类,有分解酚的能力,能将进入的酚进行合成或代谢为 CO_2。因此,植物在积累酚的同时,也能代谢酚。试验表明,笋叶、高笋根中的酚在 24h 后,呈直线下降,至 16h 时,下降到最低点。由于酚在作物体内的这种显著的代谢过程,它在作物体内残留累积处于较低水平,一般较少产生问题。

酚在作物中累积,会影响农作物产品的品质。含酚的污水浇灌的黄瓜具有苦涩味,且其含糖量比清灌的黄瓜低。用含酚污水浇灌的糙米,蒸出的米饭具有酚味。

污水中的酚对鱼类的影响是:低浓度时能影响鱼类的回游繁殖,高浓度能引起鱼类的大量死亡。水体中酚的浓度达 0.1~0.2mg/L 时,鱼肉会有酚味。

1.3.2.2 氰化物

氰及其化合物来自电镀、焦化、煤气、冶金、化肥和石油化工等排放的工业废水,具有强挥发性,易溶于水,有苦杏仁味,剧毒,0.1g 即可使人致死。研究表明,氰化物低浓度时,可刺激植物生长(30mg/L 以下),高浓度则抑制植物生长(50mg/L 以上)。

氰化物是植物本身固有的化合物,在植物体内自然氰化物种类有几百种,因品种而异。

污水中的氰化物可被作物吸收,其中一部分自身解毒作用形成醣苷,贮藏在细胞里,一部分由体内分解成无毒物质,其吸收量随污水浓度的增大而增大,但一般累积量不很高。表 1.2 为不同浓度处理作物中氰的残留情况,在含氰 30mg/L 的污水灌溉水稻、油菜时,产品的氰残留很少;50mg/L 的污水灌溉时,米、菜中氰化物的含量比清水增加 1~2 倍;当浓度为 100mg/L 时,作物出现死亡现象或氰的含量迅速增加。

表 1.2　灌溉水中的氰化物在糙米、油菜中的残留

处理浓度 /mg·L⁻¹	氰化物在糙米、油菜中的残留浓度/mg·kg⁻¹		
	糙米	油菜(春菜)	油菜(秋菜)
0	0.09	0.04	0.02
0.5	0.08	0.05	0.03
1	0.08	0.05	0.02
5	0.08	0.04	0.03
10	0.07	0.04	0.05
30	0.08	0.05	0.04
50	0.12	0.08	—
100	死亡	0.31	—
200	死亡	0.64	—

(注:摘自刘逸浓等,1988)

含氰污水灌溉时,蔬菜中的氰残留量随灌水浓度的增大而增大,但其残留率一般不足万分之一,而且氰在蔬菜体内消失明显,一般在 24~48h 后,其含氰量即可降到清灌时的含氰水平。

根据我国规定,灌溉水中含氰 0.5mg/L 以下,对作物、人畜安全。世界卫生组织规定鱼的中毒限量为游离氰 0.03mg/L。

1.3.2.3　石油

含石油的工业废水来自炼油厂,石油废水不仅对作物的生长产生危害,还会影响食品的品质。高浓度石油废水灌溉土地,生产的稻米煮成的米饭有汽油味,花生榨出的油也有油臭味,生长的蔬菜(如萝卜)也有浓厚的油味。这种受到石油废水污染而生产的作物制成食品,人食用后,会感到恶心。

石油废水中还含有致癌物 3,4-苯比芘,这种物质能在灌溉的农田土壤中积累,并能通过植物的根系吸收进入植物,引起植物积累。研究表明,用未处理的含石油 5mg/L 的炼油废水灌溉农田,其土壤中 34-苯并芘比一般农田土壤高出 5 倍,最高可达 20 倍。

石油废水能对水生生物产生较严重的危害。高浓度时,能引起鱼虾死亡,特别是幼鱼、幼虾。当废水中石油浓度较低时,石油中的油臭成分能从鱼、贝的腮黏膜侵入,通过血液和体液迅速扩散到全身。已查明,当海水中石油浓度达 0.01mg/L 时,能使鱼虾产生石油臭味,降低海产品的食用价值。

1.3.2.4　苯及其同系物

苯及其同系物在化学上叫芳香烃,是基本的化工原料之一,其用途很广。工业上在制造和使用苯的过程中,如化工、合成纤维、塑料、橡胶、制药、电子和印刷等行业,会产生含苯的废水和废气,特别是炼焦和石油废水中,苯的同系物含量很高。苯影响人的神经系统,剧烈中毒能麻醉人体,失去知觉,甚至死亡;轻则引起头晕、无力和呕吐等症状。

含苯废水浇灌作物,对农产品食用安全性的影响在于它能使粮食、蔬菜的品质下降,且在粮食蔬菜中残留,不过其残留量较小。试验测定,用含苯 25mg/L 的污水灌溉庄稼,小麦的残留量为 0.10～0.11mg/kg,扁豆、白菜、西红柿、萝卡等蔬菜残留量为 0.05mg/kg 左右。尽管蔬菜中苯的残留率较低,但蔬菜的品味下降,如用含苯 25mg/L 的污水灌溉的黄瓜淡而无味,涩味增加,含糖量下降 8%,并随着废水的浓度增加,其涩味加重。

1.3.2.5　重金属

矿山、冶炼、电镀、化工等工业废水中含有大量重金属物质,如汞、镉、铜、铅、砷等。未经过处理的或处理不达标的污水灌入农田,会造成土壤和农作物的污染。日本富山县神通川流域的镉中毒就是明显的例证。随污水进入农田的有害物质能被农作物吸收和累积,以致使其含量过高,甚至超过人、畜食物标准,造成对人体的危害。

灌溉水中含 2.5mg/L 的汞时,水稻就可发生明显的抑制生长的现象,表现为生长矮小,根系发育生长不良,叶片失绿,穗小空粒,产量降低等。籽粒含汞量超出食用标准(≤0.2mg/kg,以 Hg 计),如汞浓度达到 25mg/kg 时,水稻产量可减少一半。一般灌溉水含汞量还未危害作物发生时,汞已在作物体内累积。汞通过食物链富集在鱼体内的浓度比原来污水中浓度高出 1～10 倍,居住在这里的人们长期食用高汞的鱼类和贝类,导致汞在人体大量积累,引发破坏中枢神经的水俣病。

灌溉水中的重金属在农作物中残留情况见表 1.3。不同的重金属在植物中各有其残留特征,通常随污水中重金属浓度的增大,作物中重金属累积量增大。

表 1.3　灌溉水中重金属在农作物中的残留情况

重金属	灌溉水浓度/mg/L	作物残留量/mg/kg	残留特征	中国灌溉水限制标准/mg/kg
汞	水稻:0.002	水稻、糙米:>0.01	植物各器官残留分布不均匀 水稻:根>茎叶>谷壳>糙米	0.001
镉	小麦:2.5 水稻:0.1	籽粒:0.89 籽粒:0.54	植物不同生长期吸收量不同 水稻:根>茎秆>稻壳>糙米	——
铅	水稻:0.1	根:120 茎叶、穗:痕量	在植物体内迁移较低,多积累在根部	0.1
铬	水稻:0.1	根:12.00 茎叶:3.36 糙米:0.096	主要积累于作物的根\茎\叶,在籽粒中累积较少	——
砷	水稻:1.0	大米:1.77	植物不同生长期敏感性有差异	0.05

(注:摘自杨洁彬等,1999)

1.3.2.6　病原微生物

许多人类和动物疾病是通过水体或水生生物传播病原的,如肝炎病毒、霍乱、细菌性痢疾等。这些病原微生物往往由于医院废弃物未做处理或患者排泄物直接进入水系水体,或由于洪涝灾害造成动植物和人死亡、腐烂并大规模扩散。如 20 世纪 80 年代上海、江浙一带暴发的甲肝大流行即是由于甲肝病毒污染了水体及生长其中的水生毛蚶引起的。

1.3.3　水体的环境监测

1.3.3.1　采样点的选择

1) 江河的采样点

根据河流的不同横断面(清洁、污染、净化断面)设立基本点、污染点、对照点和净化点。基本点应选择在江口、河流入口、水库出入口和大城市、工业区的下游;污染点设在河流的特定河段等;对照点设在河流的发源地或城市、工厂的上游,应远离工业区、城市、居民密集区和交通线,避开工业染源、农业回流水和生活污染水的影响;净化点在一般污染源的下游、检查自净情况。采样点还要考虑河面宽度和深度。河面宽度小于 50m,可在河中心设 1 个采样点;河面宽度为 50~100m,设 3 个采样点。如果水深小于 5m,只需采集表层水(水面下 0.5m);水深5~10m,设 2 点(水面下 0.5m,河底上 0.5m);水深 10m 以上,设 3 点(中层为 1/2 水深处)。

2) 湖泊、水库、蓄水池的采样点

通常多在污染源流入口、用水点、中心点、水流出处设立采样点。水的深度不同,水也不一样,导致不同深度的水体内所含污染物有明显的差别。一般在同一条垂直线上,当水深 10m

以上时,设多个采样点(水面下 0.5m,河底上 0.5m,每一斜温层 1/2 水深处);当水深 5～10m 时,设 3 个点(水面下 0.5m,河底上 0.5m,斜温层 1/2 水深处);当水深小于或等于 5m 时,只在水面下 0.5m 处设一点。

3) 海域的采样点

海洋污染以河口、沿岸地段最严重。因此,除在河口、沿岸设点外,还可以在江河流入口处向外半径 5～15km 区域内设若干横断面和一个纵断面采样。海洋沿岸的采样还可以在沿海设置纵断面,并在断面上每 5.0～7.5km 设一个采样点。此外,采样时还应多采集不同深度的水样。当水深小于 5m 时,只采表层水;当水深大于 15m 时,需采集表层、中层、底层水样。

4) 地下水采样点

储存在土壤和岩石空隙中的水,统称为地下水,包括井水、泉水、钻孔水、抽出水等。采集地下水时,一般在供应大城市的死水源及活水源受到污染的地点设置采样点。井水和泉水也应设立采样点,一般在液面下 0.3～0.5m 处采样。

5) 工业废水、生活污水采样点

工艺过程、机械设备冷却、化学清洗及消毒、烟气洗涤和场地清洗等工业生产过程排放出的废水,称为工业废水。由居民生活过程中排出物形成的(含公共污染物水)称为生活污水。采集工业污水时,应在车间排水沟或车间设备出口处、工厂总排污口、处理设施的排出口、排污渠等处设置采样点。采集生活污水时,应在污水泵站的进水口及安全流口、总排污口、污水处理厂的进出口和排污管线入江(河)口处设置采样点。阴沟水的采样点应设在从地下埋设管道的工作口上,但不可以在受逆流影响的各个地点采样。

1.3.3.2　采样方法

1) 采样器的准备

采样器一般比较简单,只要将容器(如水桶、瓶子等)沉入要取样的河水或废水中,取出后将水样倒进合适的盛水器中即可。

无论采集哪种水样,都应在采水装置的进水口配备滤网,防止水中的浮游物堵塞水泵与传感器。

2) 表层水的采集

采样时,应注意避免水面上的漂浮物混入采样器;正式采样前要用水样冲洗采样器 2～3 次,洗涤废水不能直接倒入水体中,以避免搅起水中悬浮物。将采样器轻轻放入水下 20～50cm 或距水底 30cm 以上各处直接采集水样。采样后立即塞紧瓶塞,防止水样接触空气或表层水所含漂浮物进入。

3) 深层水的采集

深层水样的采集,可用单层采水器、多层采水器、倒转式采水器等和抽吸泵等专用设备,分别从不同深度采集水样。

4) 废水的采集

对于生产工艺稳定的企业,所排放废水中的污染物浓度及排放流量变化不大,仅采集瞬时水样就具有较好的代表性;对于排放废水中污染物浓度及排放流量随时间变化无规律的情况,可采集等时混合水样、等比例混合水样或流量比例混合水样,以保证采集的水样的代表性。

5) 天然水的采集

采集井水时，必须在充分抽汲后进行，以保证水样能代表地下水水源。采集自来水时，应先将水龙头打开，放流 3～5min 管内积水，再采集水样。对于自喷的泉水，可在泉涌处直接采集水样；采集不自喷的泉水时，先将积留在抽水管的水吸出，新水更替之后，再进行采样。采集雨水或雪时，采用一般降雨器(简易集尘器、大型采水器)直接收集一定时间的降雨量或雪量。

1.3.3.3　水样的保存

水样采集后，应尽快进行分析检验，以免在存放过程中引起水质变化。但是限于条件，往往只有少数测定项目可在现场进行(如温度、电导率、pH 值等)，大多数项目仍需送往实验室进行测定。因此，从采样到分析检验之间这段时间，需要保存水样。

1) 冷冻保存法

水样若不能及时分析，一般应保存在 5℃ 以下的低温暗室内。这样可以防止微生物繁殖，减慢理化变化的速度，减少组分的挥发。而且这种保存方法可把有机物毫无变化地保存下来，不影响分析的结果。所以利用干冰等低温保存被认为是最好的保存方法，但成本较高。

2) 化学保存法

采样后立即加入一定量的化学试剂来抑制微生物的生长，或调节水样的酸度，防止沉淀、水解、氧化还原、配合反应的产生，使水样的成分、状态和价态保持相对的稳定。化学试剂要求有效、方便、经济，对测定无干扰和不良影响。

1.4　土壤污染对食品安全性的影响

1.4.1　土壤污染的来源

土壤，是地球上陆地生态系统的重要组成部分，是能够为作物提供生长发育所需肥力的疏松表层。因此，它既是动植物赖以生存的基础和本源，也是人类生活和生产所依赖的最重要的自然资源，对维系整个生态系统的有序运转和人类的生存和发展都起到了极其重要的作用。但近年来，随着经济发展过程中土壤资源被高速度、大面积地开发利用，使土壤环境破坏与污染问题日益突出，特别是在广大农村地区，原本单纯用于农业生产的土壤被工厂、乡镇企业所占据，大量耕地被废水废物、农药化肥所污染以致难以恢复，直接影响了农村生态环境的安全，威胁着周边物种的生存、人类的健康及生产生活。

1.4.2　土壤环境污染过程

从外界进入到土壤的物质，除肥料外，大量而广泛的是农药。此外"工业三废"也带来大量的各种有害物质。这些污染物在土壤中有三条转化途径：被转化为无害物质，甚至为营养物质；停留在土壤中，引起土壤污染；转移到生物体中，引起食物污染。

土壤是连接自然环境中无机界和有机界、生物界和非生物界的中心环节。环境中的物质和能量不断地输入土壤体系，并在土壤中转化、迁移和积累，从而影响土壤的组成、结构、性质和功能。同时,土壤也向环境输出物质和能量,不断影响环境的状态、性质和功能。在正常情况下,两者处于一定的动态平衡状态。在这种平衡状态下,土壤环境是不会发生污染的。但是,如果人类的各种活动产生的污染物质,通过各种途径输入土壤(包括施入土壤的肥料、农药),其数量和速度超过了土壤环境的自净作用的速度,打破了污染物在土壤环境中的自然动态平衡,使污染物的积累过程占据优势,即可导致土壤环境正常功能的失调和土壤质量的下降,或者土壤生态发生明显变异,导致土壤微生物区系(种类、数量和活性)的变化,土壤酶活性减少。同时,由于土壤环境中积累的污染物质可以向大气、水体、生物体内迁移,降低了副产品的生物学质量,直接或间接地危害人类的健康。具体地说,污染物质是指与人类活动有关的各种对人体与生物有害的物质,包括化学农药、重金属、放射性物质、病原菌等。农村所在的大面积农用土壤是全国农业发展的依托,直接关系着人们的米袋子、菜篮子的安全,与城市土壤污染相比,农村土壤污染会破坏农村原本良好的生态系统,危害农业生态环境的安全,使生态种群结构发生改变,使生物多样性减少,造成农产品产量的减少和质量的下降,最终将对整个地区生态安全构成威胁;同时,通过食物链的作用有毒有害物质传入人体,引发疾病,威胁人民的健康与安全。

1.4.3　土壤污染对食品安全性的影响

土壤一旦污染,除部分有害物质可以通过土壤中的生化过程而减轻,或通过挥发逸失外,还有不少有害物质能较长时期存留在土壤中,难以消除。首先,土壤污染物在土壤中的大量积累,尽管大部分残留于土壤耕作层,但相当数量的污染物,尤其是重金属污染物,残留时间长,在种植作物时,可转移到植物或其他生物体内并在其中积累,从而引起食物污染;其次,积累于土壤的污染物随地表径流进入附近水域,引发水体污染;另外,积累于土壤的污染物随灌溉、淋洗、渗滤进入地下水,还可造成地下水的污染。

进入土壤的污染物,如果浓度不大,农作物有一定的忍耐和抵抗能力。当污染物增加到一定浓度时,农作物就会产生一定的反应。危害可分为急性伤害和慢性伤害、可见伤害与不可见伤害。急性伤害是当污染物浓度较高时在短时间内肉眼可发现的伤害症状;慢性伤害是在污染物浓度较低、作用时间较长引起的内部伤害,到一定时间后才能发现症状。在症状出现之前,农作物的各种代谢过程已发生紊乱,生理功能受到影响,因而影响到光合、呼吸、水分吸收、营养代谢等作用,导致植物生长发育受阻,产量、品质下降,同时本身含有的污染物质通过食物链进入人畜体内。

土壤污染危害分为两种状况:一是当有毒物质要可食部分的积累量不在食品卫生标准允许限量以下时,农作物的主要表现是明显减产或品质明显降低;二是在可食部分有毒物质积累量已超过允许限量,但农作物的产量却没有明显下降或不受影响。因此,当污染物进入土壤后其浓度超过了作物需要和可忍受程度,而表现出受害症状或作物生长并未受影响,但产品中某种污染物含量超过标准,都会造成对人畜的危害。

1.4.3.1　重金属

无机物在土壤中不像有机物那样易分解和降解,大多易在土壤中残留积累,尤其是重金属。金属在土壤中大多呈氢氧化物、硫酸盐、硫化物、碳酸盐或磷酸盐等固定在土壤中,难以发生迁移,并随着污染源年复一年的不断积累。它的危害不像有机物那样急性发作,而是慢性蓄积性发生,即在土壤中积蓄到一定程度后才显示出危害。镉、铜、锌和铅是污染土壤的主要重金属。这些物质有的是来自工厂废气的微粒,随废气扩散降落到土壤中;有的是来自工矿的废水,进入河流后,再通过灌溉进入土壤并在土壤中蓄积起来。此外,一些工业废渣经雨水冲淋,也可污染土壤和水体。当人们通过饮水和食物链不断摄取有害物质,在体内累积,当达到一定剂量后逐渐产生毒害症状。

1.4.3.2　农药

农药对土壤的污染可分为直接污染和间接污染。前者是由于在作物收获期前较短的时间内施用残效期较长的农药引起的,一部分直接污染了粮食、水果和蔬菜等作物,另一部分污染的是土壤、空气和水。此外,用农药污染的作物制成饲料喂养家禽、家畜,或者在禽舍、畜舍中施用农药消毒,也可能导致蛋、奶、肉中农药残留。农药在土壤中的分解过程与农药性质和环境条件有关。一般有机磷农药可以在短时间内被分解,而有机氯农药在土壤内的分解则很慢。因此超量施用农药不仅带来了令人担忧的环境问题,也引起了食品安全问题。

1.4.3.3　化肥对土壤的污染

随着生产的发展,化肥的使用量在不断增加,据估算,目前世界工业固氮量已达 100 万吨以上。增施化肥作为现代农业增加作物产量的途径之一,在带来作物丰产的同时,也产生污染,给作物的食用安全带来一系列问题。人们已注意到随之带来的环境问题,特别令人担忧的是硝酸盐的累积问题。生长在施用化肥土壤上的作物,可以通过根系吸收土壤中的硝酸盐。硝酸根离子进入作物体内后,经作物体内硝酸酶的作用还原成亚硝酸氨,再转化为氨基酸类化合物,以维持作物的正常生理作用。但由于环境条件的限制,作物对硝酸盐的吸收往往不充分,致使大量的硝酸盐蓄积于作物的叶、茎和根中,这种积累对作物本身无害,但对人畜产生危害。

化肥使用中产生的另一个环境问题是化肥中含有的其他污染物,随化肥的施用进入土壤,造成土壤和作物污染。生产化肥的原料中含有一些微量元素,并随生产过程进入化肥。以磷肥为例,磷石灰中除含铜、锰、硼、钼、锌等植物营养成分外,还含有镉、铬、氟、汞、铅和钒等对植物有害的成分。以硫酸为生产原料的化肥,在硫酸的生产过程中带入大量的砷,以硫化铁为原料制造的硫酸含砷量平均为 930mg/kg,由此引起以硫酸为原料的化肥如硫酸铵、硫酸钾,其含砷量也较高。

1.4.3.4　污泥

城市污水处理厂处理工业废水、生活污水时,会产生大量的污泥,一般占污水量的 1‰ 左右。污泥中含有丰富的氮、磷、钾等植物营养元素,常被用做肥料。但由于污泥的来源不同,一些有工业废水的污水中常含有某些有害物质,如大量使用或利用不当,会造成土壤污染,使作物中的有害成分增加,影响其食用安全。污泥中的重金属的可溶部分易被农作物吸收,使作物的产量和质量下降。未脱水的污泥,含水量在 95% 以上,脱水污泥中所含有机质一般在 45%~80%。污泥中的有害物质主要有病原微生物、重金属和一些人工合成的有机化合物。污泥中重金属的种类和数量变化很大,主要取决于污水处理厂处理工业废水的情况。污泥中还含有一定数量的细菌和寄生虫卵。施用未杀菌的污泥,易污染牧草和蔬菜并导致疾病的传播。

1.4.3.5 垃圾

垃圾污染影响食品安全,表现在两个方面:一为垃圾本身对食品的污染;另一方面为垃圾的利用,如垃圾堆肥,对农作物产品带来的不利影响。城市垃圾的成分十分复杂,含有大量的有害物质,如其中的有机质会腐败、发臭,易滋生蚊蝇;来自医院、屠宰厂、生物制品厂的垃圾常含有各种病原菌,处理不当,会污染土壤、水体及农作物,人们在食用或饮用后会感染疾病。有的垃圾堆肥中含有一部分重金属,施用于农田后会造成土壤污染,使生长在土壤中的农作物籽粒中重金属含量超过食品卫生标准。

1.4.4 土壤的环境监测

1.4.4.1 土壤环境的调查

土壤监测中,为使所采集的样品具有代表性,监测结果能表征土壤客观情况,应把采样误差降至最低。在制订、实施监测方案前,必须对监测地区进行污染调查。调查内容包括:该地区的自然条件,包括地形、植被、水文、气候等;该地区的农业生产情况,包括土地利用、作物生长与产量情况,水利及肥料、农药使用情况等;该地区的土壤性状,如土壤类型、层次特征、分布及农业生产特性等;该地区的污染历史及现状。

1.4.4.2 采样方法

(1) 采样筒取样。将长 10cm、直径 8cm 金属或塑料的采样器的采样筒直接压入土层内,然后用铲子将其铲出,清除采样筒口多余的土壤,采样筒内的土壤即为所取样品。

(2) 土钻取样。土钻取样是用土钻钻至所需深度后,将其提出,用挖土勺挖出土样。

(3) 挖坑取样。挖坑取样适用于采集分层的土样。用铁锹挖一个 1.5m×1m 的坑,平整一面坑壁,并用干净的取样小刀或小铲刮去坑壁表面 1~5cm 的土,然后在所需层次内采样0.5~1kg,装入容器内。

1.4.4.3 采样时间

采样时间随测定目的和污染特点而定。为了解土壤污染状况,可随时采集土样进行测定。如果测定土壤的物理、化学性质、可不考虑季节的变化;如果调查土壤对植物生长的影响,应在植物的不同生长期和收获期同时采集土壤和植物样品;如果调查大气型污染,至少应每年取样1 次;如果调查水型污染,可在灌溉前和灌溉后分别取样测定;如果观察农药污染,可在用药前及植物生长的不同阶段或者作物收获期与植物样品同时采样测定。

1.4.4.4 采样量

由于测定所需的土样是多点均量混合而成,取样量往往较大,而实际测定时并不需要太多,一般只需要 1~2kg 即可。因此,对多点采集的土壤,可反复按四分法缩分,最后留下所需的量,装入布袋或塑料袋中,贴上标签,做好记录。

思考题

1. 简述环境污染以及影响农产品的次生环境因素。
2. 简述原生环境以及原生环境与农产品安全的关系。
3. 什么是大气污染？氟污染包括哪些类型，它的主要危害是什么？
4. 什么是酸雨？酸雨的危害有哪些？
5. 对农产品安全性有影响的水污染物有哪些？
6. 土壤污染的来源及对食品安全性的影响？

2 农产品中农药残留检测技术

【学习重点】

了解农产品常见农药残留的来源及其对生态、环境和人体的危害,重点学习气相色谱法、高效液相色谱法、质谱法以及色谱与质谱联用技术在农药残留检测中的应用。

农药是防治农作物病、虫、草、鼠害,有效保障农业增产、增收的重要生产资料之一。自从农药应用于农业生产,就给人类带来了巨大的经济利益。但农药的不合理使用也带来了诸如人畜中毒频繁、作物药害、环境污染、农产品农药残留超标、生态环境恶化等问题。近年来,人们由于长期摄入农药残留所引起的各种慢性疾病和农药残留所引起的国际贸易摩擦已引起了人们的普遍关注。因此,为了保护作物、环境及人类的安全,选择合适的分析方法和监控手段,控制农药残留是保证农产品质量安全的关键。

2.1 农药残留和危害

2.1.1 农药的定义

农药是指用于防治有害生物的化学物质,包括提高这些药剂效力的辅助剂、增效剂等。随着农药研制的发展,一些非杀生性农药,包括昆虫生长调节剂或影响昆虫生殖行为及生物学特性的不育剂、性引诱剂、驱避剂、拒食剂等,也都属于农药的范畴内。目前世界各国的化学农药品种约1400多个,作为基本品种使用的有40种左右。

2.1.2 农药的种类

农药一般按防治对象可以分为杀菌剂、杀虫剂、除草剂、杀鼠剂等。

目前常用的杀虫剂(也包括杀螨剂在内)有乐果、毒死蜱、美曲膦酯(敌百虫)、辛硫磷、抗蚜威、丁硫克百威、天王星、高效氟氯菊酯、顺式氰戊菊酯、甲氰菊酯、顺式氯氰菊酯、氟氯氰菊酯、高效氯氰菊酯、噻嗪酮、虫螨腈、抑太保、农梦特、灭幼脲、阿维菌素、苏云金杆菌、菜喜、锐劲特、菊杀、农地乐、尼索朗、克螨特等。

目前常用的杀菌剂有：代森锌、代森锰锌、可杀得、百菌清、甲基托布津、多菌灵、福美双、乙膦铝、甲霜灵、多霉灵、甲霉灵、速克灵、扑海因、杀毒矾、农利灵、普力克、宝丽安、特克多、甲霜灵锰锌、炭特灵、炭疽福美、加瑞农、绿乳铜、利得、敌菌灵、敌力脱、菌核净、绿亨1号、绿亨2号、病毒A等

目前常用的除草剂有：除草通、氟乐灵、地乐胺、扑草净、大惠利、乙草胺、普乐宝、都尔、果尔、恶草灵、杀草丹、丁草胺、拿扑净、精稳杀得、高效盖草能、精禾草克、威霸、爱捷、百草枯、草甘膦等。

2.1.3　农产品中农药残留的来源

农药残留是指农药使用后残存于环境、生物体和食品中的农药母体、衍生物、代谢物、降解物和杂质的总称，残留的数量称为残留量。农药在生产和使用中，可经呼吸道、皮肤等进入人体，主要是通过食物进入人体，占进入人体总量的 90% 左右。农产品中农药残留的主要来源如下：

2.1.3.1　施用农药后对作物或食品的直接污染

喷洒农药后，部分农药黏附在作物根、茎、果实的表面，但农药在食用作物上的残留受农药的品种、浓度、剂型、施用次数、施药的方法、施药的时间、气象条件、植物的品种以及生长发育阶段等多种因素的影响。农药还可通过植物叶片组织渗入到植株体内，再经生理作用运转到植物的根、茎、果实等各部分，并在植物体内进行代谢。

2.1.3.2　植物根部对农药的吸收

据研究证实，喷洒的农药，有一部分以极细的微粒飘浮于大气中，其中，有 40%~60% 的农药可随雨雪降落到土壤和水域；土壤中农药可通过植物的根系吸收转移至植物的组织内部和食物中，土壤中农药污染量越高，食物中的农药残留量也越高，但也受植物的品种、根系分布等多种因素的影响。

2.1.3.3　来自食物链和生物富集作用

农药对水体造成污染后，使水生生物长期生活在低浓度的农药中，水生生物通过多种途径吸收农药，通过食物链可逐级浓缩，尤其是一些有机氯农药和有机汞农药。这种食物链的生物浓缩作用，可使水体中微小的污染发展至食物的严重污染，最终农药的残留浓度能提高至数百倍到数万倍。有资料表明如果假设河流中 DDT 浓度为原来的 1 倍，水生植物体内的 DDT 就可达到 265 倍，小鱼体内达 500 倍，大鱼体内就会达80 000倍，而水鸟体内则高达850 000倍。

2.1.3.4　运输及贮存中与农药混放而造成食品污染

食品在运输中由于运输工具、车船等装运过农药未予清洗以及食品与农药混运，均可引起农药的污染；食品在贮存中与农药混放，尤其是粮仓中使用的熏蒸剂没有按规定存放，则也可导致污染。

2.1.4　农药残留的危害

2.1.4.1　对生态、环境的危害

1) 对大气的污染

大气中的农药污染主要来自农药厂排出的废气、农药喷洒时的扩散、残留农药的挥发等，且以农药厂排出的废气为最严重。残留农药会随着大气的运动而扩散，使污染范围不断扩大。如有机氯农药，进入到大气层后传播到很远的地方，对其他地区的作物和人体健康造成危害。为防止农药的大气污染，有的国家制定了居民点空气中农药的最大允许浓度，但我国目前还没有相关规定。

2) 对水体的污染

水体中农药污染的主要来源有：农药生产、加工企业废水的排放及水体施药；施用于农田的农药随雨水或灌溉水向水体的迁移；大气中残留农药和农药使用过程中的飘移沉降及施药工具和器械的清洗等，其中农田农药的流失为最主要来源。农药除污染地表水体以外，还使地下水源遭受严重污染。一般情况下，水体中农药污染范围较小，但随着农药的迁移扩散，污染范围逐渐扩大。水体被农药污染后，会使其中的水生生物大量减少，破坏生态平衡；地下水受到农药污染后极难降解，易造成持久性的污染，若被当做饮用水源，将会严重危害人体健康。

3) 对土壤的污染

土壤中农药的主要来源有：农药生产、加工过程中的废液排放；农田农药使用；农药气体沉降以及农药运输过程中的泄漏。土壤是农药在环境中的"贮藏库"与"集散地"，由于利用率低，施入土壤的农药大部分残留于土壤中。农药在土壤中残留期长短与农药性质有关，化学性质稳定的农药残留期长。我国20世纪60年代曾广泛使用的含汞、砷农药，目前在许多地区土壤中仍有残留。

农药残留会改变土壤的物理性状，造成土壤结构板结，导致土壤退化、农作物的产量和品质下降。长期受农药污染的土壤还会出现明显的酸化，土壤养分随污染程度的加重而减少。同时，残留还造成重金属污染，土壤一旦遭受重金属污染将很难恢复。

4) 对生物的影响

农药作为外来物质进入生态系统后，可能改变生态系统的结构和功能，影响生物多样性，导致某些生物种类减少，最终破坏生态平衡。同时，由于食物链的富集作用，起始浓度不高的农药会在生物体内逐渐积累，越是上面的营养级，生物体内农药的残留浓度越高。

2.1.4.2　对人体健康的危害

农药在作物中残留，最终会被食物链的最终端人类摄入，在人体内积累。农药长时间在人体积累，可以导致如下问题：

1) 导致身体免疫力下降

长期食用带有残留农药的食品，农药被血液吸收以后，可以分布到神经突触和神经肌肉接头处，直接损害神经元，造成中枢神经死亡，导致身体各器官免疫力下降。

2) 可能致癌

残留农药中常常含有的化学物质,可促使各组织内细胞发生癌变。

3）加重肝脏负担

残留农药进入体内,主要依靠肝脏制造酶来吸收这些毒素,进行氧化分解。如果长期食用带有残留农药的瓜果蔬菜,肝脏就会不停地工作来分解这些毒素。

4）导致胃肠道疾病

由于胃肠道消化系统胃壁褶皱较多,易存毒物,这样残留农药容易积存在其中,引起腹痛、慢性腹泻、恶心等症状。

2.2　样品的采集和保存

2.2.1　样品的采集

从大量的分析对象中抽取有一定代表性的一部分样品作为分析材料,叫做采样。

采样是食品检测工作中非常重要的环节。在食品检测中,不管是成品,还是未加工的原料,即使是同一种类,由于品种、产地、成熟期、加工和保藏条件的不同,其成分及其含量也可能有很大的差异。另外,即使是同一分析对象,各部位间的组成和含量可能也有相当大的差异。因此,要保证检测结果准确,就要求采集的样品具有代表性。否则,即使在以后的一系列检验工作非常精密、准确,如果样品的采集方法不正确,则其检测结果也将不具有代表性。

2.2.1.1　采样的原则

样品的采集原则是样品要具有代表性、典型性、适时性和程序性。

（a）采集的样品要均匀、有代表性,能反映全部被检食品的组成、质量和卫生状况。（b）采样方法与分析目的一致。（c）采样过程要设法保持样品原有的理化指标,防止成分逸散(如水分、气味、挥发性酸等)。（d）防止采样过程中人为带入杂质或污染。（e）采样方法要尽量简单,处理装置要尺寸适当。（f）采样时应记录:样品名称、采样地点、时间、数量、采样方法及采样人、签封等信息。

2.2.1.2　采样的步骤

按采样过程,依次得到检样、原始样品、平均样品(平均样品分为检验样品、复检样品、保留样品)。所有样品应一式三份,分别供检验、复验及备查使用。每份样品数量一般不少于0.5kg。

1）检样

先确定采样点数,由整批待检食品的各个部分分别采取的少量样品称为检样,这也是采样的第一步程序。检样的量按产品标准的规定。

2）原始样品

把许多份检样综合在一起称为原始样品。

3）平均样品

原始样品经过处理再抽取其中一部分作检验用者称为平均样品。

2.2.1.3 采样的一般方法

样品的采集有随机抽样和代表性抽样两种方法。

1）随机取样

随机抽样是指对一个生物总体机会均等地抽取样本，估计其总体的某种生物学特性的方法。要保证所有物料各个部分被抽到的可能性均等。

2）代表性抽样

可按不同生产日期，也可在流水线上按一定的时间间隔抽样，具体的采样方法因物料的品种或包装、分析对象的性质及检测项目要求而不同。

（1）散粒状样品（如粮食、粉状食品）：可用双套回转取样管获得检样和原始样品，后采用四分法获得检测样品。

（2）较稠的半固体样品（如稀奶油）：采样器，上、中、下层，混合缩减成平均样。

（3）液体样品（如植物油）：采样前充分混合，虹吸法分层取样，每层各取 500ml 左右，装入小口瓶中混匀。

（4）小包装样品：连包装一起采样。

（5）鱼、肉、蔬菜等组成不均匀样品：视检验目的，可由被检物有代表性的各部位分别采样，打碎混合后成为平均样品。

2.2.2　样品的记录和贮存

2.2.2.1　样品的记录

（1）采样时必须注意生产日期、批号、代表性和均匀性（掺伪食品和食物中毒样品除外）。外埠调入的食品应结合索取卫生许可证、生产许可证或化验单，了解发货日期、来源地点、数量、品质及包装情况。在食品厂、仓库或商店采样时，应了解食品的生产批号、生产日期、厂方检验记录及现场卫生情况，同时注意食品的运输、保存条件、外观、包装容器等情况。

（2）采样后应认真填写采样记录单，内容包括：样品名称、规格型号、等级、批号（或生产班次）、采样地点、日期、采样方法、数量、检验目的和项目、生产厂家及详细通讯地址等内容，最后应签上采样者姓名。装样品的容器上要贴牢标签。

2.2.2.2　样品的保存

样品采集后应尽快进行分析，否则应密塞加封，进行妥善保存。由于食品中含有丰富的营养物质，在合适的温度、湿度条件下，微生物迅速生长繁殖，导致样品的腐败变质；同时，样品中如果含易挥发、易氧化及热敏性物质，容易在长时间的保存中损失变性，所以样品在保存过程中应注意以下几个方面：

（1）防止污染。盛装样品的容器和操作人员的手，必须清洁，不得带入污染物，样品应密封保存；容器外贴上标签，注明食品名称、采样日期、编号、分析项目等。

（2）防止腐败变质。对于易腐败变质的食品，采取低温冷藏的方法保存，以降低酶的活性及抑制微生物的生长繁殖。对于已经腐败变质的样品，应弃去不要，重新采样分析。

(3) 防止样品中的水分蒸发或干燥的样品吸潮。由于水分的含量直接影响样品中各物质的浓度和组成比例。对含水量多，一时又不能测定完的样品，可先测其水分，保存烘干样品，分析结果可通过折算，换算为鲜样品中某物质的含量。

(4) 固定待测成分。某些待测成分不够稳定(如维生素 C)或易挥发(如氰化物、有机磷农药)，应结合分析方法，在采样时加入稳定剂，固定待测成分。

总之，采样后应尽快分析，对于不能及时分析的样品要采取适当的方法保存，在保存的过程中应避免样品受潮、风干、变质，保证样品的外观和化学组成不发生变化。一般检验后的样品还需保留一个月，以备复查；易变质食品不予保留。保存时应加封并尽量保持原状。

2.3 样品的制备

样品制备(Sample Preparation)是农药残留分析中的重要部分，它一般包括从样品中提取残留农药、浓缩提取液和去除提取液中干扰性杂质的分离净化等步骤，是将检测样品处理成适合测定的检测溶液的过程。其目的是使样品经处理后更适合农药残留分析仪器的测定要求，以提高分析的速度、效率、准确度、灵敏度和精密度。

农药残留分析的样品种类多，其化学组成复杂，要使分析仪器能检测到痕量的残留农药，必须对样品进行细致的提取、浓缩和净化处理。样品制备在农药残留分析中不仅最费时、费力、经济花费大，其效果好坏直接影响到方法的检测限和分析结果的准确性，而且还影响分析仪器的工作寿命。在提取过程中要求尽量完全地将痕量的残留农药从样品中提取出来，同时又尽量少地提取出干扰性杂质；净化则要求在充分降低干扰分析的杂质的同时，最大限度地减少农药的损失。很多情况下，当检测样品中农药残留量很低难以检出时，常常通过增大样品量和浓缩检测溶液体积来满足仪器最低检测限的要求。

2.3.1 样品的提取

提取(Extraction)是指通过溶解、吸附或挥发等方式将样品中的残留农药分离出来的操作步骤。由于残留农药含量甚微(痕量)，提取效率的高低直接影响分析结果的准确性。提取方案的选定主要是根据所测农药的理化特性来定，但也需要考虑样品的组分(如脂肪、水分含量)、农药在样品中存在的形式以及最终的测定方法等因素。用经典的有机溶剂提取时，要求提取溶剂的极性与待测分析物的极性相近，也即根据"相似相溶"的原理，使待测分析物能进入溶液而样品中其他杂质处于不溶状态。如用挥发分析物的无溶剂提取法，则要求提取时能有效促使待测分析物物挥发出来，而样品基体不被分解或挥发。提取时要避免使用作用强烈的溶剂、强酸强碱、高温及其他剧烈操作，以减少其后操作的难度和造成的农药损失。

农药残留的提取方法有多种多样，但基本上都是基于化合物的极性—溶解度或挥发性—蒸汽压的理化特性而建立的。目前，农药残留常用的提取方法有溶剂提取法、固相提取法及强制挥发提取法三类。

2.3.1.1 溶剂提取法

溶剂提取法(Solvent Extraction)是最常用、最经典的有机物提取方法，具有操作简单、不需要特殊的或昂贵的仪器设备、适应范围广等优点。溶剂提取法是根据农药与样品中其他组分在不同溶剂中的溶解性差异,选用对农药溶解度大的溶剂,通过振荡、捣碎或回流等适当方式将农药从样品基质中提取出来的一种方法。溶剂提取法的关键是选择合适的提取溶剂。

选用溶剂要考虑三方面的要求:一是溶剂的极性,也即对所需提取农药的溶解性,这是要考虑的首要因素。一般来说,溶剂的提取效果符合"相似相溶原理",所以极性弱的农药(如有机氯类)用弱极性的溶剂(如己烷)提取,而极性较强的有机磷农药和强极性的苯氧羧酸类除草剂等则用较强极性的溶剂(如二氯甲烷、丙酮、乙腈等)提取。有时为了达到合适的溶剂极性,也使用两种溶剂混合进行提取。二是溶剂的纯度。农药残留分析中对所使用溶剂的纯度要求非常高,有时可能因为溶剂中存在的杂质使得检测结果发生错误,因此一般应用分析纯级溶剂,使用前要经过重蒸馏等净化处理。一般溶剂的纯度要达到在气相色谱的电子捕获检测器上不出现杂质峰(杂质含量在 ng/L 级以下)。三是溶剂的沸点。溶剂的沸点在 45~80℃ 为宜,沸点太低,容易挥发;而沸点太高,不利于提取液的浓缩,可能导致一些易挥发或热稳定性差的农药损失。另外,如果使用电子捕获检测器时,则不能使用含氯的有机溶剂。

常用的提取溶剂包括石油醚、正己烷、乙酸乙酯、二氯甲烷、丙酮、乙腈、甲醇等。但是,根据蒙特利尔公约,在分析化学实验中要逐步取消含氯溶剂的使用,如二氯甲烷、三氯甲烷和氯乙烷等可用等量的二元混合溶剂代替,或用甲苯-甲醇、乙醚-丙酮、石油醚-丙酮、正己烷-丙酮、正戊烷-丙酮、环己烷-乙酸乙酯等代替也可达到一样的提取效果。

溶剂提取法包括液液提取和固液提取两种主要方式。

1) 液液提取

液液提取(Liquid-Liquid Extraction,LLE)是指根据分配定律,用与液体样品(一般是水)不混溶的溶剂与样品液体接触、分配、平衡,使溶于样品液体相的化合物转入提取溶剂相的过程。

液液提取效率的高低取决于化合物与提取溶剂的亲和性(分配系数或 p 值)、二相的体积比和提取次数 3 个因素。因此,对于水溶性大、分配系数小的农药,如选择不到适合的溶剂,可通过增加有机溶剂的体积或增加提取次数来提高提取效率。在液液提取时一般多选用非极性或弱极性溶剂。己烷和环己烷是典型的用于提取亲脂或非极性农药(如有机氯农药)的溶剂,二氯甲烷则是提取非极性至中等极性农药最常用溶剂。对于强极性和水溶性较大的农药,用液液提取一般较为困难,回收率较低。

液液提取通常用分液漏斗进行。操作时选择容积较液体样品体积大 1 倍的分液漏斗,提取前将分液漏斗的活塞薄薄地涂上一层润滑脂,塞好后将活塞旋转几圈,使润滑脂均匀分布,关好活塞,将分液漏斗放在提取架上。提取溶剂体积一般约为样品体积的 10%~30%。提取时手持分液漏斗进行振摇。开始时摇晃几次要将分液漏斗下口向上倾斜(朝向无人处),打开活塞,使过量的气体放出。关闭活塞后再进行振摇。如此重复至放气时只有很小压力,再剧烈振摇 3~5min 后,将分液漏斗放回架上静置分层。

由于在实际操作中尽量不要使用太多的溶剂和增加提取次数,液液提取要求有较大的分配系数。通过调节溶液的 pH 值阻止酸性或碱性农药离子化,或通过加盐降低农药的水溶性,这样可以提高分配系数。在液液提取中,微提取技术应用也很广泛。微提取采用小体积有机溶剂,其相比率一般在 0.001~0.01,微提取的缺点是回收率较差。但欲测的残留农药浓缩倍数高,有机溶剂用量大大减少,操作简便。定量分析可采用在样品中添加内标和校正标准的方法测定。

2）固液提取

固液提取（Solid-Liquid Extraction，SLE）是指通过溶解、扩散作用使固相中的化合物进入溶剂（包括水）中的过程。它主要用于固体样品（如土壤、动植物样品）中残留农药的提取。

固液提取过程中，不同样品的类型对溶剂的选择有很大影响。对含水量大的样品，应采用与水混溶的溶剂或混合溶剂提取；对含脂肪多的样品则用非极性或极性弱的溶剂提取；对土壤样品则用含水溶剂或混合溶剂提取。

值得注意的是，目前较多的农药残留分析方法中对动植物组织、食品等固体样品采用与水混溶的溶剂（如丙酮、乙腈）提取，这样可以减少油脂、蜡质等非极性杂质的含量，同时有些样品提取后经加水稀释可以方便地用固相提取技术进行净化和浓缩。

固液提取常用以下方法：

（1）索氏提取法：用适当的提取溶剂在索氏提取器中连续回流提取几个小时，获得提取液。这一方法提取彻底，适用于匀浆法等难于提取的样品中残留农药的提取，或是作为其他提取方法提取效率的参照标准。索氏提取法是许多残留农药提取的推荐方法，在农药残留分析实验室内普遍使用。

索氏提取器（图 2.1）由德国化学家 Franz van Soxhlet 于 1879 年设计，其主要特点是样品与提取液分离，利用虹吸管通过回流溶剂浸渍提取，不会有溶质饱和问题，可达到完全提取的目的。使用时将样品盛装在滤纸筒中放入回流提取管内，上部接上冷凝管，下接圆底烧瓶。溶剂装在底部圆底烧瓶中，置水浴上加热。至溶剂沸点后，溶剂蒸汽从回流提取管的侧管进入冷凝管，冷凝后滴流在样品上将残留农药提取出来。待回流溶剂达到虹吸管高度后，由于虹吸作用流入底部烧瓶。如此重复多次，直至残留农药被完全提取出来。但索氏提取法一般需时较长，要提取 8 h 左右或以上。这一方法不适宜于对热不稳定农药的提取。

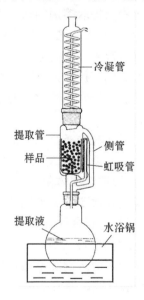

图 2.1　索氏提取器

索氏提取器是最常用的提取器，每一个农药残留分析实验室都必备。提取方法的建立往往要以它为标准。最近，在索氏提取器加装自动取样器和溶剂自动分流器，制成了全自动的索氏提取器,实现了溶剂完全提取自动化。

(2)振荡浸提法:将样品粉碎后置于具塞三角瓶中,加入一定量的提取溶剂,用振荡器振荡提取 1～3 次,每次时间多在 0.5～1h,有时也需要更长时间。过滤出溶剂后,再用溶剂洗涤滤渣一次或数次,合并提取液后进行浓缩净化。这一方法对于蔬菜、水果、谷物等样品都可以使用。

(3)组织捣碎法:这也是一种常用的方法,效果较好,特别是对于一些新鲜动植物组织中农药的提取较方便。一般操作是将样品先进行适当的切碎,再放入组织捣碎机中,加入适当的提取溶剂,快速捣碎 3～5 min,过滤,残渣再重复提取一次即可。

(4)消化提取法:用消化液把试样消煮分解后,再用溶剂提取的一种方法。适用于动物样品量少而又不易捣碎的器官(皮、鳃、肠等),以及残留农药以轭合态存在的样品处理。

为了减少溶剂的用量,提高提取效率,或是达到自动化操作的目的,溶剂提取法已进行很多新的改进,如自动索氏提取法(Automated Sohxlet Extraction)、超声波助提法(Ultrasonic Assisted Extraction)、微波助提法(Microwave Assisted Extraction)、加速溶剂提取法(Accelerated Solvent Extraction)和超临界流体提取法(Supper Critical Fluid Extraction)等。这些新方法溶剂用量少、提取速度快,有些已能自动化处理样品,近年来已有较多应用。

2.3.1.2 固相提取法

固相提取法(Solid Phase Extraction,SPE),又叫液固提取法(Liquid-Solid Extraction),是指液体样品中的分析物通过吸着作用(吸附和吸收)被保留在吸着剂上,然后用一定的溶剂洗脱的过程。固相提取技术最早由 Breiter 等(1976)提出,用于人体体液中的药物提取,称为"柱提取",后用于水中农药的提取和净化,并称为"固相提取"。固相提取技术是取代"液液提取"的新技术,具有提取、浓缩、净化同步进行的作用,目前主要用于水样中分析物的提取,但也开始越来越多地应用于食品中农药残留分析的样品制备。这一技术有重复性好、省溶剂、快速、适用性广、可自动化和用于现场等优点,在农药残留分析中,尤其是对较强极性的农药(如氨基甲酸酯类农药)的提取能发挥很好的作用。

1) 固相提取吸附剂的类型

固相提取的原理可以看做是一个简单的液相色谱过程,吸附剂为固定相,样品中的溶剂(水)或洗脱时的溶剂为流动相。它是利用吸附剂对农药和干扰性杂质吸着能力的差异所产生的选择性保留,对样品进行提取和净化。这种保留可通过改变吸附剂的类型、调整样品和洗脱溶剂的类型、pH 值、离子强度和体积等来满足不同分析的需要。固相提取有多种吸附剂类型可供选择(表 2.1),而且各种新的吸附剂也在不断地被开发出来。

表 2.1 商业化固相提取的吸附剂类型

吸附剂类型	分子作用
十八碳烷基(C_{18})	疏水
辛烷基(C_8)	疏水
环己烷基(CH)	疏水
乙烷基(C_2)	疏水、氢键

（续表）

吸附剂类型	分子作用
苯基（PH）	分散、疏水
丙烯酸（Acrylic acid）	离子交换、氢键
丙烯酰胺（acrylamide）	离子交换、氢键
氰丙基（CN）	分散、疏水
二醇基（2OH）	氢键
氨丙基（NH$_2$）	氢键（质子受体）
苯磺酰丙基（SCX）	阳离子交换
磺酰丙基（PRS）	阳离子交换
羧甲基（CBA）	阳离子交换
二乙氨丙基（DEA）	阴离子交换
三甲胺丙基（SAX）	阴离子交换
硅胶	氢键
中性氧化铝	氢键
弗罗里硅土	氢键

固相提取吸附剂根据其对中性有机化合物的保留机制和溶剂洗脱能力，常分为正相和反相吸附剂两类（Normal-phase and Reversed-phase Adsorbent）。正相吸附剂（如硅胶、弗罗里硅土、中性氧化铝等）属极性保留，溶剂极性越强，洗脱能力越强；反相吸附剂（如 C$_{18}$、C$_8$、C$_2$、CH、PH 等）属非极性保留，溶剂极性越强，洗脱能力越弱。由于农药残留分析中的固相提取主要是水样，要使其中的农药被保留而提取出来，就要使水的洗脱能力最弱，所以要使用反相吸附剂进行提取。最常用的反相吸附剂是 C$_{18}$（十八碳烷基键合硅胶），其粒子大小一般为 $40\mu m$、孔径 60～100Å，适于在 pH 为 2～8 范围下中等极性（$K_{ow}=100\sim1\,000$）残留农药的提取。正相吸附剂主要用于提取后样品的净化处理。

固相提取现在多是使用商品化的固相提取小柱或是固相提取盘。它是由高强度和高纯度的聚乙烯或聚丙烯塑料制成，装有 100～2000 mg 吸附剂，形状各样，可自行套接使用和与注射器连接进行加压或减压操作。现在，市面上已有专用的 SPE 装置用于加压或减压以及批量自动化处理。

2）吸附容量和穿透体积

吸附容量（Adsorption Capacity）是指单位重量吸附剂所能吸附有机化合物的总质量，吸附容量越大，能吸附残留农药的量就越大。现在使用的固相吸附剂大都有 $500\mu g/g$ 以上的吸附容量，有的高达 15～60mg/g。由于农药残留分析的量很微小，一般在吸附容量上不存在什么问题。

穿透体积（Breakthrough Volume）是指在固相提取时化合物随样品溶液的加入而不被自行洗脱下来所能流过的最大液样体积，也可以理解为样品溶液的溶剂对样品中残留农药的保留体积。它是确定上样体积和衡量浓缩能力的一个重要参数。例如，估计某水样甲胺磷的含

量在 $0.05\mu g/ml$ 以下,仪器的检测限为 25ng,甲胺磷水溶液对 360mg C_{18} 柱的穿透体积为 1.2 ml,这样可以知道,在上样时其体积就只能在 1.2 ml 以下,超过这个量就会有甲胺磷流失,而要达到检测限,水样的体积只需要 0.5 ml,所以可用该柱提取。

穿透体积可通过测定穿透曲线的方法来确定。先配制标准液,其浓度必须是痕量,以在达到穿透体积之前上样量不会超过吸附容量;测定该溶液的紫外吸收强度(UV absorbance, A_0);用该溶液过柱,按一定体积间隔连续测定滤过液的紫外吸收强度(A);最后,以滤过液体积为横坐标,以紫外吸收强度比(A/A_0)为纵坐标作图。当强度比为 0.01 时,滤过液的体积称为初始穿透体积;当 UV 强度比为 0.99 时,滤过液体积称为最大穿透体积。Subra 等(1988)用 $100\mu g/L$ 的标准液测定了西玛津、阿特拉津和利谷隆三种农药在 C_{18} 柱上的穿透曲线,见图 2.2。从图中可以看出,穿透曲线是一条"S"曲线,不同的化合物其曲线不同:穿透体积越大,曲线跨度越大。除了这种方法以外,穿透体积还可以用其他方法测定或以液相色谱的保留体积估计。

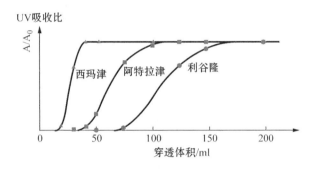

图 2.2 三种农药的穿透曲线

3) 固相提取的方法步骤

由于残留农药的固相提取主要是水样,多使用反相提取柱,其典型的固相提取操作包括 4 个步骤。首先是柱的活化和平衡,用适当的溶剂冲洗以活化吸附剂表面,然后再用水冲洗让柱子处于湿润和适于接受样品溶液的状态;然后是上样,将用水稀释的样品溶液加在柱上,减压使样品通过柱子;第三步是清洗,即净化步骤,以比水极性稍弱、能洗脱杂质而让分析物保留的溶剂过柱,去除干扰物;最后是洗脱步骤,用少量极性再弱些的溶剂将分析物洗脱回收,用于测定。

4) 残留农药的固相提取

固相提取可以是持留农药在柱子中,然后用溶剂洗脱进行分析,也可以是持留样品中的杂质,让农药通过,然后收集用于分析。水样残留农药一般用前一种方式提取,而食品、动植物样品残留农药一般用第二种方式。特别是对于含水量高的果蔬样品,用水混溶性溶剂提取后,提取液中水的量比较大,将提取液通过一个反相提取柱(如 C_{18}、C_8 或 PH)就可把油脂、蜡质等非极性杂质持留在柱中而被去除(非极性提取)。如果农药的极性中等,其辛醇-水分配系数在 $100\sim1\,000$,就可以通过溶剂(一般是丙酮或乙腈)的加入量来调节提取液中的含水量,使农药很容易地洗脱下来,能够与水形成氢键,或能通过调节 pH 值使其离子化的农药,都可用一定比例的水-有机溶剂洗脱。

如果要进一步去除糖等极性化合物或阴离子化合物,就要用其他类型固相提取柱(如四甲基氨基阴离子交换柱、NH₂、SAX、DEA等)再提取一次(极性提取)。这时先要用液液分配法转换提取液溶剂,把水去除或降至较低的量。

在农药残留分析样品的提取净化上,一般都是先用反相柱处理,因此所用的洗脱剂就是水混溶的溶剂或单独用水,使亲脂的杂质吸附在柱上,而农药流过柱子。如果是分析液态食品,如啤酒等,就可直接上柱,然后依次用不同比例的甲醇/水洗脱、最后用乙酸乙酯或二氯甲烷洗脱。

固相提取洗脱溶剂的选择主要根据农药的亲脂性和柱的保留机制而定。一系列不同极性的溶剂可用于固相提取洗脱。非极性农药可用甲醇、乙腈、乙酸乙酯、氯仿和正己烷;而极性农药可用甲醇、异丙醇及丙酮。

最近,美国Waters公司设计出全新的N-乙烯吡咯烷酮-二乙烯基苯聚合物,是一种亲水亲脂共聚物,将它作固相提取吸着剂,如Oasis亲水亲脂平衡(HLB)固相提取柱,解决了传统固相提取中出现的硅羟基活性、pH局限性、极性化合物穿透、低回收率、疏水塌陷等问题,是一种通用型吸附剂,它能同时保留极性、非极性或酸性、碱性化合物及其代谢产物。

常规的反相吸附剂需在上水样之前用与水混溶的溶剂预先湿润(活化),并保持浸润状态,否则保留能力降低,导致样品穿透现象产生。而HLB吸附剂是水浸润型的,即使是吸附剂变干,它仍具有较强的吸附能力,达到高的回收率。HLB吸附剂在pH值1~14范围内非常稳定,且可使用常用的有机溶剂,这样就可很容易地实现方法优化。如可使化合物以非离子或更亲脂的形式保留在柱上,而用较高浓度的有机溶剂清洗去干扰物质,然后通过改变pH值使化合物以带电荷形式或更亲水状态被洗脱下来,而无需再增加有机溶剂的浓度(图2.3)。

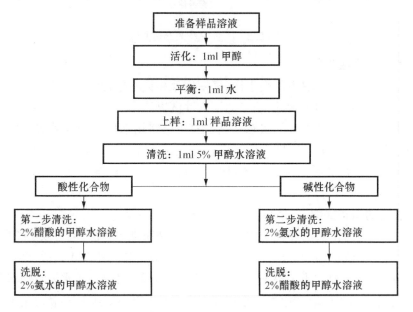

图2.3　HLB固相提取柱(30 mg吸附剂)的优化提取方法

另外,在大量水样或气样的制备中,大孔网状有机聚合树脂,主要有XAD-4(交联聚苯乙烯)和聚氨酯等也常用于吸附样品中的几乎所有残留物,特别是对于中低极性有机物具有高吸附能力和流经能力,然后用苯或甲苯洗脱下来,制成分析样。这两种吸附剂都比活性炭好,后者几乎是不可逆地吸附,尤其是对较强极性的化合物。

2.3.1.3 强制挥发提取法

强制挥发提取法（Forced Volatile Extraction）是对于易挥发物质，特别是蒸汽压或亨利常数高的化合物，利用其挥发性进行提取的方法。这样可以不使用溶剂，在挥发提取的同时去除挥发性低的杂质。吹扫捕集法（Purge-and-Trap）和顶空提取法（Headspace Extraction）常用于这类化合物的提取。

1）吹扫捕集法

吹扫捕集系统主要用于水样中挥发性有机物的分析，适用的农药及其代谢物主要有溴甲烷、甲基异丙腈（MITC）、氧化乙烯、氧化丙烯等。该分析系统的主要构件有吹沸器和捕集管，连接一台气相色谱仪（Gas Chromatography，GC），见图 2.4。

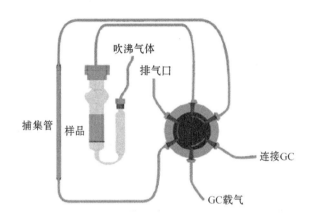

图 2.4　水样中易挥发残留农药的吹扫捕集提取分析系统

其操作步骤是：

（1）吹沸。在常温下，以氮气（或氦气）等惰性气体的气泡通过水样将挥发物（亨利常数大于或约等于 1×10^{-3} atm·m^3/mole）带出来。

（2）捕集。吹沸出来的挥发物被气流带至捕集管，被管中的吸附剂吸附、富集。最常用的吸附剂是 Tenax（由 2,6-二苯并呋喃聚酯与 30％石墨的复合物组成），它透过性好、耐 350℃高温、水亲和性低、吸附谱广。

（3）解吸。通过瞬间加热使捕集管中的挥发物解吸，并用载气带出，直接送入 GC。每次使用捕集管前宜在高温下以洁净氮气吹扫以去除残存在管中的有机化合物，但注意高温下不能有氧气进入。

（4）GC 分析。用这种方法可以分析水样中 μg/L～ng/L 级的挥发性残留农药。

2）顶空提取法

顶空制样是与吹扫捕集法相类似的技术，但它适用于水样及其他液态样品和固态样品。它也可以直接与气相色谱仪连接进行分析，图 2.5。其操作步骤主要有：

（1）加热密封样品瓶，使顶空层分析物平衡。

（2）通过注射器将载气压向样品瓶。

（3）断开载气，使瓶中顶空层气样流入气相色谱仪供分析。

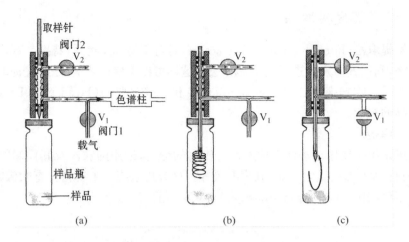

图 2.5　顶空色谱分析示意图

(a)加热平衡,载气流过阀门 V_1 到色谱柱,且部分载气清理注射器;(b)针头插入瓶中,载气进入,瓶中压力达到柱前压;(c)关闭阀门 $V_1 V_2$,瓶中压缩气体流入柱子。

2.3.1.4　不同样品中残留农药的提取

1)水样

与其他样品相比(如生物样品或土样),由于水样比较均匀,其提取方法相对简单。水样的提取有许多方法。非极性残留物,如 DDT、多氯联苯类和六六六等辛醇-水分配系数在 $10^4 \sim 10^6$ 范围的农药,用非极性溶剂,如正己烷、异辛醇、苯、或乙酸乙酯,就能很容易地提取出来。

水样的提取一般在分液漏斗或定量瓶中加入水样和提取溶剂后加以振荡进行提取。振荡可以通过手工或机械进行。提取后将上层溶剂相移入一个合适的容器,以便于接下来的浓缩操作。比如,取 1L 水样,用 100ml 正己烷作提取剂,提取液通过蒸发浓缩到 1ml,获得 100∶1 浓度的检测溶液。在浓缩时要特别小心以免分析物挥发损失掉。如果水中残留物的浓度为 $1\mu g/L$,最后检测溶液中的浓度就是 $1\mu g/ml$。在气相色谱上进样 $1\mu L$(1ng)就能很好地满足电子捕获检测器(ECD)、氮磷-热离子选择检测器(NP-TSD)、气谱质谱联用和其他一些选择性检测器的灵敏度范围。

对于辛醇-水分配系数低于 $10^3 \sim 10^4$ 的农药,在提取时就要根据情况采用不同方法:

①要增加正己烷的量,或用正己烷多次提取;

②在正己烷＜苯＜二氯甲烷＜乙酸乙酯极性范围内,选用比正己烷极性更强些的溶剂;

③在水中加入纯化过的氯化钠或醋酸铵盐,以降低分析物的溶解度,使其盐析出来;

④调整溶液的 pH 值:如果分析物是酸性的,就将 pH 值用酸调至 3 左右,使其质子化以降低水溶性;如果分析物是胺,就用碳酸钠或氨水将 pH 值调至 10 左右,使其去质子化而降低水溶性。

对于水中溶解度大、较难提取的残留农药,或是水样体积较大时,使用连续提取器进行提取比较合适。

当样品是生物体液,如尿液、血浆、奶液、果汁等时,某些残留农药可能以轭合态存在,就要用酶或强酸处理先打断轭合再提取。另外,这些生物液样的提取还存在不少困难。比如,直接用溶剂提取奶液时,哪怕残留物的分配系数适合于提取,其回收率也会非常低,这是因为残留物可能处于被亲水的磷脂膜包围的脂肪胶体中而无法提取。这时就得在用有机溶剂提取前在奶液中加入乙醇和盐以打破这层膜。奶液中艾氏剂和乙基对硫磷的提取就存在这种情况,直接用溶剂提取,回收率分别为 8.4% 和 63.0%,而在加了乙醇以后再提取,回收率则分别上升到 91.5% 和 90.0%。有些生物液样(如血液)只要加水稀释就可使细胞破裂,有利于提取。而像果汁,主要是会出现乳化现象,就要加入盐或离心使其分离。

2) 气体样品

气样中残留农药的提取可以用前面介绍的强制挥发法提取,或直接用 Tenax 吸附剂或 XAD-2、XAD-7 大孔聚苯乙烯树脂等进行收集,然后用加热解吸或溶剂洗脱的方式回收供分析测定。也可以用冷冻溶剂收集法,将气样通过一低温冷冻溶剂,使其中农药分配进入溶剂相而被收集。

3) 植物和动物样品

对于动植物组织等固态样品一般都是采用溶剂提取法,使用较多的有振荡法、组织捣碎法。但如果残留农药是易挥发物质,则可采用强制挥发提取法。使用能与水混溶的溶剂,如乙腈、丙酮、甲醇等,可以提取出大多数农药,又不会分离大量脂类物质。

4) 土壤样品

土壤是较难提取的一类样品,因为土壤中的有机物能与许多农药形成结合物。在提取时,通常是先用水将样品湿润(含水量约为 5%),然后用强极性溶剂(如丙酮)或混合溶剂进行提取,较多使用的方法有振荡法、索氏提取法等。百草枯和其他联吡啶除草剂由于能与土壤中的矿质、植物残体等牢固结合,提取时要用强酸,如 9mol/L 硫酸消化处理。

2.3.2 浓缩

由于农药残留分析中分析物在样品中的量非常少,而且常规溶剂提取法所用溶剂的量相对来说就非常大,从样品中提取出来的残留农药溶液,一般情况下浓度都是非常低的,在进行净化和检测时,必须首先进行浓缩(Concentration),使检测溶液中待测物达到分析仪器灵敏度以上的浓度。目前一些新的提取方法,如固相提取、吹扫捕集法等可同时实现样品浓缩。

在浓缩过程中,必须注意残留农药损失和样品污染两个问题。由于样品提取液容量非常大,一般都在几十到几百毫升范围,要浓缩到 1 到几毫升,容易引起残留农药损失,特别对于蒸汽压高或亨利常数高、稳定性差的农药,更应该注意不能蒸干。这些农药甚至在样品制备好以后,都应存放在密闭和低温条件下。

常用的浓缩方法有减压旋转蒸发法、K-D 浓缩法、氮气吹干法等,可结合实际需要选择使用。

2.3.2.1 减压旋转蒸发法

减压旋转蒸发法(Vacuum Rotary Evaporation)利用旋转蒸发器(图 2.6),可以在较低温度下使大容量(50~500 ml)提取液得到快速浓缩,操作方便,但残留农药容易损失,且样品还须转移、定容。旋转蒸发器是为提高浓缩效率而设计的,其原理是利用旋转浓缩瓶对浓缩液起搅拌作用,并在瓶壁上形成液膜,扩大蒸发面积,同时又通过减压使溶剂的沸点降低,从而达到高效率浓缩目的。

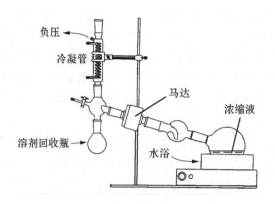

图 2.6　旋转蒸发器

2.3.2.2　K-D 浓缩法

K-D 浓缩法(Kuderna-Danish Evaporative Concentration)是利用 K-D 浓缩器(图 2.7)直接浓缩到刻度试管中,适合于中等体积(10~50 ml)提取液的浓缩。K-D 蒸发浓缩器是为浓缩易挥发性溶剂而设计的,其特点是浓缩瓶与施耐德分馏柱连接,下接有刻度的收集管,可以有效地减少浓缩过程中农药的损失,且其样品收集管能在浓缩后直接定容测定,无需转移样品。

从各浓缩方法的使用情况来看,以 K-D 浓缩器的使用较为普遍,各国标准农药残留量分析,大都用 K-D 浓缩器浓缩。K-D 浓缩器可以在常压下进行浓缩,也可以在减压下进行(一般丙酮、二氯甲烷等溶剂宜在常压下浓缩,而苯等溶剂只可适当减压进行),但真空度不宜太低,否则沸点太低,提取液浓缩过快,容易使样品带出造成损失。K-D 浓缩器的水浴,温度不宜过高,一般以不超过 80℃ 为好。也有用蒸汽加热,为了提高浓缩速度,K-D 瓶也可以用金属套空气浴加热(但温度不能超过沸点)。使用时,上样量为浓缩瓶体积的 40%~60%。为减少农药损失,应在使用前用 1 ml 有机溶剂将柱子预湿。然后,刻度收集管放入水浴中加热(注意:不要将水浸过刻度试管接口),而 K-D 浓缩瓶的圆底部分正好处于水浴的蒸汽上。加热沸腾后,溶剂蒸出,施耐德柱(Snyder Column)可以防止部分溶剂冲出,同时一部分冷却下来的溶剂又能回流洗净器壁上的农药,使农药随溶剂回到蒸馏瓶中。实验证明,施耐德柱在浓缩过程中可使农药损失降低到最低程度。浓缩后的溶液留在底部的刻度试管中,溶液不必进行转移,K-D 瓶也不需洗涤,定容后进行净化或检测。但这一方法也和减压旋转蒸发浓缩一样,需要注意溶剂爆沸的问题,可在提取液瓶中加入几粒预先用正己烷回流洗净的 20~40 目金刚砂,也可以用沸石,但由于沸石为多孔性物质,作高度浓缩时易招致农药的损失。

在浓缩过程中还要注意的是,提取液要作高度浓缩时(一般指浓缩到 $500\mu L$ 以下),则用 2 球的小型施耐德柱为好,可以保证农药损失最少。对于净化后溶液的浓缩,必须更加警惕,因为提取物中油脂等杂质已经很少,必要时可以加入几微升不干扰分析的抑蒸剂,如乙二醇、硬脂酸和石蜡等,以避免农药损失。此外,为了考察样品的浓缩过程,也可以单独进行标准农药的浓缩回收率试验,一般以达到 90% 以上回收率为宜。

氮气吹干(Gas Blowing Evaporation)是直接利用氮气流轻缓吹拂提取液,加速溶剂的蒸发速度来浓缩样品,只适合于小体积浓缩,且对于蒸汽压较高的农药比较容易损失。现在,在许多实验室都是联合固相提取柱一起使用,达到浓缩、净化的目的。

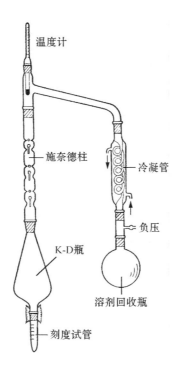

图 2.7   K-D 浓缩器

2.3.3   净化

净化(Cleanup)是指通过物理的或化学的方法去除提取物中对测定有干扰作用的杂质的过程。单残留分析时,净化所用方法与残留分析物的理化特性密切相关。而在多残留分析时,净化操作所用方法也比较通用化。任何一个净化方法都必须考虑时间和成本与检测限之间的关系。净化是消去检测背景噪音、降低检测限的有效方法。

净化主要是利用分析物与基体中干扰物质的理化特性的差异,将干扰物质的量减少到能正常检测目标残留农药的水平。其中,物理的方法有分配法、沉淀法、挥发法以及层析法等;而化学的方法有分配法、浓酸碱法、氧化法和衍生化法等。两相溶剂的分配和吸附层析法是用得最多的净化方法,其他方法则是在有特殊要求时使用。一般来说,检测限越低,要消除的干扰杂质就越多,净化要求越高。这时,净化过程比较复杂,常常是多种方法结合使用。

2.3.3.1   干扰杂质的性质

了解农药残留分析样品中常见干扰性杂质的性质对选择合适的净化方法非常有用。表2.2列出了农产品中主要的干扰杂质。

表 2.2　农药残留分析中常见的干扰杂质

类　　别	化　合　物
脂类	蜡质、脂肪、油脂
色素	叶绿素、叶黄素、花青素
氨基酸衍生物	蛋白质、肽、生物碱、氨基酸
碳水化合物	糖、淀粉、醇
木质素	酚类及其衍生物
萜类	单萜、倍半萜、二萜等
环境污染物	各种有机物、矿物、硫、多氯联苯、邻苯二甲酸酯、碳氢化合物等

（1）脂类。这是一类由脂肪酸和醇构成的酯或烃类物质,在动植物产品中大量存在。如,花生含 49％,鸡蛋含 61％等。由于这类物质溶于许多常用有机溶剂,所以易出现在粗提物中。脂肪能被酸碱皂化,然后被酸氧化降解。虽然脂类物质不易挥发,但由于量大,对气相色谱分析也会造成不利,可能堵塞进样口和柱子,改变色谱性能,还会缓慢地降解为易挥发的物质而干扰检测。

（2）色素。这是一类结构上没有多大关联的有色化合物,溶于极性较强的溶剂。主要是会对比色和分光光度分析有影响。腐蚀性试剂能使其降解。

（3）其他杂质。肽类和氨基酸含有氮,常常还含有硫,这对使用 N-或 S-选择性检测系统就会产生干扰。碳水化合物无色、无挥发、且在有机溶剂中溶解度较低,所以只会对低挥发性和高水溶性农药的分析造成困难。木质素也和碳水化合物差不多,但它可以降解为酚类物质,从而影响某些农药(如氨基甲酸酯类和苯氧羧酸类)的酚类代谢物的分析。有些维生素的理化性质与很多农药的性质很相近,因而也会产生干扰。

环境中非农药污染物对农药残留分析有很大的干扰。如,硫对气相色谱分析中电子捕获、电解电导、和火焰光度检测器都有响应。在美国就曾出现将硫黄误检为艾氏剂的例子。多氯联苯和邻苯二甲酸酯就更需要注意,它们不仅出现在环境中的污染样品,在实验室内的某些溶剂、塑料管、瓶盖等材料中也可能对样品造成污染。在农药残留研究的早期有将其误检为有机氯农药的例子。

2.3.3.2　常用净化技术

1）柱层析法

柱层析法(Column Chromatography)是一种应用最普遍的方法。前面介绍的固相提取法就是简化的柱层析技术,它也具有净化的功能。柱层析法的基本原理是将提取液中的农药与杂质一起通过一根适宜的吸附柱,使它们被吸附在表面活性的吸附剂上,然后用适当极性溶剂来淋洗。农药一般先被淋洗出来,而脂肪、蜡质和色素等杂质持留在吸附柱上,从而达到分离、净化的目的。随着高灵敏度检测方法的出现,样品不断微量化,柱层析净化吸附剂的用量只用 2~3g,有的只用 0.5g 来净化样品。微量层析柱一般为 5mm 粗,淋洗液 10 ml 左右,达到量少、快速的目的。

常用来作净化处理的层析柱有以下几种:

（1）弗罗里硅土柱。弗罗里硅土是农药残留分析净化中最常用的吸附剂，也称硅镁吸附剂，主要由硫酸镁与硅酸钠作用生成的沉淀物，经过过滤、干燥而得。它是一个多孔性的并有很大比表面积的固体颗粒，比表面值达 $297 m^2/g$。弗罗里硅土要经过 650℃ 的高温加热 $1\sim3$ h 活化处理，才能提高对杂质的吸附能力，而不影响农药的淋洗率。普通商品仅经过 110℃ 或 260℃ 温度活化，故应先在 650℃ 温度下重新加热一次。处理后的弗罗里硅土贮放在干燥器中能维持 4 天活性，过期后应在使用前以 130℃ 加热过夜。国外不少实验室将弗罗里硅土一直保存在 130℃ 的烘箱中。

弗罗里硅土的活性可以通过测定其表面积值来加以控制。Mills 提出一种简便的方法测定弗罗里硅土的活性。据估算，1g 弗罗里硅土能吸附分子量为 200 的化合物 100mg，则活性较合适。一般选用月桂酸来作为被吸附的物质，通过测定月桂酸被弗罗里硅土吸附的量来求出弗罗里硅土的活性。利用月桂酸作被吸附物有很多优点，因为它的分子量在 200 左右，是一个固体，比较容易提纯，很容易溶于己烷中，用酸碱滴定方法可以直接被测定，测定的具体步骤如下：

取 2g 弗罗里硅土放入 25 ml 三角瓶中，在 130℃ 温度下活化处理过夜，冷却到室温时，加入 20.0 ml 月桂酸溶液（内含月桂酸 400 mg），塞上塞子，摇荡 15 min，待吸附剂沉下后，用 10.0 ml 移液管移出 10 ml 月桂酸溶液到另一个 125 ml 三角瓶中（注意避免任何弗罗里硅土吸入），加入 50 ml 中性乙醇及 3 滴酚酞指示剂，用 0.05 mol/L 的氢氧化钠溶液滴定，求出 1 g 弗罗里硅土吸附月桂酸的 mg 数，即所谓月桂酸值（Lauric Acid Value），通常以 LA 表示。

一般应用弗罗里硅土的活性指标 LA 为 110 以上，而市售的弗罗里硅土的 LA 值为 75～116 不等，LA 值越低的弗罗里硅土，则其中硫酸钠含量就越高，范围在 0.15％～2.4％ 之间。通常可以用水洗涤以去除硫酸钠，然后再在 650℃ 温度下活化 5h。这样处理后，月桂酸值就可以达到要求。弗罗里硅土的 LA 值偏低，也可以加大用量来达到净化的目的。

弗罗里硅土柱的淋洗体系：对于内径 1.5cm 的 10 g 弗罗里硅土层析柱，用 100 ml 6％乙醚/石油醚来淋洗，被淋洗出的农药有艾氏剂、六六六各种异构体、p,p'-滴滴涕、o,p-滴滴涕、p,p'-滴滴滴、p,p'-滴滴依、七氯、环氧七氯、三氯杀螨醇、五氯硝基苯、碳滤灵和三硫磷等，用 15％乙醚-石油醚淋洗出来的狄氏剂、异狄氏剂、螨卵酯、马拉松、对硫磷、甲基对硫磷和苯硫磷等。

1972 年 Mills 等提出了一种弗罗里硅土层析柱的淋洗体系，有 A/B/C 3 种淋洗液：

A 液——二氯甲烷-正己烷（1∶4）

B 液——三氯甲烷-乙腈-正己烷（50∶0.35∶49.65）

C 液——二氯甲烷-乙腈-正己烷（50∶1.5∶48.5）

这种淋洗系统淋洗液的极性依次增强，因而把被淋洗出来的农药按照极性大小而分为 3 组。当用 A 液淋洗时，γ-六六六、艾氏剂、α-六六六、β-六六六、p,p'-滴滴涕、p,p'-滴滴滴、p,p'-滴滴依、七氯、五氯硝基苯等被淋洗出来。继续用 B 液淋洗时，极性大一些的农药，如二氯萘醌、狄氏剂、异狄氏剂、乙硫磷、环氧七氯、甲基对硫磷等被淋洗出来。最后用 C 液淋洗，极性的敌菌丹、克菌丹、二嗪磷和马拉硫磷等农药被淋洗出来。一般回收率都在 90％ 以上。

（2）氧化铝柱。氧化铝不如弗罗里硅土那样常用，但价格便宜，也是一种比较重要的吸附剂。它有酸性、中性、碱性之分，可根据农药的性质选用。有机氯、有机磷农药在碱性中易分解，用中性或酸性氧化铝。均三氮苯类除草剂则使用碱性氧化铝。它最大的特点就是淋洗液用量较少,但一般由于氧化铝的活性比弗罗里硅土要大得多,因而农药在柱中不易被淋洗下来,当用强极性溶剂时,则农药与杂质又会同时被淋洗下来,所以在应用前必须对氧化铝进行去活处理。

市售的吸附层析活性氧化铝(中性或酸性),先在130℃左右温度下活化4 h以上,然后加入相当于5%～10%重量的蒸馏水,在研钵中仔细混合,倒入瓶中盖紧,放置过夜使活性一致。

用10%乙醚/正己烷100 ml淋洗,从含5%水的10g氧化铝柱中定量回收的有乙硫磷、对硫磷、马拉硫磷、苯硫磷、二嗪磷、氯硫磷、艾氏剂、滴滴涕、滴滴依、滴滴滴、狄氏剂、异狄氏剂、林丹和七氯等,对于极性较强的一些有机磷农药也可以用2%丙酮/正己烷淋洗液。

(3)硅胶柱。硅胶是硅酸钠溶液中加入盐酸而制得的溶胶沉淀物,经部分脱水而得无定形的多孔固体硅胶。硅胶柱层析在样品净化中使用很普遍,它能有效地去除糖等极性杂质,特别是它对N-甲基氨基甲酸酯农药不会像在弗罗里硅土或氧化铝中那样不稳定,通常也需活化处理去除残余水分,使用前再加入一定量的水分以调节其吸附性能。由于硅胶的吸附能力与其表面的硅羟基数目有关,一般在活化时温度不宜超过170℃,以100～110℃为宜。操作时,一般硅胶的量为5～50 g,含水量在0～10%之间。初始用弱极性溶剂淋洗,如戊烷或己烷,洗脱弱极性化合物,然后逐渐增加溶剂的极性,洗脱极性较强的化合物。糖等强极性化合物一般用甲醇等强极性溶剂也难以洗脱下来,可以很方便地去除。

(4)活性炭柱。活性炭柱层析一般很少单独使用,经常与弗罗里硅土及氧化铝按一定比例配合使用。活性炭对植物色素有很强的吸附作用。将活性炭与5～10倍量的弗罗里硅土和氧化镁及助滤剂Celite 545等混合,用乙腈-苯(1∶1)作淋洗剂,能有效地净化许多有机磷农药。

(5)其他填料层析柱:除了上述三种常用填料柱层析外,在农药残留样品净化中现在非常多地将提取与净化同时在一根固相提取柱上完成,但也可以单独用于净化处理。如果使用C₁₈柱,则能有效去除脂肪等非极性杂质。许多酸碱性农药及其代谢转化物常用离子交换柱作净化处理,特别是对百草枯和草甘膦分析样品的净化。例如,百草枯样品处理是先用2.5mol/L硫酸提取,中和后,过强阳离子交换柱,用饱和氯化铵淋洗,然后用分光光度计对蓝色的阳离子还原产物比色测定分析。Pardue(1995)以溶剂分配和阳离子交换固相提取为主建立了一套适合于三嗪类除草剂及其代谢物多残留分析样品的净化方法。经分析,六种农产品中的19种除草剂和四种代谢物,其回收率分别在81%～106%和59%～87%范围内。

值得重视的是,近年美国EPA规定,凡是土样(包括淤泥)提取液均要用凝胶渗透层析(Gel Permeation Chromatography, GPC)作净化处理,去除脂肪、聚合物、共聚物、天然树脂、蛋白质、甾类等大分子化合物,以及细胞碎片和病毒粒子等杂质。在多种多样的农药残留基体中存在着大量这类大分子杂质,它们在进行GC或LC分析测定时一般不能通过柱子,虽然不会对检测器产生反应,但由于堵塞进样阀和柱子,造成柱子寿命缩短和结果产生偏差,同时其降解物也可能影响到检测器。

凝胶渗透层析是利用多孔的凝胶聚合物将化合物按分子大小选择性分离的机制,即由于大分子化合物不能进入填料粒子的孔内,溶剂淋洗时只能在粒子间隙通过,而小分子化合物能在粒子孔内穿行,两者运行路径的距离不一样,大分子的路径短,最先流出,小分子的路径长,最后流出。这样就能把最先流出的大分子化合物去除而得到净化。农药残留样品净化中最常用的凝胶渗透层析填料是各种不同孔径大小和粒子大小的苯乙烯-二乙烯苯共聚物(SDVB),

如 SX-3,通过控制其聚合时的交联度来获得所需孔径的凝胶粒子。由于大多数农药的分子量都在 400 以下,选择一定孔径的填料就可很容易地去除提取液中分子量在 400 以上的杂质。淋洗剂一般用二氯甲烷、1:1 二氯甲烷-环戊烷或 1:1 乙酸乙酯-环戊烷。

使用凝胶渗透层析作净化处理不会有不可逆保留问题,而且一根柱子可以重复使用上千次,速度快、成本低,适用于动植物组织、果蔬、加工食品、土壤、牛奶、血液、水等几乎所有样品的净化处理。现在已有商业化凝胶渗透层析自动净化装置面市,可同时处理 60 个样,非常方便、快速。

2) 液液分配法

液液分配净化法(Liquid-Liquid Partition)的原理和操作都和前面介绍的液液提取完全一样。比如,农药与脂肪、蜡质、色素等一起被己烷提取后,再用一种极性溶剂,如乙腈与其共同振摇时,由于农药的极性比脂肪、蜡质、色素等要大一些,因而大部分被乙腈所提取,经几次提取后,农药几乎可以完全地与脂肪等杂质分离,从而达到净化的目的。

在应用液液分配净化时,要注意农药的 p 值(p 值是指在体积相等的两种互不相溶的溶剂中分配达到平衡时,某种农药存在于非极性溶剂中的份数)在不同溶剂中的分布情况是不相同的。对异辛烷-80%丙酮、戊烷-90%乙醇、正己烷-乙腈、异辛烷-二甲基甲酰胺、异辛烷-85%二甲基甲酰胺、己烷-90%二甲基亚砜等 6 种溶剂对的研究结果表明,在异辛烷-80%丙酮、戊烷-90%乙醇溶剂对中,各种农药的 p 值很分散。这种情况有利于对不同农药的分离或是单残留样品的净化。在己烷-乙腈、异辛烷-二甲基甲酰胺等溶剂对中,大部分的农药 p 值均较小,特别是在异辛烷-二甲基甲酰胺溶剂对中,约有四分之三的农药 p 值小于 0.21,这样的 p 值有利于农药残留量分析中的净化。对于异辛烷-85%二甲基甲酰胺等溶剂对,大部分的农药 p 值增加,平均增大四倍。同样在异辛烷-80%丙酮溶剂对中,有一半农药的 p 值在 0.6 以上,这说明当极性溶剂的亲水性增强时,则农药在非极性溶剂中的溶解度也就增大。

比较典型的己烷-二甲基甲酰胺溶剂对液液分配净化的操作步骤如下:

取己烷提取含脂肪等杂质的农药样品的提取液 25 ml,用预先经己烷饱和过的二甲基甲酰胺在分液漏斗中提取 3 次,每次 10 ml。合并二甲基甲酰胺提取液,放入另一个分液漏斗中,再另用 10 ml 己烷洗涤提取,以除去少量残留脂肪。静置分层后,分出己烷层。另用 10 ml 二甲基甲酰胺提取分出的己烷层。合并 40 ml 二甲基甲酰胺提取液。放入 500 ml 分液漏斗中,加入 200 ml 2%硫酸钠溶液及 10 ml 己烷。强烈振摇 2 min,静置 20 min,弃去二甲基甲酰胺水溶液。被净化的农药转入己烷溶液中,以备下一步处理。

3) 吹扫共馏法

吹扫捕集和顶空法是从水样或不易挥发的基体中提取挥发性分析物的方法,而吹扫共馏法(Sweep Codistillation)则是与其原理相同的净化技术,以除去挥发性较低的杂质。

吹扫共馏法是在惰性气体和溶剂蒸汽流的作用下使农药从脂类和其他低挥发性提取成分中挥发出来,然后通过冷凝或吸附柱将其收集,使农药与杂质得到分离。这一技术最早是由 Storherr 等(1965)应用于有机磷酸酯农药的净化。把提取物溶于适当的溶剂(如乙酸乙酯)中,由进样口注入分馏管的内管中,残留农药在一定的温度下被强制挥发,随载气和溶剂蒸汽流经装有硅烷化玻璃棉或玻璃珠的外管,最后进入装有弗罗里硅土吸附剂的收集管中,而油脂等低挥发性物质则留在分馏管外管的玻璃棉(珠)上。取下收集管,用适当溶剂洗脱农药用于测定,或直接与 GC 连接,通过瞬间加热解吸用于分析(图 2.8)。近年,随着对共馏温度、载气流速、冷凝回收控制技术的提高,这一方法对动植物样品中有机氯、有机磷、三嗪类和其他农药,包括人乳中的多氯苯类,试验显示有很好的回收率。可以说,只要所测农药有一定的挥发性和热稳定性,就可采用这一技术进行净化。

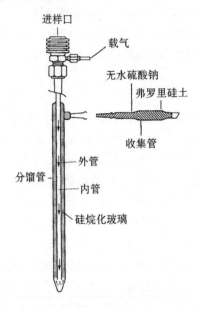

图 2.8　吹扫共馏装置

4) 沉淀净化法

沉淀净化法(Precipitation Cleanup Methods)是在低温下,脂肪和蜡质会形成结晶,故而可以将其从溶解度较高的农药提取物中去除。对动植物样品一个典型的操作步骤就是,用丙酮提取,然后放入 -80 ℃环境,脂类和某些色素就会沉淀出来。此法可以替代多脂肪样品净化中的液-液分配。

5) 化学净化法

化学净化法(Chemical Cleanup Methods)是用强酸、强碱将样品基体消解掉,留下农药母体或其他可测知降解物的净化方法。这些方法主要是针对稳定的有机氯农药而建立的。例如,毒杀芬、氯丹、艾氏剂、七氯的分析,先用发烟硫酸处理提取物,使脂类和色素物质水解后去除。同样,浓碱也用于脂类的水解(皂化)。有些酶,如木瓜蛋白酶、胃蛋白酶,可用来降解净化样品中的肽类杂质。

6) 多残留分析净化法

当前农药残留分析工作,已从各个农药单独分析发展到各种农药的同时分析。随着大量农药的使用,对于农产品过去施药的历史情况,不可能全面了解,又因农药使用后在光、空气、植物体内酶的代谢作用下,转化成其他形式存在,因此,在农药残留分析的提取与净化时,必须考虑多残留分析的需要。

农药的多残留分析是管理部门常用来监测和收集食品及其他样品中农药残留状况和信息的分析方法,可以迅速地知道样品中是否有某种农药残留、残留量是否超标。多残留分析样品的净化一般把溶剂分配和柱层析当作其"核心"技术。美国食品和药品管理局(FDA)把食品分为非脂肪食品和脂肪食品二类进行净化处理。根据样品中含脂肪的多少可采用石油醚或乙腈提取,然后以石油醚/乙腈分配去除提取物中的脂类(图 2.9)。低极性农药的分析,如农药中极性最低的艾氏剂和 DDT 等,由于它们比较难与脂类化合物分开,需要进行多次分配才能达到好的效果。

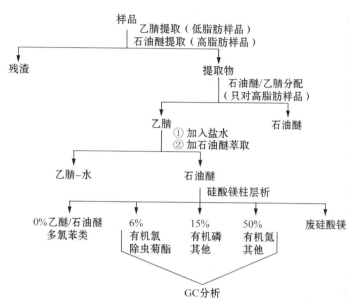

图 2.9 石油醚/乙腈分配去除提取物中的脂类

上述方法对大多数非离子化农药都能适用。强极性或离子化农药,如百草枯、草甘膦和一些苯氧羧酸类,就有可能在第一步提取时不能有效提取,或是在盐水乙腈/石油醚分配时留在乙腈-水层。而极性非常弱的农药也会在去除脂类的同时有一定的损失。硅酸镁柱层析时,含 6%乙醚的石油醚流分主要是低极性的有机氯农药,15%洗脱流分主要是中等极性的有机氯和有机磷,50%洗脱流分则主要是较强极性的有机磷和有机氮农药。但是,有较强极性的 N-甲基氨基甲酸酯农药可能无法洗脱,抑或会在硅酸镁柱中降解。

由于乙腈价格昂贵,故现在较流行改用丙酮提取,然后与石油醚-二氯甲烷溶剂分配。柱层析净化和分组时,除了硅酸镁外,也可根据情况使用氧化铝、活性炭或硅胶,特别是对 N-甲基氨基甲酸酯农药,它在硅酸镁和氧化铝中均不稳定,而用硅胶(用 20%水失活后效果更好)即能满足需要。此外,也多用反相固相提取柱代替溶剂分配来净化乙腈或丙酮提取液。

2.3.4 样品制备新技术

随着社会大众对环境保护和食品安全的日益关心,各国政府制订出越来越严格的农药残留法规,不仅新的法规要求有更灵敏、可靠和有效的检测方法,人们对农药残留分析技术本身也提出了更高的环境保护和健康安全的要求。因此,近十年来,提取净化技术不断得到改进,出现了许多优秀的样品制备新技术。这些新技术的共同特点是:节省时间、减轻劳动强度、节省溶剂、减少样品用量、提取或净化效率及自动化水平高。

在农药残留分析样品制备中,目前已报道的新技术有很多,但较有应用前景且已有一定应用的新技术主要有:固相微提取(SPME)、快速溶剂提取(ASE)、微波辅助提取(MAE)、超临界流体提取(SFE)等。

2.3.4.1 固相微提取

固相微提取(Solid Phase Micro-Extraction,SPME)是在固相提取基础上发展起来的,于1989年由加拿大Waterloo大学的Pawliszyn等人首次提出。它实际是利用固相提取的方式实现对样品的分离和净化,但所用的固相材料及其分离机制不同。SPME法不是将待测物全部分离出来,而是通过残留农药在样品与固相涂层之间的平衡来达到分离目的。将涂渍有吸着剂的玻璃纤维浸入样品中,样品中的残留农药通过扩散原理被吸附在吸着剂上,当吸着作用达到平衡后将玻璃纤维取出,通过加热或溶剂洗脱使农药解吸,然后用GC或HPLC进行分析测定。农药吸着量与样品中残留农药的原始浓度成正比关系,因此可以进行定量分析。SPME发展非常迅速,在短短的十多年来已广泛应用于水、土壤、食品、及生物体液等样品中有机氯、有机磷、硫代氨基甲酸酯、取代脲、三嗪类、二硝基苯胺等残留农药的提取分析。

SPME过程的优化主要考虑提取用的纤维(吸着剂)类型、提取时间、离子强度、基体有机质及溶剂的含量以及解吸温度和时间等因素。最早的涂渍纤维是用聚二甲基硅氧烷(Polydimethyl siloxane,PDMS)和聚丙烯酸酯(Polyacrylate,PA)作吸着剂。现在又有聚乙二醇二乙烯基苯(Carbowax-divinylbenzene,CW-DVB)、PDMS-DVB和CW-PDMS等涂渍纤维面市,适合于更强极性农药的提取和SPME-HPLC联用,但它们存在稳定性问题,使用条件要求较高。涂层厚度根据需要调节,涂层越厚固相吸附量越大,可提高检测灵敏度,但涂层太厚则挥发性有机物进入固相层达到平衡的时间越长,分析速度则越慢,提取时间从$20 \sim 60$min,短的几分钟,长的则数小时。样品中加一价或二价无机盐(如Nacl或Na_2SO_4)有利提高提取效率,但高浓度的盐对纤维涂层的稳定性有影响,一般认为低于20%的浓度最合适。SPME多是在室温下操作,但为提高有机氯、有机磷和三嗪类农药的提取效率,将温度升至$60℃$左右较好。样品的pH值一般认为对中性农药的提取没有影响,但对离子化农药则要调整pH值后再提取。另外,为增加农药的扩散,进行搅拌或振荡有利于提取。解吸温度应在$200 \sim 300℃$范围,时间数分钟至1 h,具体视农药性质和基质组成而定。

SPME有两种操作方法:直接固相提取法(D-SPME)和顶空固相提取法(HS-SPME)。D-SPME是将涂渍纤维直接插入样品中,对残留农药进行提取,适用于气体、液体样品的分析。HS-SPME是将表面涂渍纤维置于样品的顶端空间提取,不与样品直接接触,而是根据气相中的残留农药与涂层平衡分配而开发的一种顶空固相提取技术,适合于各种基体的样品,包括大气、水、土壤、动植物组织中挥发和半挥发性农药的分析,甚至在较低温度时也能得到检测限低于10^{-9} g的满意结果。

SPME是一种简便的无溶剂样品提取和浓缩技术,与GC或HPLC配合,大量用于分析水样中的残留农药,现在也开始用于土壤和食品等样品的分析。水样的提取较简单,但土壤和食品等样品的提取则一般要通过加蒸馏水稀释来降低有机溶剂或基体有机物对吸着作用的影响。另外,在定量分析时,一般要用内标法才能得到可靠数据。

SPME操作简便、速度快,一般只需15min(固相提取需1h,而液液提取需$4 \sim 18h$),所需样品量少,所用纤维价格便宜且能重复使用(可用50次以上)。随着固相新涂层的不断推出,如离子交换涂层(无机物提取)及生物亲和型涂层(生物样品提取),其应用范围将日益扩大。

2.3.4.2　快速溶剂提取技术(Accelerated Solvent Extraction,ASE)

快速溶剂提取是由 Bruce E. Richter 等于 1995 年提出的一种新的全自动提取技术,解决了已有的溶剂提取法等都有溶剂用量大、提取时间长和提取效率不够高,且不易实现自动化操作的缺点。该法适用于固体和半固体样品的制备,仅用极少的溶剂,利用升高的温度加快解析动力达到加速提取的目的。在高温和高压下提取的时间从传统的溶剂提取的数小时降低到以分钟计,ASE 极大地减少了样品制备的繁琐操作。在 ASE 自动提取样品的同时,实验人员还可做其他的样品准备工作,ASE 使得样品制备变成自动化流程,已被美国 EPA 接受为环境、食品和其他固体、半固体样品的标准提取方法。

快速溶剂提取的步骤是,将样品置于不锈钢提取池内,提取池由加热炉加热至 50～200℃,通过泵入溶剂使池内工作压力达到 100 atm 以上。样品接收池与提取池相连,通过静压阀定期地将提取池内溶剂释放到接收池内,提取池内的压力同时得到缓解。经过静态提取5～15 min 以后,打开静压阀,用脉冲氮气将新鲜溶剂导入提取池冲洗残余的提取物。快速溶剂提取每 10g 样品约需 15ml 溶剂,每个样品的提取时间一般少于 20min。如对小麦中马拉硫磷和甲基毒死蜱残留的比较分析发现,ASE 方法比溶剂振荡提取法有溶剂用量少、提取时间短、净化简单和回收率提高等优点(表 2.3)。

表 2.3　快速溶剂提取法与溶剂振荡提取法的比较

指　　标	振荡提取法	ASE 方法
样品量	3～20 g	3～20 g
溶剂体积	130 ml	15 ml
后提取	SPE 净化	无
总时间	60 min	15 min
样品分析	GC-FPD	GC-FPD
马拉硫磷回收率	40～60	50～100
甲基毒死蜱回收率	30～80	60～100

快速溶剂提取可用于环境样品中农药、多环芳烃、多氯联苯及碱、中、酸性化合物的提取,但对于水果和蔬菜等富含水分的样品,样品中常需要加入硅藻土,以减少水分。

2.3.4.3　微波辅助提取法(Microwave Assisted Extraction,MAE)

微波能最早于 20 世纪 70 年代被试用于分析化学的样品处理。1986 年,匈牙利学者报道了将微波能应用于分析试样制备的新方法——微波提取法。此法的原理是利用微波能强化溶剂提取效率,使被分析物从固体或半固体的样品基体中被分离出来。微波提取法的特点是快速、节省溶剂,适用于易挥发物质,如农药等的提取,可同时进行多个样品的提取。微波提取是在一个不吸收微波的封闭容器内进行的,样品内部的温度(高出周围提取溶剂沸点几倍)和体系压力(一般 10～20 atm)都较高。由于在密闭容器中,被提取样品与溶剂直接接触,只要容器能承受得了压力,就可以通过改变溶剂的混合比而在高压下将温度升得很高,使农药的溶解度增大,从而获得高提取率。该方法是由密闭容器中酸消解样品和固液提取两种技术组合演变而来的,能在短时间内完成多种组分的提取,溶剂的用量少,结果重现性好。微波提取装置目前已自动化,可自动控制提取温度、压力和时间等。但提取完成后,需等待提取溶剂冷却,然后倒出溶剂,进行离心或过滤等手工操作。微波提取目前主要用于固体样品的处理。

2.3.4.4　超临界流体提取法(Supercritical Fluid Extraction,SFE)

气体处于其临界温度和临界压力状态时,向该状态气体加压,气体不会液化,只是密度增大,具有类似液态性质,同时还保留气体性能,这种状态的流体称为超临界流体(Supercritical Fluid)。因此,超临界流体既具有液体对溶质有比较大的溶解度的特点,又具有气体易于扩散和运动的特性,传质速率高于液相过程。更重要的是在临界点附近,压力和温度的微小变化都可以引起流体密度的很大变化,因此可以利用压力、温度的变化来实现提取和分离过程。

自从 Zosel(1978)首次报道应用 SFE 方法提取咖啡因以来,这一方法已在食品、香料、药物、环境、化工、农业等领域的分离提取上得到迅速广泛的应用。超临界流体提取法利用超临界流体在临界压力和临界温度以上具有的特异增加的溶解性能作为溶剂,从液体或固体基体中提取出特定成分,以达到提取分离目的。超临界流体对有机化合物的溶解度的增加非常惊人,一般能增加几个数量级。虽然超临界流体的溶剂效应普遍存在,但实际上由于要考虑溶解度、选择性、临界点数据以及化学反应的可能性等一系列因素,适于作为超临界提取的溶剂并不很多。常用的超临界流体有:CO_2、NH_3、乙烯、乙烷、丙烯、丙烷和水等。

在各超临界流体中以 CO_2 最受关注,由于超临界 CO_2 密度大,溶解能力强,传质速率高,同时 CO_2 的临界压力适中,临界温度 31℃,分离过程可在接近于室温条件下进行,便宜易得,无毒,惰性,以及极易从提取产物中分离出来等一系列优点,当前绝大部分超临界流体提取都是以 CO_2 为溶剂。其他值得注意的超临界流体溶剂有轻质烷烃(C_3-C_5)和水。

采用 CO_2 提取,特别适于处理烃类及非极性酯类化合物,如醚、酯和酮等。但是,如果样品分子中含有极性基团,则需要在体系中添加调节剂(或称助溶剂),以增加对极性物质的溶解能力。SFE 法能快速、高效地从固体样品中分离出待测物。Berdeaux 等使用 SFE 法提取存在于土壤样品中的磺酰脲类除草剂;也有报道使用 SFE 法从淤泥中提取 S-三嗪类除草剂,从土壤和淤泥样品中分离多氯联苯;通过生成金属螯合物 SFE 法还可用于重金属离子的提取。

Lehotay 等(1995)测定了 CO_2 作溶剂对马铃薯和花菜中 46 种农药(11 种氯代烃类、21 种有机磷类、3 种拟除虫菊酯类、3 种氨基甲酸酯类、8 种包括三嗪类、苯邻二甲酰亚胺类、取代苯胺类在内的其他农药)在 0.3g/ml(100atm),0.5g/ml(130 atm),0.85g/ml(320 atm)密度下的提取回收率。结果发现,除了乐果、甲萘威、速灭磷、莠去津、2,6-二氯-4-硝基苯胺、克菌丹和异菌脲要求较高密度外,均是在 0.5 g/ml 密度有最大回收率。甲胺磷、氧化乐果和克菌丹的回收率很低,只有 0～66%,而其他农药的回收率均在 85% 以上。

一些农药残留样品制备的新方法与传统的提取方法相比,最大的优点就是不需要使用大量有机溶剂,缩短了处理时间,降低了分析成本,减少了有毒溶剂对人体的危害,受到广大农药残留分析者的重视。进一步研究这些技术与其他分析仪器的联用,对减少误差、提高方法的精度以及实现分析的自动化等将有着广泛的发展前景。

2.4　农药残留的常见检测技术

目前农药残留的快速检测方法有:气相色谱法、液相色谱法、色谱与质谱联用技术、药物残留的免疫检测法等。

2.4.1　气相色谱法

2.4.1.1　气相色谱法的定义和分类

色谱法是利用色谱技术进行分离分析的方法。它具有高分离效能、高检测性能、分析时间快速而成为现代仪器分析方法中应用最广泛的一种方法。它的分离原理是使混合物中各组分在两相间进行分配,其中一相是不动的,称为固定相;另一相是携带混合物流过此固定相的流体,称为流动相。当流动相中所含混合物经过固定相时,就会与固定相发生作用。由于各组分在性质和结构上的差异,与固定相发生作用的大小、强弱也有差异,因此在同一推动力作用下,不同组分在固定相中的滞留时间有长有短,从而按先后不同的次序从固定相中流出。这种通过在两相间分配原理而使混合物中各组分分离的技术,称为色谱分离技术或色谱法(又称色层法、层析法)。

以气体作流动相的色谱法,称为气相色谱法(Gas Chromatography;GC)。气相色谱法有多种类型,从不同角度出发,有各种分类法。

根据所用固定相状态的不同,可分为气-液色谱(GLC)和气-固色谱(GSC)两种类型。气-固色谱以固体吸附剂为固定相,分离对象主要是些永久性气体、无机气体和低分子碳氢化合物;气-液色谱的固定相由两部分组成:固定液＋载体。固定液是在色谱工作条件下呈液态的高沸点有机化合物。固定液不能直接装在色谱柱内使用,而需将其涂在一种惰性固体支撑物的表面,这种固体支撑物称为载体或担体。

按色谱分离原理来分,气相色谱法亦可分为吸附色谱和分配色谱两类,在气-固色谱中,固定相为吸附剂,气-固色谱属于吸附色谱,气-液色谱属于分配色谱。

按色谱操作形式来分,气相色谱属于柱色谱,根据所使用的色谱柱粗细不同,可分为一般填充柱和毛细管柱两类。一般填充柱是将固定相装在一根玻璃或金属的管中,管内径为2～6mm。毛细管柱则又可分为空心毛细管柱和填充毛细管柱两种。空心毛细管柱是将固定液直接涂在内径只有0.1～0.5mm的玻璃或金属毛细管的内壁上,填充毛细管柱是近几年才发展起来的,它是将某些多孔性固体颗粒装入厚壁玻璃管中,然后加热拉制成毛细管,一般内径为0.25～0.5mm。

气相色谱法具有分离效能高、选择性好、样品用量少、准确性好、分析速度快、应用范围广等特点,所以在食品分析中得到了越来越广泛的应用,几乎成了食品分析实验室中不可或缺的分离分析手段。

2.4.1.2　气相色谱法的基本原理

气相色谱对多组分的分离依赖于核心装置——色谱柱。色谱柱主要分为两种类型,填充柱与毛细管柱,其内均匀填充具有一定特性的固定相物质。色谱分离过程实际上是不同组分与固定相和流动相(载气)发生相互作用的结果。现以填充柱中的两类固定相为例说明气相色谱分离的原理。

1) 气-固色谱

气-固色谱的固定相是一种多孔性的且具有较大表面积的吸附剂颗粒,流动相是载气。当试样由载气带入色谱柱时,各组分立即被吸附剂所吸附。因为载气是不断流过吸附剂的,某些被吸附的组分又会被载气洗脱下来,洗脱的组分随载气继续前进时,又被前面的吸附剂所吸附。随着载气的流动,被测组分在吸附剂表面进行反复的吸附和洗脱。由于被测物质中各个组分的性质不同,它们在吸附剂上的吸附能力就不一样,容易洗脱的组分较快地移向前面,不易被洗脱的组分向前移动得慢些。经过一段时间后,试样中各组分就彼此分离而先后流出色谱柱。

2) 气-液色谱

气-液色谱的固定相是在载体表面涂敷一层高沸点有机化合物的液膜,这种高沸点有机化合物称为固定液,流动相为载气。当载气携带试样进入色谱柱与固定液接触时,气相中的被测组分就溶解在固定液中,载气连续流经色谱柱,某些溶解在固定液中的被测组分又会挥发到气相中去。随着载气的流动,挥发到气相中的被测组分又会溶解到前面的固定液中。这样多次反复地溶解,挥发,再溶解,再挥发。由于各组分在固定液中的溶解能力不同,溶解度大的组分就较难挥发,停留在色谱柱上的时间长,往前移慢。而溶解度小的组分停留在色谱柱上的时间短,往前移快,经过一段时间后,混合组分便分离为各单组分。

物质在固定相和流动相(气相)之间发生的吸附、洗脱和溶解、挥发的过程,称为分配过程。被测组分按一定比例分配在流动相和固定相之间。吸附能力(或溶解度)大的组分分配给固定相多一些,气相中的量就少一些。吸附能力(或溶解度)小的组分分配给固定相少一些,气相中的量就多一些。这种分配能力的大小可用分配系数或分配比表示。在一定温度和压力下,流动相和固定相之间达到平衡时,组分分配在固定相中的平均浓度与分配在流动相的平均浓度的比值称为分配系数,用 K 表示。

$$K = \frac{组分在固定相中的浓度}{组分在流动相中的浓度} \tag{2.1}$$

分配比是指在一定温度和压力下,组分在两相达到分配平衡时,分配在固定相中的质量与分配在流动相中质量的比值,用 K' 表示。

$$K' = \frac{组分在固定相中的质量}{组分在流动相中的质量} \tag{2.2}$$

在被测物质中,各组分在两相间的分配系数(或分配比)是不相同的。分配系数(或分配比)大的组分每次分配在流动相中的浓度较小,流出一定长度的色谱柱所需的时间长。分配系数(或分配比)小的组分相反。经过足够多次的反复分配,原来分配系数(或分配比)差别微小的各组分就可以分离开来。

2.4.1.3　气相色谱仪

1) 气相色谱仪的工作原理

如前所述,气相色谱法是利用不同组分在两相中具有不同的分配系数或吸附系数,当两相做相对运动时,不同组分在两相中进行多次反复分配来实现分离的,然后各组分通过检测器的检测,进行定性定量分析,其简单的流程如图 2.10 所示。

来自高压钢瓶的载汽经减压阀减压后,进入净化干燥管中干燥净化,净化后流入针形阀控制载气的压力和流量,经流量计测定载气的流速,压力表指示柱前压力,再进入进汽化室。进

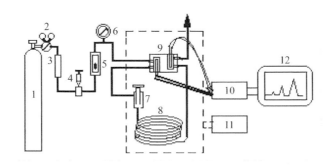

图 2.10　气相色谱流程图

1—载气钢瓶；2—减压阀；3—净化干燥管；4—针形阀；5—流量计；6—压力表；7—汽化室；
8—色谱柱；9—检测器；10—放大器；11—温度控制器；12—记录仪

入色谱仪的样品在汽化室汽化后，由流量稳定的载气带入到色谱柱中进行分离，被分离后的各组分依次进入检测器和记录仪。检测到的信号经放大后，送入记录仪记录下来，得到相应的色谱图。目前，虽然市场上色谱外形，结构多种多样，但它的组成通常由载气系统、进样系统、分离系统、检测与记录系统等部分组成。

（1）载气系统。载气系统指流动相载气流经的部分，它是一个密闭管路系统，必须严格控制管路的气密性，载气的惰性及流速的稳定性，同时流量测量必须准确，才能保证结果的准确性。

气相色谱的载气要求是惰性的，不与被测物质发生反应，同时结合所选用的检测要求选用，通常用 N_2，He，H_2，Ar 等。净化器内装活性炭、分子筛等以除去载气中的水分、氧气及烃类等杂质。载气的流速要求保持恒定，一般将减压阀、稳压阀、稳流阀等串联使用来确保载气流速的恒定。

选择载气种类应考虑 3 个方面：载气对柱效的影响、检测器要求和载气的性质。根据速率理论可知，载气摩尔质量大，可抑制试样的纵向扩散，提高柱效。载气流速较大时，传质阻力项起主要作用，采用较小摩尔质量的载气（如 H_2，He），可减小传质阻力，提高柱效。

在气相色谱分析过程中，调节最佳载气流速并保持恒定是保证有效分析的前提。速率理论指出，溶质在柱中的保留行为直接受载气流速的影响，载气流速不稳定，会相应地引起保留时间的不稳定，或影响检测器的灵敏度、噪声和漂移，对色谱法的定性、定量分析结果产生不确定的影响，因此，载气流速的稳定是保证气相色谱分析的重要条件。为此，要求载气系统的各部件有良好的设计和工作状态。

（2）进样系统。进样系统包括进样装置和气化室。根据试样的状态不同，采用不同的进样方式。气体样品可以用注射器进样，也可用旋转式六通阀进样；对于液体样品，一般采用微量进样器进样；对于固体样品，一般先溶解于适当的溶剂中，然后用微量进样器进样。由于进样量的大小，进样时间的长短、试样的气化速度和试样浓度对测定的准确性和重复性有影响，因此要求瞬时进样，同时几次进样的速度和进针深度尽量一致。一般填充柱的进样量为 0.1~10μL，而毛细管柱的进样量为 0.01~1μL。对于毛细管柱一般需要通过分流装置来实现较小的进样量。在实际工作中，可根据样品的具体情况采用分流进样、不分流进样等进样方式。

气化室一般是由一根在管外绕有加热丝的不锈钢管或玻璃管制成。对于气化室，除了热容量大、死体积小之外,还要求气化室内壁不发生任何催化反应。气化室应设置到合适的温度,一般相当于样品的沸点或高于沸点,以保证瞬间气化,但要考虑样品的热稳定性,一般不超过样品沸点 50℃,以免样品在气化室内分解。

(3)分离系统。气相色谱的分离系统就是色谱柱,其作用是将多组分样品分离为单个组分。GC 中常用的色谱柱有两种:一种是填充柱,一般由不锈钢、铜、玻璃等材料制成为 U 形或螺旋形,内径为 2~6mm,长 0.5~4m,内装填吸附剂(气固色谱)或涂有固定相的载体(气液色谱);另一种是毛细管柱,其材料多为石英,规格为内径 0.2~0.6mm、柱长 15~300m,其内壁可涂上固定液。

无论是填充柱还是毛细管柱,选择合适的固定相是色谱分析的关键。固定相的选择一般根据相似相溶原理进行,即固定液的性质和被测组分的化学结构相似、极性相似,则分子之间的作用力就强,选择性就高。分离非极性的物质一般选用非极性的固定液,这时,各组分之间就按沸点顺序流出,沸点低的就先流出;分离极性物质,选用极性固定液,这时,各组分就按极性顺序流出,极性低的就先流出来;分离极性和非极性的混合物时,就选用极性固定液,这时,非极性物质先出峰,极性组分后出峰。在选择色谱柱时,应根据被测组分的性质,选择合适的固定相。在选用毛细管柱时,还应考虑内径、膜厚及柱长。

在选择了合适的色谱柱后,柱温的选择对分离效果起着关键的作用。首先,柱温不能高于固定液的最高使用温度,否则固定液因挥发而流失。在分析过程中,提高柱温可使两相之间的传质加速,缩短分析时间。但提高柱温后,会使各组分的挥发靠拢,不利于分离;降低柱温,会提高柱的选择性,改善分离,但又使分析时间增长,同时可能使峰形变宽或拖尾。因此,在选择柱温时,在保证所有组分尽可能好的分离及适宜的保留时间和峰形对称的前提下,应选择较低的柱温。

对于沸点范围较宽的多组分混合物,如采用恒定的柱温,则可能造成低沸点化合物出峰拥挤,甚至不能很好地分离;而高沸点化合物出峰时间很长,甚至停留在柱中不能出峰,此时应采用程序升温。程序升温是指色谱分析中柱温由低到高呈阶段性升温的过程。一般开始用较低的温度,让低沸点组分先出峰,然后柱温逐渐升高,使高沸点的组分逐渐出峰,这样混合物中的所用组分都能在最佳柱温下分离,不仅可保证各混合物很好的分离,而且可以缩短分析时间。

(4)检测与记录系统。检测器是影响色谱仪性能的关键部件之一,它的作用是将经色谱柱分离后顺序流出的化学组分的信息转变为便于记录的电信号,然后对被分离物质的组成和含量进行鉴定和测量。对色谱检测器的一般要求是:灵敏度高;检测限低;死体积小,响应迅速;线性范围宽;稳定性好,对温度、流动相速度、电压等操作条件的变化不敏感。

2)主要的气相色谱检测器

在食品分析中应用最为广泛的气相色谱检测器主要有是热导检测器(TCD)、氢火焰离子化检测器(FID)、电子捕获检测器(ECD)、氮磷检测器(NPD)、火焰光度检测器(FPD)等。

(1)热导检测器(TCD)。热导检测器根据组分和载气具有不同的热导系数设计而成,是最早出现的气相色谱检测器之一。它属于浓度型检测器,即检测器的响应值(给出的检测信号)与组分在载气中的浓度成正比,单位为 mol/s。热导检测器通常由一个内装 4 支钨丝的不锈钢池体,每两支为一组,其中一组只通过载气(参比池),另一组通过由色谱柱流过的气体,有载气和被测组分(工作池),如图 2.11 所示。当工作池有被测组分流出时,由于样品的导热系数和载气的不同,因而导致工作池的钨丝电阻不同于参比池,这时通过输出与样品浓度成正比的电信号,被放大记录即可得到色谱峰。

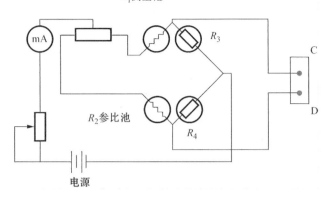

图 2.11 热导检测器的电路示意图

热导检测器几乎对所有物质都有响应,是通用型检测器。它也是一种非破坏性检测器,有利于样品的收集,或与其他仪器联用。同时,它结构简单,性能可靠,价格低廉,因此目前仍应用非常广泛。其主要缺点是死体积较大、灵敏度较低,有时会出现不正常的峰,如倒峰等。

(2) 氢火焰离子化检测器(FID)。氢火焰离子化检测器简称氢焰检测器,其结构如图2.12所示。氢火焰离子化检测器的主要部件是一个离子室,在室下部,载气携带组分流出色谱柱后,与氢气混合,通过喷嘴再与空气混合点火燃烧,形成氢火焰,氢火焰附近设有收集极(正极)和极化极(负极)形成的 150~300V 的直流电场。当有机物组分进入离子室时,发生离子化反应,电离成正、负离子,产生的离子在两级的静电场作用下定向运动而形成电流,放大记录即可以得到色谱峰。

FID 检测器是通用性较好的检测器,具有高灵敏度(尤其是对含碳有机物)、死体积小,响应快、线性范围宽及稳定性好等特点,因此在食品分析中具有广泛的应用。

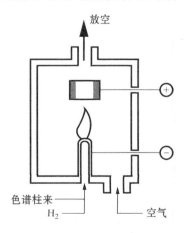

图 2.12 氢火焰离子检测器的结构示意图

(3) 电子捕获检测器(ECD)。常用 ECD 的结构如图 2.13 所示,检测器的池体作为阴极,圆筒内侧装有 63Ni 或 3H 放射源,阳极和阴极之间用陶瓷或聚四氟乙烯绝缘,在阴阳两极之间施加恒流或脉冲电压。当载气进入检测器时,受射线辐射发生电离,生成的正离子和电子分别向负极和正极移动,形成恒定的基流,当载气中含有电负性化合物进入检测器后就会捕获电子形成稳定的负离子,生成的负离子又与载气正离子结合形成中性化合物,由于被测组分捕获电子,结果导致基流下降,减小的程度与样品在载气中的浓度成正比。

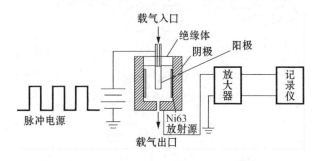

图 2.13　电子捕获检测器的结构示意图

ECD 是一种灵敏度高、选择性好的浓度型检测器。它只对具有电负性的物质有信号,如含卤素、硫、磷、氮的物质,且物质的电负性越强,即电子吸收系数越大,检测器的灵敏度越高,而对电中性(无电负性)的物质,如烷烃等则无信号。由于其灵敏度高、选择性好,是目前农药残留检测应用最多的检测器之一。

(4)氮磷检测器。氮磷检测器(NPD)又称热离子化检测器(TID),是分析含氮、磷化合物的高灵敏度、高选择性和宽线性范围的检测器。其结构与氢火焰离子化检测器很相似,如图 2.14 所示。NPD 与 FID 的差异是在喷口与收集极之间加一个热电离源(又称铷珠)。热电离源通常采用硅酸铷或硅酸铯等制成的玻璃或陶瓷珠,珠体约为 $1\sim5mm^3$,装在一根约 0.2mm 直径的铂金丝支架上。氮磷检测器通常在较小的空气和氢气流量条件下工作,当电离源被加热至红热,氢气在电离源周围形成冷焰,含氮、磷的有机化合物在此发生裂解和激发反应,形成对氮、磷的选择性检测。

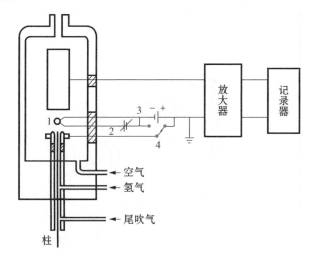

图 2.14　氮磷检测器的结构示意图

1—电离源;2—加热系统;3—极化电压;4—喷嘴极性转换开关

由于 NPD 对含有氮、磷化合物有极高的选择性和灵敏度,其对氮、磷化合物的检出限是所有气相色谱检测器中最低的,从而使其成为气相色谱仪中常用的检测器之一,同时,也广泛应用于食品中痕量氮、磷化合物的检测。

(5) 火焰光度检测器(FPD)。火焰光度检测器主要由离子室、滤光片和光电倍增管三部分组成,如图 2.15 所示。当含硫(或磷)化合物进入离子室时,在富氢-氧气焰中燃烧,有机含硫化合物首先氧化成 SO_2,然后被氢还原成 S 原子,S 原子在适当温度下生成激发态的 S_2* 分子,在其返回到基态的过程中,发射出 350～430nm 的特征分子光谱,最大吸收波长为 394nm。这些发射光通过相应的滤光片,由光电倍增管接收,经放大后由记录仪记录其色谱峰。此检测器对含硫化合物不成线性关系而呈对数关系(与含硫化合物浓度的平方根成正比)。当含磷化合物氧化成磷的氧化物,被富氢-氧气焰中的 H 还原成 HPO 裂片,此裂片被激发后发射出480～600nm 的特征分子光谱,最大吸收波长为 526nm。因此,发射光的强度(响应信号)正比于 HPO 浓度。

火焰光度检测器是对含磷、硫化合物具有高选择型、高灵敏度的检测器,可排除大量溶剂峰及烃类的干扰,非常有利于痕量磷、硫的分析,因此是检测食品中有机磷农药和含硫污染物的主要工具。

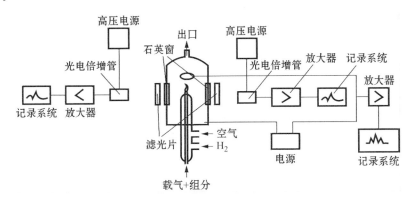

图 2.15　火焰光度检测器的结构示意图

2.4.1.4　气相色谱定性与定量分析

气相色谱作为一种分析工具,主要用于待测组分的分离、定性和定量三部分工作。分离不是最终目的,我们需对所分离的样品得出定性和定量的结果。

1) 定性分析

定性是确定气相色谱峰所代表何种组分,但由于能用于色谱分析的物质很多,不同组分在同一固定相上色谱峰出现时间可能相同,仅凭色谱峰对未知物定性有一定困难。对于一个未知样品,首先要了解它的来源、性质、分析目的,在此基础上,对样品有初步估计;再结合已知纯物质或有关的色谱定性参考数据,用一定的方法进行定性鉴定。

(1) 已知物对照法。各种组分在给定的色谱柱上都有确定的保留值,可以作为定性指标。即通过比较已知纯物质和未知组分的保留值定性。如待测组分的保留值与在相同色谱条件下测得的已知纯物质的保留值相同,则可以初步认为它们是属同一种物质。由于两种组分在同一色谱柱上可能有相同的保留值,只用一根色谱往定性,结果不可靠。可采用另一根极性不同的色谱柱进行定性,比较未知组分和已知纯物质在两根色谱柱上的保留值,如果都具有相同的保留值,即可认为未知组分与已知纯物质为同一种物质。如样品比较复杂,色谱峰间距离比较小,操作条件又不易控制,准确测定保留值有一定困难时,可用增加峰高法定性。即先得到未知样品的色谱图,然后在未知样品中加入已知物得到另外一张色谱图,如待定性组分的峰比原来大,则表示待测组分就是加入的已知物。

利用纯物质对照定性,首先要对试样的组分有初步了解,预先准备用于对照的已知纯物质(标准对照品)。该方法简便,是气相色谱定性中最常用的定性方法。

(2)保留指数法。保留指数法又称为 Kovats 指数,与其他保留数据相比,是一种重现性较好的定性参数。保留指数是将正构烷烃作为标准物,把一个组分的保留行为换算成相当于含有几个碳的正构烷烃的保留行为来描述,这个相对指数称为保留指数,公式如下:

$$I_X = 100\left(Z + n\frac{\lg tR(X) - \lg tR(Z)}{\lg tR(Z+n) - \lg tR(Z)}\right) \tag{2.3}$$

式中:

I_X——待测组分的保留指数;

$Z, Z+n$——正构烷烃的碳数。

规定正己烷、正庚烷及正辛烷的保留指数分别为 600,700,800,其他类推。

在有关文献给定的操作条件下,将选定的标准和待测组分混合后进行色谱实验(要求被测组分的保留值在两个相邻的正构烷烃的保留值之间)。由上式计算则待测组分 X 的保留指数 I_X,再与文献值对照,即可定性。

(3)联用技术。气相色谱对多组分复杂混合物的分离效率很高,但定性却很困难。而质谱、红外光谱和核磁共振等是鉴别未知物的有力工具,但要求所分析的试样组分很纯。因此,将气相色谱与质谱仪、红外光谱仪、核磁共振仪等联用,复杂的混合物先经气相色谱分离成单一组分后,再利用质谱仪、红外光谱仪或核磁共振谱仪进行定性。未知物经色谱分离后,质谱仪可以很快地给出未知组分的相对分子质量和电离碎片,提供是否含有某些元素或基团的信息。红外光谱也可很快得到未知组分所含各类基团的信息,为结构鉴定提供可靠的论据。近年来,随着电子计算机技术的应用,大大促进了气相色谱法与其他方法联用技术的发展。

2)气相色谱定量分析方法

根据标准样品在色谱定量过程中的使用情况,色谱定量分析方法可以分为外标法、内标法、归一化法三大类。对于一些特殊样品的分析,可能综合使用其中的两种或三种,形成更复杂的定量方法,如内加法等。

(1)外标法。外标法是取待测试样的纯物质配成一系列不同浓度的标准溶液,分别量取一定容量进样分析。从色谱图上测出峰面积(或峰高),以峰面积(或峰高)对含量作图即为标准曲线。然后在相同的色谱操作条件下,分析待测试样,从色谱图上测出试样的峰面积(或峰高),由上述标准曲线查出待测组分的含量。

外标法是最常用的定量方法。其优点是操作简便,不需要测定校正因子,计算简单。其结果的准确性主要取决于进样的重视性和色谱操作条件的稳定性。

(2)内标法。内标法是在试样中加入一定量的纯物质作为内标物来测定组分的含量。内标物应选用试样中不存在的纯物质,其色谱峰应位于待测组分色谱峰附近或几个待测组分色谱峰的中间,并与待测组分完全分离,内标物的加入量也应接近试样中待测组分的含量。具体做法是准确称取或量取 m(g)试样,加入 ms(g)内标物,根据试样和内标物的质量比及相应的峰面积之比来计算待测组分的含量。

内标法的优点是定量准确。因为该法是用待测组分和内标物的峰面积的相对值进行计算,所以不要求严格控制进样量和操作条件,试样中含有不出峰的组分时也能使用,但每次分析都要准确称取或量取试样和内标物,比较费时。

(3) 归一化法。如果试样中所有组分均能流出色谱柱,并在检测器上都有响应信号,都能出现色谱峰,可用此法计算各待测组分的含量。归一化法简便,准确,进样量多少不影响定量的准确性,操作条件的变动对结果的影响也较小,尤其适用多组分的同时测定。但若试样中有的组分不能出峰,则不能采用此法。

2.4.2　高效液相色谱法

2.4.2.1　概述

高效液相色谱法(High Performance Liquid Chromatography, HPLC)又叫做高压或高速液相色谱,是色谱法的一个重要分支。它是用高压输液泵将具有不同极性的单一溶剂或不同比例的混合溶剂、缓冲液等流动相泵入装有固定相的色谱柱,经进样阀注入待测样品,由流动相带入柱内,在柱内各成分被分离后,依次进入检测器进行检测,从而实现对试样的分析。

与气相色谱相比,HPLC 流动相除了起运载被分离样品的作用外,还具有选择性分离的作用。因此,通过改变流动相的组成,可以调节和改善样品中各组分的分离。除此之外,HPLC 能分析那些 GC 难以分析的物质,如挥发性和极性强,具有生物活性,热稳定性差的物质,而这些物质约占全部化合物的 70% 左右,因此,它已成为化学、生化、医学、工业、农业、环保、商检和法检等领域中重要的分离分析技术。

高效液相色谱法在食品行业中的应用,早期发展相对缓慢,其主要原因是大多数食品基质较复杂,许多待测组分含量低或结构、性质相近,给分析带来了困难。近 20 年以来,随着液相色谱技术理论和仪器装置、色谱柱技术及样品预处理技术的发展,同时随着人们对食品营养保健及安全的关注,HPLC 在食品分析中的应用发展很快,特别是在食品组分分析(如维生素、氨基酸等)及部分污染物分析中,有着其他方法不可替代的作用。

2.4.2.2　高效液相色谱法分类及其分离原理

高效液相色谱有多种分类方法,按分离机制的不同可分为以下几种类型:液-液色谱法、液-固色谱法、离子交换色谱法、离子对色谱法、空间排阻色谱法等。

1) 液-液色谱法

液-液色谱法,又称液-液分配色谱法。液-液色谱法是将特定的液态物质涂于担体表面,或化学键合于担体表面而形成的固定相。其分离原理是根据被分离的组分在流动相和固定相中溶解度不同而分离,分离过程是一个分配平衡过程。

涂布式固定相应具有良好的惰性;流动相必须预先用固定相饱和,以减少固定相从担体表面流失;温度的变化和不同批号流动相的区别常引起色谱柱的变化;另外,在流动相中存在的固定相也使样品的分离和收集复杂化。由于涂布式固定相很难避免固定液流失,现在已很少采用。现在多采用的是化学键合固定相,如 C_{18}、C_8、氨基柱、氰基柱和苯基柱。

　　液-液色谱法按固定相和流动相的极性不同可分为正相色谱法(NPC)和反相色谱法(RPC)。

　　(1) 正相色谱法。正相色谱法采用极性固定相(如聚乙二醇、氨基与腈基键合相);流动相为相对非极性的疏水性溶剂(烷烃类如正己烷、环己烷),常加入乙醇、异丙醇、四氢呋喃、三氯甲烷等以调节组分的保留时间。正相色谱法常用于分离中等极性和极性较强的化合物(如酚类、胺类、羰基类及氨基酸类等)。

　　(2) 反相色谱法。反相色谱法一般用非极性固定相(如 C18,C8);流动相为水或缓冲液,常加入甲醇、乙腈、异丙醇、丙酮、四氢呋喃等与水互溶的有机溶剂以调节保留时间。反相色谱法适用于分离非极性和极性较弱的化合物,在现代液相色谱中应用最为广泛,据统计,它占整个 HPLC 应用的 80% 左右。

　　随着柱填料的快速发展,反相色谱法的应用范围还在逐渐扩大,现已应用于某些无机样品或易解离样品的分析。为控制样品在分析过程的解离,常用缓冲液控制流动相的 pH 值。但需要注意的是,C18 和 C8 使用的 pH 值通常为 2.5~7.5,太高的 pH 值会使硅胶溶解,太低的 pH 值会使键合的烷基脱落。目前有的公司生产的商品柱也可在 pH 1.5~10 范围内操作。从表 2.4 中可看出,当极性为中等时,正相色谱法与反相色谱法没有明显的界线(如氨基键合固定相)。

表 2.4　正相色谱法与反相色谱法比较表

	正相色谱法	反相色谱法
固定相极性	高~中	中~低
流动相极性	低~中	中~高
组分洗脱次序	极性小先洗出	极性大先洗出

　　2) 液-固色谱法

　　液-固色谱法,又称吸附色谱法。其流动相为液体,固定相为吸附剂。这是根据物质吸附作用的不同来进行分离的,分离过程是一个吸附—解吸附的平衡过程。溶质分子被固定相吸附,将取代固定相表面上的溶剂分子。如果溶剂分子吸附性更强,则被吸附的溶质分子将相应地减少,吸附性大的溶质就会最后流出。常用的吸附剂为硅胶或氧化铝,粒度 5~10μm。

　　液-固色谱法适用于分离相对分子质量中等的油溶性样品,对具有不同官能团的化合物和异构体有较高的选择性。凡能用薄层色谱成功地进行分离的化合物,亦可用液-固色谱进行分离。液-固色谱法的缺点是由于非线性等温吸附常引起峰的拖尾现象。

　　3) 离子交换色谱法

　　离子交换色谱法的固定相是离子交换树脂,常用苯乙烯与二乙烯交联形成的聚合物骨架,在表面末端芳环上接上羧酸基、磺酸基(阳离子交换树脂)或季胺基(阴离子交换树脂)。被分离组分在色谱柱上分离的原理是树脂上可电离离子与流动相中具有相同电荷的离子及被测组分的离子进行可逆交换,依据这些离子对交换剂具有不同的亲和力而将它们分离的一种方法。

　　缓冲液常用作离子交换色谱的流动相。被分离组分在离子交换柱中的保留时间除跟组分离子与树脂上的离子交换基团作用强弱有关外,它还受流动相的 pH 值和离子强度影响。pH 值可改变化合物的解离程度,进而影响其与固定相的作用。流动相的盐浓度大,则离子强度高,不利于样品的解离,导致样品较快流出。

离子交换色谱主要用来分离离子或可离解的化合物,它不仅用于无机离子的分离,例如稀土化合物及各种裂变产物,还用于有机物的分离。

4) 离子对色谱法

离子对色谱法又称偶离子色谱法,是液-液色谱法的分支。它是根据被测组分离子与离子对试剂离子形成中性的离子对化合物后,在非极性固定相中溶解度增大,从而使其分离效果改善。主要用于分析离子强度大的酸碱物质。

分析碱性物质常用的离子对试剂为烷基磺酸盐,如戊烷磺酸钠、辛烷磺酸钠等。另外高氯酸、三氟乙酸也可与多种碱性样品形成很强的离子对。分析酸性物质常用四丁基季铵盐,如四丁基溴化铵、四丁基铵磷酸盐。

离子对色谱法常用 ODS 柱(即 C18),流动相为甲醇-水或乙腈-水,水中加入 3～10mmol/L 的离子对试剂,在一定的 pH 值范围内进行分离。被测组分保留时间与离子对性质、浓度、流动相组成及其 pH 值、离子强度有关。

离子对色谱,特别是反相离子对色谱解决了以往难分离混合物的分离问题,诸如酸、碱和离子及非离子的混合物,特别对一些生化样品如核酸、核苷、儿茶酚胺、生物碱等的分离。另外还可以借助离子对的生成给样品引入紫外吸收或发荧光的基团,以提高检测的灵敏度。

5) 排阻色谱法

排阻色谱法的固定相是有一定孔径的多孔性填料(如凝胶),流动相是可以溶解样品的溶剂。小分子量的化合物可以进入孔中,滞留时间长;大分子量的化合物不能进入孔中,直接随流动相流出。它利用分子筛对分子量大小不同的各组分排阻能力的差异而完成分离,常用于分离高分子化合物,如组织提取物、多肽、蛋白质、核酸等。

2.4.2.3　高效液相色谱仪

最早的液相色谱仪由粗糙的高压泵、低效的柱、固定波长的检测器、绘图仪组成,绘出的峰要通过手工测量计算峰面积。后来的高压泵精度提高并可编程进行梯度洗脱,柱填料从单一品种发展至几百种类型,检测器从单波长到可变波长检测器、可得三维色谱图的二极管阵列检测器直至可确证物质结构的质谱检测器。目前,虽然国内外高效液相色谱仪种类繁多,性能和结构各不相同,但典型的高效液相色谱仪结构如图 2.16 所示,其中输液泵、色谱柱、检测器是关键部件。

1) 输液泵

(1) 泵的结构性能。输液泵是高效液相色谱仪系统中最重要的部件之一,它的作用是向系统提供准确、精密的流动相。泵的性能好坏直接影响到整个系统的质量和分析结果的可靠性。输液泵应具备如下性能:流量稳定,输出的洗脱液基本无脉动,流量精度一般为 RSD<0.3%;流量范围宽,分析型应在 0.01～10ml/min,制备型流量可达 100ml/min;输出压力高,一般能达到 150～300kg/cm²;泵腔及其流路体积较小,有利于流动相更换和梯度洗脱的准确执行;密封性能好,耐腐蚀。

泵的种类很多,按输液性质可分为恒压泵和恒流泵。恒流泵按结构又可分为螺旋注射泵、柱塞往复泵和隔膜往复泵。恒压泵受柱阻影响,流量不稳定;螺旋泵缸体太大,这两种泵已被淘汰。目前应用最多的是柱塞往复泵。常见的输液泵有以下三种:①气动泵。气动泵是

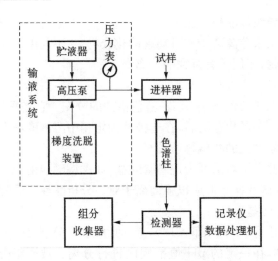

图 2.16　高效液相色谱仪典型结构示意图

HPLC 中最早使用的输液泵,它是以高压气源为动力的恒压泵。它输出的流动相的流量随柱的渗透性和溶剂黏度的变化而变化,故现在很少在分析仪器上使用。由于它能快速达到高压,因而作为高压大流量输液泵常用于装填色谱柱。②注射泵。注射泵像一个大的注射器,利用步进推动液缸内的柱塞向前移动,使缸内的洗脱液以高压排出。流量由步进电机转速控制,排出的洗脱液流量稳定,无脉动,是一种高精度恒流恒压泵。但是由于液缸体积较大,通常为250~500ml,清洗和更换溶剂较困难,为了实现连续供液和梯度洗脱,一般需要两台泵交替工作,造价较高,一般仪器上很少使用。③往复式柱塞泵。这是目前 HPLC 采用最多的一种高压输液泵。它是由电机带动凸轮(或偏心轮)转动,驱动柱塞在液缸内做往复式运动,从而定期地将储存在液缸里的液体以高压排出。液缸容积恒定,故柱塞往复一次排出的洗脱液恒定,因而称为恒流泵。输出流量的调节是通过改变柱塞的冲程或者柱塞往复运动的频率来实现的。这种泵调速方便,液缸容积较小,通常只有几微升到几百微升,清洗和更换溶剂方便。其缺点是在吸入冲程时泵没有输出,故输出洗脱液的压力和流量随柱塞的往复式运动而产生周期性脉动。因此,目前通常采用双头泵和加脉动阻尼器的方法以减少或消除其脉动。

(2) 梯度洗脱。HPLC 有等强度(Isocratic)和梯度(Gradient)洗脱两种方式。等强度洗脱是在同一分析周期内流动相组成保持恒定,适合于组分数目较少、性质差别不大的样品。梯度洗脱是在一个分析周期内程序控制流动相的组成,如溶剂的极性、离子强度和 pH 值等,用于分析组分数目多、性质差异较大的复杂样品。采用梯度洗脱可以缩短分析时间,提高分离度,改善峰形,提高检测灵敏度,但是常常引起基线漂移和降低重现性。

梯度洗脱有两种实现方式:低压梯度(外梯度)和高压梯度(内梯度)。

两种溶剂组成的梯度洗脱可按任意程度混合,即有多种洗脱曲线:线性梯度、凹形梯度、凸形梯度和阶梯形梯度。线性梯度最常用,尤其适合于在反相柱上进行梯度洗脱。

在进行梯度洗脱时,由于多种溶剂混合,而且组合不断变化,因此带来一些特殊问题,必须充分重视:(a)要注意溶剂的互溶性,不相混溶的溶剂不能用作梯度洗脱的流动相。有些溶剂在一定比例内混溶,超出范围后就不能互溶,使用时更要引起注意。当有机溶剂和缓冲液混合时,还可能析出盐的晶体,尤其使用磷酸盐时需特别小心。(b)梯度洗脱所用的溶剂纯度要求更高,以保证良好的重现性。进行样品分析前必须进行空白梯度洗脱,以辨认溶剂杂质峰,因为弱溶剂中的杂质富集在色谱柱头后会被强溶剂洗脱下来。用于梯度洗脱的溶剂需彻底脱气,以防止混合时产生气泡。(c)混合溶剂的黏度常随组成的不同而变化,因而在梯度洗脱时常出现压力的变化。例如甲醇和水黏度都较小,当两者以相近比例混合时黏度增大很多,此时的柱压大约是甲醇或水为流动相时的两倍。因此要注意防止梯度洗脱过程中压力超过输液泵或色谱柱能承受的最大压力。(d)每次梯度洗脱之后必须对色谱柱进行再生处理,使其恢复到初始状态。需让 10~30 倍柱容积的初始流动相流经色谱柱,使固定相与初始流动相达到完全平衡。

2)进样器

进样装置的要求为:密封性好,死体积小,重复性好,保证中心进样,进样时对色谱系统的压力、流量影响小。HPLC 的进样方式有隔膜进样、停流进样、阀进样、自动进样等多种。早期使用隔膜和停流进样器,装在色谱柱入口处。现在大都使用阀进样和自动进样。

在阀进样器中,一般 HPLC 分析常用六通进样阀,如图 2.17 所示,其关键部件由圆形密封垫(转子)和固定底座(定子)组成。由于阀接头和连接管死体积的存在,柱效率低于隔膜进样,但耐高压,进样量准确,重复性好,操作方便。六通阀的进样方式有部分装液法和完全装液法两种。用部分装液法进样时,进样量应不大于定量环容量的 50%,并要求每次进样容量准确、相同。此法进样的准确度和重复性决定于注射器取样的熟练程度,而且易产生由进样引起的峰展宽;用完全装液法进样时,进样量应不小于定量环体积的 5~10 倍,这样才能完全置换定量环内的流动相,消除管壁效应,确保进样的准确度及重复性。

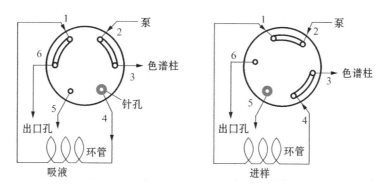

图 2.17 六通进样阀结构示意图

自动进样器可节省人力,提高工作效率,尤其适合同样色谱条件下分析大量同类样品。自动进样器实际上是由工作站或其本身带有的微机处理机来控制一个六通阀的采样(通过阀针)、进样和清洗工作。操作者只需把装好样品的小瓶按一定次序放入样品盘中,并设定好程序即可自动准确地取样和进样。

3)色谱柱

色谱柱是高效液相色谱实现快速分离的核心,也是高效液相色谱系统的心脏。对色谱柱的要求是柱效高、选择性好、分析速度快等。市售的用于 HPLC 的各种微粒填料如多孔硅胶以及以硅胶为基质的键合相、氧化铝、有机聚合物微球(包括离子交换树脂)、多孔碳等,其粒度一般为 3、5、7、10μm 等,柱效理论值可达 5~16 万/m。对于一般的分析只需 5000 塔板数的柱效;对于同系物分析,只要 500 即可;对于较难分离物质对则可采用高达 2 万的色谱柱,因此一般 10~30cm 左右的柱长就能满足复杂混合物分析的需要。

柱效的高低会受柱内外因素的影响。为使色谱柱达到最佳效率,除柱外死体积要小外,还要有合理的柱结构(尽可能减少填充床以外的死体积)及装填技术。即使最好的装填技术,在柱中心部位和沿管壁部位的填充情况总是不一样的,靠近管壁的部位比较疏松,易产生沟流,流速较快,影响冲洗剂的流形,使谱带加宽,这就是管壁效应。这种管壁区大约是从管壁向内算起 30 倍粒径的厚度。在一般的液相色谱系统中,柱外效应对柱效的影响远远大于管壁效应。

(1) 色谱柱的构造。色谱柱由柱管、压帽、卡套(密封环)、筛板(滤片)、接头、螺丝等组成。柱管多用不锈钢制成,压力不高于 $70kg/cm^2$ 时,也可采用厚壁玻璃或石英管,管内壁要求有很高的光洁度。为提高柱效,减小管壁效应,不锈钢柱内壁多经过抛光。也有人在不锈钢柱内壁涂敷氟塑料以提高内壁的光洁度,其效果与抛光相同。还有使用熔融硅或玻璃衬里的,用于细管柱。色谱柱两端的柱接头内装有筛板,是烧结不锈钢或钛合金,孔径 0.2~20mm,目的是防止填料漏出。

色谱柱按用途可分为分析型和制备型两类,尺寸规格也不同。

(a)常规分析柱,内径 2~5mm(常用 4.6mm,国内有 4mm 和 5mm),柱长 10~30cm;(b)窄径柱,内径 1~2mm,柱长 10~20cm;(c)毛细管柱,内径 0.2~0.5mm;(d)半制备柱,内径>5mm;(e)实验室制备柱,内径 20~40mm,柱长 10~30cm;(f)生产制备柱:内径可达几十厘米。

柱内径一般是根据柱长、填料粒径和折合流速来确定,目的是为了避免管壁效应。

(2) 柱的填充和性能评价。色谱柱的性能除了与固定相性能有关外,还与填充技术有关。在正常条件下,填料粒度大于 $20\mu m$ 时,干法填充制备柱较为合适;颗粒小于 $20\mu m$ 时,湿法填充较为理想。柱填充的技术性很强,大多数实验室使用已填充好的商品柱。无论是自己装填的还是购买的色谱柱,使用前都要对其性能进行考察。色谱柱性能测试所用的溶质及流动相见表 2.5。色谱柱使用期间或放置一段时间后也要重新检查。色谱柱性能指标包括在一定实验条件下(样品、流动相、流速、温度)下的柱压、理论塔板高度和塔板数、对称因子、容量因子和选择性因子的重复性或分离度,一般说来容量因子和选择性因子的重复性在±5%或±10%以内。进行柱效比较时,还要注意柱外效应是否有变化。

表 2.5　柱性能测试所用的溶质及流动相

柱类型	测试用混合物	流动相
吸附柱	苯、萘、联苯	己烷或庚烷
反相柱	苯、萘、菲、联苯	甲醇/水(80:20)
氰基柱	甲苯、苯乙腈、二苯酮	己烷/异丙醇(98:2)
氨基柱	联苯、菲、硝基苯	庚烷或异辛烷
醚基柱	邻、间、对—硝基苯胺	己烷/二氯甲烷/异丙醇(70:30:5)

4) 检测器

检测器是液相色谱仪的三大关键部件之一,其作用是把洗脱液中组分的量转变为电信号。一个理想的检测器具有灵敏度高、噪音低、线性范围宽、重复性好和适用范围广等特征。以下简要介绍几种常用检测器基本原理及特征。

(1) 紫外-可见光检测器。紫外-可见光检测器又称紫外可见吸收检测器,或紫外光检测器,是液相色谱应用最广泛的检测器。紫外-可见光检测器可测量 190～350nm 范围的紫外光吸收变化,也可在可见光范围 350～700nm 内测量。其工作原理是基于光的吸收定律朗伯-比尔定律($A=-\lg T$),通过测定样品在检测池中吸收紫外-可见光的大小来确定样品含量的。为了计量方便,通常检测器中采用对数放大器将透过率转换成吸光度,仪器输出的信号与样品浓度成正比。所以,紫外-可见光检测器属于浓度敏感型检测器,具有灵敏度高、受操作条件和外界环境影响小、适于进行梯度洗脱、结构相对简单、使用维修成本低等特点。其灵敏度可达到 0.001AU,噪声小于 $1.0×10^{-5}$ AU,对紫外光吸收不强的最低检测浓度为 $1.0×10^{-10}$ g/ml 的样品也有一定检出能力。

(2) 光电二极管阵列检测器。光电二极管阵列检测器又称光电二极管矩阵检测器或 CCD 阵列等,该检测器作为紫外-可见光检测器的发展,在液相色谱峰纯度检验和色谱峰定性方面有更广泛的应用。在检测器结构与光路安排上与紫外-可见光检测器有很大区别,光电二极管阵列检测器是由光源发出光线通过样品池,然后由一系列分光技术,使所有波长的光在检测端同时被检测,得到时间、光强度和波长的三维谱图;而紫外-可见光检测器是由光源发出光线经过滤光片、棱镜或光栅分光,使单色光进入样品池,再由光电倍增管检测,两检测器结构中样品池与分光原件位置相反。

光电二极管阵列检测器在实际应用中可以同时检测出多个波长的色谱图,宽谱带检测并计算不同波长的相对吸光度,所以一次进样就能将所有样品组分信息检测出来,得到的三维立体谱图可直观、形象地显示组分的分离情况及各组分的紫外-可见吸收光谱。

由于每个组分都有全波段的光谱吸收图,因此可以利用色谱保留值规律及光谱特征吸收曲线综合进行定性定量分析。目前,光电二极管阵列检测器的波长范围 190～950nm,基线噪声最低可达到 $3.0×10^{-6}$ AU。

(3) 示差折光检测器。示差折光检测器是通过连续测定色谱柱流出液折射率的变化而对样品浓度进行检测的检测器。响应信号与溶质的浓度成正比,说明它是一种浓度型检测器。示差折光检测器可按物理原理分成四种不同的设计:干涉式、反射式、折射式、克里斯琴效应式等。样品流通池与参比池之间的折射率之差是作为检测器响应的信号。由于每种物质都有各自的折射率,因此示差折光检测器对所有物质都有响应,具有广泛的适用范围。它能够检测没有紫外吸收的物质,如糖类、脂肪烷烃、高分子化合物等。在凝胶色谱中示差折光检测器是必不可少的,尤其是对聚合物分子量分布的测定。

由于温度压力的变化会对折光物质引起密度变化,进而导致折射率变化,所以示差折光检测器对压力和温度的变化特别敏感。当温度变化 10^{-4}℃时,通常折射率变化约为 10^{-7} RIU。常用有机溶剂折射率的压力系数在 $0.16×10^{-9}$ m²/N(水)～$0.9×10^{-9}$ m²/N(戊烷)之间变化。当折射率变化为 10^{-7} RIU 时,对应溶剂压力的变化为几个厘米汞柱。与紫外-可见光检测器相比,示差折光检测器的灵敏度较低,一般不适用于微量组分分析,检测限为 10^{-6} g/ml～10^{-7} g/ml,线性范围小于 10^5。由于示差折光检测器给出样品及参比之间折射率值是相对差,因此,需要在检测器线性范围内使用已知折射率的溶液进行校准。

(4) 荧光检测器。荧光检测器是通过测量化合物的荧光强度进行检测的液相色谱检测器。其利用化合物的光致发光现象,化合物受到入射光照射,吸收辐射能后发出比吸收波长长的特征辐射,当入射光停止照射,特征辐射也快速消失。荧光检测器由激发光源、激发光单色器、样品池、发射光单色器和检测发光强度的光电检测器组成。光源发出的光,经激发光单色器后,得到所需要波长的激发光,激发光通过样品池被荧光物质吸收,荧光物质激发后,向四面八方发射荧光。为消除入射光与杂散光的影响,一般取与激发光成直角的方向测量荧光。荧光至发射光单色器分光后,单一波长的发射光由光电检测器接收。

因为不是所有化合物在选择的条件下都能发生荧光,所以荧光检测器不属于通用型检测器。与紫外-可见光检测器相比,荧光检测器应用范围较窄,是最灵敏的液相色谱检测器,特别适用于痕量分析,最小检测量可达 10^{-13} g,线性范围一般为 $10^4 \sim 10^5$,其良好的选择性可以避免不发荧光的成分的干扰,成为荧光检测的独特优点。只要流动相不发射荧光,荧光检测器就能适用于梯度洗脱。现在荧光检测器在药物生化分析、环境及生物科学等领域起着不可替代的作用。

(5) 电化学检测器。电化学检测器是根据电化学原理和物质的电化学性质进行检测的检测器。电化学检测器主要有安培、极谱、库伦和电导检测器,其中最常用的有电导检测器和安培检测器。

电导检测器是通过测量溶液中离子的电导变化来获得样品浓度。检测池内有一对平行的铂电极,构成电桥的测量臂。当电离组分通过时,其电导值和流动相电导值之差被记录得到色谱图。电导检测器制作成本低、线性范围宽、死体积小,但对温度和流速敏感,不适于梯度洗脱。

安培检测器是在外加电压的作用下,利用待测物质在电极表面上发生氧化还原反应引起电流的变化而测定其浓度。安培检测器灵敏度高,其最小检测限可达 10^{-12} g,线性范围一般为 $10^4 \sim 10^5$,噪音低,响应速度快。

电化学检测主要应用于在液相中对那些没有紫外吸收或不能发出荧光但具有电活性的物质进行检测。

5) 数据处理和计算机控制系统

早期的液相色谱仪是用记录仪记录检测信号,再手工测量计算。其后,发展到使用积分仪计算并打印出峰高、峰面积和保留时间等参数。20 世纪 80 年代后,计算机技术的广泛应用使液相色谱操作更加快速、简便、准确、精密和自动化。计算机在液相色谱技术中的应用主要体现在三个方面:采集、处理和分析数据;控制仪器;色谱系统优化和专家系统。

2.4.3 色谱与质谱联用技术

2.4.3.1 质谱法的概念和原理

1) 概念

质谱法(Mass Spectrum,MS)是通过对样品离子的质荷比的分析来实现定性和定量的一种分析方法。被分析的样品首先要离子化,然后利用不同离子在电场或磁场中运动行为的不同,把离子按质荷比(m/z)分开而得到质谱图,通过样品的质谱图和相关信息,得到样品的定性和定量结果。

英国学者 J. J. Thomson 在 1913 年研制成功了第一台质谱仪。早期的质谱仪主要是用来进行同位素测定和无机元素分析。到 20 世纪 30 年代中叶,质谱法已经对大多数稳定同位素进行了鉴定并精确地测定了质量。由于质谱法独特的电离过程及分离方式,可以从中获得具有化学特性的信息,并直接与其结构相关,这对各种物质分子结构的研究有重大意义。1942 年出现了用于石油分析的第一台商品质谱仪,并开始用于有机物分析。20 世纪 60 年代出现气相色谱-质谱联用仪,其将气相色谱法高效分离混合物的特点与质谱法的高分辨鉴定化合物的特点相结合,加上电子计算机的应用,大大提高了质谱仪器的效能,为分析复杂有机化合提供了有力手段。20 世纪 80 年代以后又出现了一些新的质谱技术,如快原子轰击电离源、基质辅助激光解吸电离源、电喷雾电离源、大气压化学电离源,以及随之而来比较成熟的液相色谱-质谱联用仪、感应耦合等离子体质谱仪、傅里叶变换质谱仪等,这些新的电离技术和新的质谱仪器使质谱分析法又取得了长足的发展。目前,质谱分析法已广泛应用于化工、材料、食品、天然产物、生命科学、医药等各个领域。

2)质谱分析法的基本原理

质谱法主要是通过对样品的分子电离后所产生离子的质荷比及其强度的测量来进行成分的结构分析的一种分析方法。首先,被分析样品的气态分子,在高真空中受到高速电子流或其他能量形式的作用,失去外层电子生成分子离子,或进一步发生化学键的断裂或重排,生成多种碎片离子。然后,将各种离子导入质量分析器,利用离子在电场或磁场中的运动性质,使多种离子按不同质荷比的大小次序分开,并对多种的离子流进行控制、记录,得到质谱图,从谱图中的各种离子及其强度实现对样品成分及结构的分析。

例如,对某一个未知有机物进行定性分析,可以将该未知化合物以一定的进样方式(直接进样或通过色谱仪进样)进入质谱仪。在质谱仪中,离子源、化合物被电子轰击,电离成分子离子和碎片离子。这些离子在质量分析器中,按质荷比大小顺序分开,经电子倍增器检测,即可得到化合物的质谱图。图 2.18 是某有机物的质谱图。

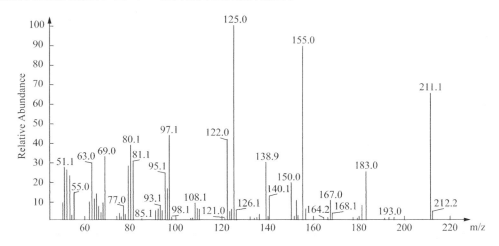

图 2.18 某有机化合物的质谱图

质谱图的横坐标是质荷比,纵坐标为离子的强度。离子的绝对强度取决于样品量和仪器的灵敏度;离子的相对强度和样品分子结构有关。一定的样品在一定的电离条件下得到的质谱图是相同的,这是质谱图进行有机物定性分析的基础。早期的质谱法定性主要依靠有机物的断裂规律,分析不同碎片和分子离子的关系,推测该质谱所对应的结构。目前,进行有机分析的质谱仪的数据系统都存有十几万到几十万个化合物的标准质谱图,得到一个未知物的质谱图后,计算机可以在谱库中进行检索,查得该质谱图所对应的化合物。这种方法简单、方便、快捷。但是,如果质谱库中没有这种化合物或得到的质谱图有其他组分干扰,常常会检索出错误的结果,因此还必须辅助以其他定性方式才能确定。

对于不易汽化的化合物,不能用电子轰击电离,而是用例如快原子轰击或电喷雾等其他电离方式。这些电离方式得不到可供检索的标准质谱图,因而也就不能进行库检索定性,只能提供分子量信息。如果采用串联质谱仪,还可以得到一些碎片信息,用来推断化合物的结构。对于高分辨率质谱仪,可以精确测定分子离子或碎片离子的质量,依靠计算机计算出化合物的分子式,对化合物定性。

用质谱法进行有机化合物定量分析通常是在气相色谱-质谱联用仪或液相色谱-质谱联用仪上进行。质谱仪可以看做是一种检测器,利用峰面积与含量成正比的基本关系进行定量。具体方法有点像气相色谱和液相色谱的定量分析,只是用质谱法定量选择性比单纯色谱法要高得多,定量可靠性要好。在很多情况下用色谱法无法定性(例如干扰化合物太多),用色谱-质谱联用仪则很方便,通过选择离子检测(SIR)和多反应检测(MRM)技术,可以很方便地消除干扰,准确地进行定量分析。

3) 质谱分析仪

如前所述质谱分析法是通过对样品离子的质荷比分析而实现对样品进行定性和定量的一种方法。因此,质谱仪都必须有电离装置把样品电离为离子,质量分析装置把不同质荷比的离子分开,经检测器检测之后可以得到样品的质谱图。由于有机样品、无机样品和同位素样品等具有不同形态、性质和不同的分析要求,所用的电离装置、质量分析装置和检测装置有所不同。但是,不管是哪种类型的质谱仪,其基本组成是相同的,都由真空系统、进样系统、离子源、质量分析器、检测器和记录系统组成,如图 2.19 所示。

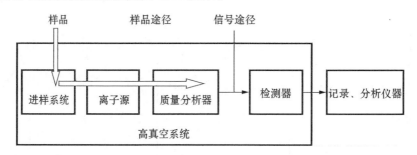

图 2.19　质谱分析仪结构示意图

(1) 真空系统。质谱仪的离子源、质量分析器及检测器必须处于高真空状态,其中离子源的真空度应达 $10^{-3} \sim 10^{-5}$ Pa,质量分析器中应达到 10^{-6} Pa。若真空度过低,会造成离子源灯丝损坏、分析本底增高、副反应过多使谱图复杂化、干扰离子源的调节、加速电压放电等问题。

一般真空系统由机械真空泵、扩散泵或分子涡轮泵组成。机械真空泵能达到的极限真空度为 10^{-3} Pa,不能满足要求,必须依靠高真空泵。扩散泵是常用的高真空泵,其性能稳定可靠,缺点是启动慢,从停机状态到仪器能正常工作所需时间长;涡轮分子泵则相反,仪器启动快,但使用寿命不如扩散泵。但由于涡轮分子泵使用方便,没有油的扩散污染问题,因此,近年来质谱仪大多使用涡轮分子泵。

（2）进样系统。质谱仪只能分析、检测气相中的离子。不同性质的样品往往要求不同的电离方式和相应的进样方式,因而质谱仪对不同物理状态的试样有不同的进样装置,以适应不同的样品需要。目前常用的进样装置有间歇式进样、直接探针进样、色谱和毛细管进样等。

① 间歇式进样。间歇式进样可用于气体及沸点不高、易于挥发的液体和固体样品的进样。该系统主要由储气室、加热器、真空连接系统及分子漏孔组成。通过可拆卸的试样管将少量固体或液体试样引入储气室中,并通过进样系统的低压（10^{-3}Pa）和储气室的加热装置使试样保持气态,由于进样系统的压强比离子源的压强大,样品离子可通过分子漏隙以分子流的形式而渗透进高真空的离子源中。

② 直接探针进样。对于在间歇式进样条件下无法变成气体的固体、热敏性固体及非挥发性液体试样,可用探针将其直接引入到离子源中。探针内置加热丝,位于探针前端,盛放样品的石英毛细管插入电离室,探针上的加热丝使试样升温挥发。探针杆中的试样可冷却至$-100℃$,或在数秒内加热到较高温度（300℃左右）。

③ 色谱和毛细管进样。复杂混合物的直接质谱数据是没有意义的。借助色谱的有效分离,质谱可以在一定程度上鉴定出混合物的成分。故常常将质谱仪与气相色谱、高效液相色谱或毛细管电泳柱联用。

色谱和毛细管联用进样的应用使质谱的应用范围迅速扩大,可对许多量少且复杂的有机化合物、有机金属化合物进行有效的分析,如食品中挥发性成分、糖、低摩尔质量聚合物等都可以获得质谱图。

（3）离子源。离子源的作用是将试样分子或原子转化为带有样品信息的正离子。最常用的离子源有电子轰击离子源、化学电离源、场电离源、快原子轰击源等。

① 电子轰击离子源（EI）。电子轰击离子源又称EI,是应用最为广泛的离子源,它主要用于挥发性样品的电离。如图 2.20 所示,由 GC 或直接进样杆进入的样品,以气体形式进入离子源,由灯丝发出的电子与样品分子发生碰撞使样品分子电离。一般情况下,灯丝与接收极之间的电压为 70V。在 70V 电子碰撞作用下,有机物分子可能被打掉一个电子形成分子离子,也可能会发生化学键的断裂形成碎片离子。由分子离子可以确定化合物分子量,由碎片离子

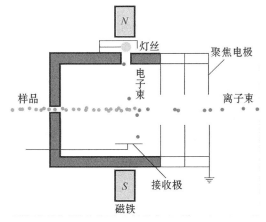

图 2.20　电子轰击离子源示意图

可以得到化合物的结构。形成的正离子,在两极加速电压的作用下,穿过电极中心的狭缝,并经过狭缝的准直作用,最后以较高的能量进入质量分析器。

EI 主要适用于易挥发有机样品的电离,其优点是工作稳定可靠、结构信息丰富、有标准质谱图可以检索;缺点是只适用于易汽化的有机物样品分析,并且得不到的有些化合物分子离子。

② 化学电离源(CI)。对于一些稳定性差的化合物,用 EI 方式不易得到分子离子,因而也就得不到分子质量。为了得到分子质量可以采用化学电离源(Chemical Ionization,CI)。CI 和 EI 在结构上差别不大,主体部件是共用的,主要差别是 CI 的工作过程中要引进一种反应气体,反应气体可以是甲烷、异丁烷、氨等。反应气的量比样品气要大得多。灯丝发出的高能量电子(100ev)首先将反应气电离,然后反应气离子与样品分子进行离子-分子反应,并使样品气电离。

化学电离源一般在 $1.3 \times 10^2 \sim 1.3 \times 10^3$ Pa 压强下工作,反应气与样品气(M)通过电离和离子-分子反应,生成比样品分子多一个 H 或少一个 H 的离子,在 CI 谱图中准分子离子往往是最强峰,由 M+H 离子或 M−H 离子等准分子离子可得到 M 的准确分子质量。由于 CI 产生了复杂的离子-分子反应,产生许多样品分子中没有的碎片,所以 CI 得到的质谱不是标准质谱,不能进行库检索。

③ 快原子轰击源(FAB)。快原子轰击源(FAB)是另一种常用的离子源,它主要用于极性强、分子量大的样品分析,其结构如图 2.21 所示。

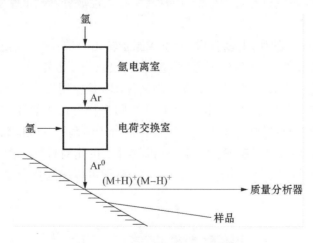

图 2.21   快原子轰击源示意图

氩气在电离室依靠放电产生氩离子,高能氩离子经电荷交换得到高能氩原子流,氩原子打在样品上产生样品离子。样品置于涂有底物(如甘油、硫甘油、三乙醇胺等)的靶上,靶材为铜。原子氩打在样品上使其电离后进入真空,在电场作用下进入分析器。FAB 得到的质谱不仅有较强的准分子离子峰,而且有较丰富的结构信息。由于其电离过程中不必加热汽化,因此,适合于大分子量、难汽化、热稳定性差的样品分析,例如肽类、低聚糖、天然抗生素、有机金属化合物等。

④ 电喷雾电离源(ESI)。ESI 是近年来出现的一种新的电离方式,它主要应用于液相色谱-质谱联用仪,既作为液相色谱和质谱仪之间的接口装置,同时又是电离装置。ESI 的主要

部件是一个多层套管组成的电喷雾喷嘴,最内层是液相色谱流出物,在毛细管和电极板之间施加上 3～5kV 电压,使流出物形成高度分散的带电扇状喷雾。其外层是喷射气,喷射气常采用大流量的氮气,作用是使喷出的液体容易分散成微滴。另外,在喷嘴的斜前方还有一个补充气喷嘴,补充气的作用是使微滴的溶剂快速蒸发。在微滴蒸发过程中表面电荷密度逐渐增大,当增大到某个临界值时,离子就可以从表面蒸发出来。离子产生后,借助于喷嘴与锥孔之间的电压,穿过取样孔进入分析器。

电喷雾电离源是一种软电离方式,即便是分子量大、稳定性差的化合物,也不会在电离过程中发生分解,它适合于分析极性强的大分子有机化合物,如蛋白质、肽、多糖等。电喷雾电离源的最大特点是容易形成多电荷离子。这样,一个分子量为10 000Da的分子若带有 10 个电荷,则其质荷比只有 1000Da,进入了一般质谱仪可以分析的范围之内。根据这一特点,目前采用电喷雾电离可以测量分子量在300 000Da以上的蛋白质。

⑤ 大气压化学电离源(APCI)。它的结构与电喷雾电离源大致相同,不同之处在于 APCI 喷嘴的下游放置了一个针状放电电极,通过放电电极的高压放电,使空气中某些中性分子电离,产生 H_3O^+,N_2^+,O_2^+ 和 O^+ 等离子,溶剂分子也会被电离,这些离子与分析物分子进行离子-分子反应,使分析物离子化,反应过程包括质子转移和电荷交换产生正离子,质子脱离和电子捕获产生负离子等。

大气压化学电离源主要用来分析中等极性的化合物。有些分析物由于结构和极性方面的原因,用 ESI 不能产生足够强的离子,可以采用 APCI 方式增加离子产率,可以认为 APCI 是 ESI 的补充。APCI 主要产生的是单电荷离子,所以分析的化合物分子量一般小于1000Da。用这种电离源得到的质谱很少有碎片离子,主要是准分子离子。

(4) 质量分析器

质量分析器的作用是将离子源产生的离子按 m/z 顺序分开,并排列成谱。目前常见的分析器有双聚集分析器、四极杆分析器和飞行时间质量分析器。此外,还有回旋共振分析器、离子阱分析器等。

① 双聚焦分析器(Double Focusing Analyzer)。双聚焦分析器是在单聚焦分析器的基础上发展起来的。因此,首先简单介绍一下单聚焦分析器。单聚焦分析器的主体是处在磁场中的扁形真空腔体。离子进入分析器后,由于磁场的作用,其运动轨道发生偏转改作圆周运动。其运动轨道半径 R 可由下式表示:

$$R = \frac{1}{B}\sqrt{2V\frac{m}{z}} \tag{2.4}$$

式中:

　　 m——离子质量,单位 Da;

　　 z——离子电荷数,通常 $z=1$;

　　 V——离子加速电压,单位 V;

　　 B 是磁感应强度,单位 T。

由式(2.4)可知,在一定的 B、V 条件下,不同 m/z 的离子其运动半径不同,这样,由离子源产生的离子,经过分析器后可实现质量分离,如果检测器位置不变(即 R 不变),连续改变 V 或 B 可以使不同 m/z 的离子顺序进入检测器,实现质量扫描,得到样品的质谱。

单聚焦分析结构简单,操作方便,但其分辨率很低,不能满足有机物分析要求,目前只用于同位素质谱仪和气体质谱仪中。单聚集质谱仪分辨率低的主要原因在于它不能克服离子初始能量分散对分辨率造成的影响。在离子源产生的离子当中,质量相同的离子应该聚在一起,但由于离子初始能量不同,经过磁场后其偏转半径也不同,而以能量大小顺序分开,即磁场也具有能量色散作用。这样就使得相邻两种质量的离子很难分离,从而降低了分辨率。

为了消除离子能量分散对分辨率的影响,通常在扇形磁场前加一扇形电场。扇形电场是一个能量分析器,不起质量分离作用。质量相同而能量不同的离子经过静电电场后会彼此分开,即静电场有能量色散作用。如果设法使静电场的能量色散作用和磁场的能量色散作用大小相等方向相反,就可以消除能量分散对分辨率的影响。只要是质量相同的离子,经过电场和磁场后就可以聚在一起,而其他质量的离子聚在另一点。改变离子加速电压可以实现质量扫描。这种由电场和磁场共同实现质量分离的分析器,同时具有方向聚焦和能量聚焦作用,称为双聚焦质量分析器,如图 2.22 所示。

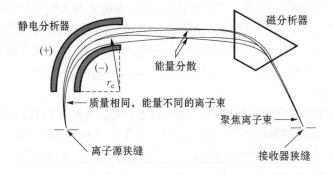

图 2.22 双聚焦质量分析器原理图

② 四极杆分析器。四极杆分析器由四根棒状电极组成。相对两根电极间加有电压 $(V_{dc}+V_{rf})$,另外两根电极间加有负电压 $(V_{dc}+V_{rf})$,其中 V_{dc} 为直流电压,V_{rf} 为射频电压。4 个棒状电极形成一个四极电场。图 2.23 为四极杆分析器的示意图。

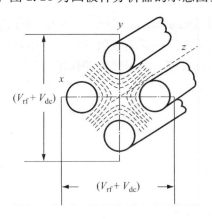

图 2.23 四极杆分析器的示意图

离子从离子源进入四极电场后,在电场的作用下产生振动,在保持 V_{dc}/V_{rf} 不变的情况下改变 V_{rf} 值。对应于一个 V_{rf} 值,四极电场只允许一种质荷比的离子通过,其余离子则振幅不断增大,最后碰到四极杆而被吸收,通过四极杆的离子到达检测器被检测。改变 V_{rf} 值,可以使另外质荷比的离子顺序通过四极电场实现质量扫描而得到质谱图。

③ 飞行时间质量分析器。飞行时间质量分析器的主要部件是一个离子漂移管,其结构如图 2.24 所示。由离子源产生的离子收到电离室加速后进入离子漂移管,并以恒定速度飞向离子接收器。离子质量越大,到达接收器所用时间越长;离子质量越小,到达接收器所用时间越短。根据这一原理,可以把不同质量的离子按 m/z 值大小进行分离。

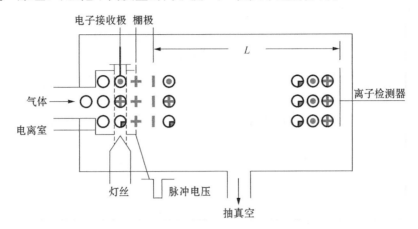

图 2.24 飞行时间质量分析器结构示意图

飞行时间质谱仪结构简单,可检测的分子量范围大,扫描速度快。这种飞行时间质谱仪的主要缺点是分辨率低,因为离子在离开离子源时初始能量不同,使得具有相同质荷比的离子到达检测器的时间有一定分布,造成仪器分辨能力下降。改进的方法之一是在线性检测器前面的加上一组静电场反射镜,将自由飞行中的离子反推回去,初始能量大的离子由于初始速度快,进入静电场反射镜的距离长,返回时的路程也就长;初始能量小的离子返回时的路程短,这样就会在返回路程的一定位置聚焦,从而改善了仪器的分辨能力。这种带有静电场反射镜的飞行时间质谱仪被称为反射式飞行时间质谱仪。

④ 其他质量分析器。离子阱质量分析器跟四极杆质量分析器有很多相似之处,如果将四极杆质量分析器的两端加上适当的电场将其封上,则四极杆内的离子将受 X、Y、Z 三个方向电场力的共同作用,使得离子能够在这 3 个力的共同作用下比较长时间地待在稳定区域内,随周围电磁场的性质变化发生共振,不同离子有不同共振振幅,最终通过电磁场射频扫描,使不同的离子依次离开离子阱而进行检测。

傅里叶变换离子回旋共振分析器是在一定强度的磁场中,离子做圆周运动,离子运行轨道受共振变换电场限制。当变换电场频率和回旋频率相同时,离子稳定加速,运动轨道半径越来越大,动能也越来越大。当电场消失时,沿轨道飞行的离子在电极上产生交变电流。对信号频率进行分析可得出离子质量。将时间与相应的频率利用计算机经过傅里叶变换计算形成质谱图。其优点为分辨率很高,质荷比可以精确到千分之一道尔顿。

(5)检测与记录系统。检测器和记录系统是用以测量、记录离子流强度,从而得到质谱图。

检测器有法拉第杯、闪烁计数器、电子倍增器等。现代质谱仪所用的离子检测器一般是电子倍增器,其原理与光电倍增管类似,一般由 14～16 个极板组成,每个极板都有适当的负电位。当离子通过出射狭缝后,就打在电子倍增器的第一极板上而激发出电子,这些电子被电场加速后再去撞击第二极板,并激发出更多的二次电子,然后依次撞击到最后极板时,电子倍增

器的放大倍数是 $10^4 \sim 10^6$。由电子倍增器输出的电流信号经放大并转变为适合数字转换的电压,然后由计算机完成数据处理,并绘制成质谱图。

2.4.3.2　气相色谱-质谱(GC-MS)联用仪

气相色谱-质谱联用仪(Gas Chromatography-Mass Spectrometer, GC-MS)主要由三部分组成:色谱部分、质谱部分和数据处理系统。色谱部分与一般的气相色谱仪基本相同,包括有柱箱、汽化室和载气系统,也带有分流或不分流进样系统,程序升温系统,压力、流量自动控制系统等,一般不再安装色谱检测器,而是利用质谱仪作为色谱的检测器。在色谱部分,混合样品在合适的色谱条件下被分离成单个组分,然后进入质谱仪进行鉴定。

气相色谱仪是在常压下工作,而质谱仪需要高真空,因此,如果色谱仪使用填充柱,必须经过一种接口装置——分子分离器,将色谱载气去除,使样品气进入质谱仪;如果色谱仪使用毛细管柱,则可以将毛细管直接插入质谱仪离子源,因为毛细管载气流量比填充柱小得多,不会破坏质谱仪真空。

GC-MS联用仪的质谱仪部分可以是聚焦质谱仪、四极质谱仪,也可以是飞行时间质谱仪或离子阱。目前使用最多的是四极质谱仪。离子源主要是EI源和CI源。

GC-MS联用仪的另外一个组成部分是计算机系统。由于计算机技术的提高,GC-MS的主要操作都由计算机控制进行,这些操作包括利用标准样品校准质谱仪、设置色谱和质谱的工作条件、数据的收集和处理以及谱库检索等。

GC-MS联用仪的工作原理为:一个混合物样品进入气相色谱仪后,在合适的色谱条件下,被分离成单一组分并逐一进入质谱仪,经离子源电离得到具有样品信息的离子,再经分析器、检测器即得每个化合物的质谱图。这些信息都由计算机储存,根据需要,可以得到混合物的色谱图、单一组分的质谱图和质谱的检索结果等。根据色谱图还可以进行定量分析。因此,GC-MS是有机物定性、定量分析的有力工具。

作为GC-MS联用仪的附件,还可以有直接进样杆和FAB源等。但是FAB源只能用于双聚焦质谱仪。直接进样杆主要是分析高沸点的纯样品,不经过GC进样,而是直接送到离子源,加热汽化后,由EI电离。

2.4.3.3　液相色谱-质谱(LC-MS)联用仪

质谱只适用于分析可以汽化的样品,其电离方式不适合极性强、热不稳定、难挥发的大分子物质,而液相色谱的应用不受沸点的限制,并能对热不稳定的试样进行分离、分析。因此,将液相色谱与质谱联用具有重要意义。

液相色谱-质谱联用仪(Liquid Chromatography-Mass Spectrometer, LC-MS)主要由高效液相色谱,接口装置(同时也是电离源),质谱仪组成。高效液相色谱与一般的液相色谱相同,其作用是将混合物样品分离后进入质谱仪。

由于液相色谱流动相组成复杂而且极性较强,因此比GC-MS去除载气困难得多。LC-MS分析对象大多是极性强、分子量大的化合物,一般都很难采用传统的电离方式。因此,在实现联用时所遇到的困难比GC-MS大得多。其关键是LC和MS之间的接口装置。接口装置的主要作用是去除溶剂并使样品离子化。早期曾经使用过的接口装置有传送带接口、热喷雾接口、粒子束接口等十余种,这些接口装置都存在一定的缺点,因而没有得到广泛推广。20

世纪 80 年代,大气压电离源用作 LC 和 MS 联用的接口装置和电离装置之后,使得 LC-MS 联用技术取得了较大进步。目前,几乎所有的 LC-MS 联用仪都使用大气压电离源作为接口装置和离子源。大气压电离源(Atmosphere Pressure Lonization,API)包括电喷雾电离源和大气压化学电离源两种,两者之中电喷雾源电离源应用最为广泛,其原理见离子源部分。

除了电喷雾和大气压化学电离两种接口之外,极少数仪器还使用粒子束接口和超声喷雾电离接口。

由于接口装置同时就是离子源,因此质谱仪部分主要为质量分析器。作为 LC-MS 联用仪的质量分析器种类很多,最常用的是四极杆分析器,其次是离子阱分析器和飞行时间分析器。

2.4.3.4　串联质谱法(Tandem Mass Spectrometry)

为了得到待测物更多的结构信息,只依靠一级质谱往往比较困难,于是出现了串联质谱法。早期的串联质谱法主要用于研究亚稳离子。随着仪器的发展,串联的方式越来越多,尤其是 20 世纪 80 年代以后出现了很多软电离技术,如 ESI、APCI、FAB 等,基本上都只有准分子离子,没有结构信息,更需要串联质谱法得到结构信息。因此,近年来,串联质谱法发展十分迅速。串联质谱法可以用于 GC-MS,但更多用于 LC-MS。

串联质谱法可以分为两类:空间串联和时间串联。空间串联是两个以上的质量分析器联合使用,两个分析器间有一个碰撞活化室,目的是将前级质谱仪选定的离子打碎,由后一级质谱仪分析。而时间串联质谱仪只有一个分析器,前一时刻选定一离子,在分析器内打碎后,后一时刻再进行分析。无论是哪种方式的串联,都必须有碰撞活化室,从第一级 MS 分离出来的特定离子,经过碰撞活化后,再经过第二级 MS 进行质量分析,以便取得更多的信息。

2.4.4　农药残留的免疫检测法

2.4.4.1　基本原理

酶联免疫吸附法的核心技术是抗原抗体的特异性反应。抗原有两个特性,即免疫原性和反应原性。既具有免疫原性又具有反应原性的抗原称为完全抗原,而只具有反应原性没有免疫原性的抗原称不完全抗原,也称半抗原。ELISA 法是在荧光免疫和放射免疫分析的基础上发展起来的,它将具高度特异性抗原抗体反应结合酶对底物的高度催化效应,对受检样品中的酶标免疫反应的试验结果,采用现代光学分析仪器进行光度测定。在 ELISA 检测过程中,酶催化具有高度的放大作用,许多种酶分子每分钟能催化生成 10^5 分子以上的产物,不仅可以定性分析而且可以进行定量分析。

2.4.4.2　具体的技术环节

1) 半抗原的准备

通常,具有免疫原性的物质分子量应大于 10 000,而一般农药的分子量小于 1 000,不具备刺激机体产生针对农药抗原决定簇的特异性抗体,因此必须与大分子载体偶联后才具有免疫原性。要实现与大分子物质的偶联,半抗原分子上必须具备能共价结合到载体上的一个活性基团(如氨基、羧基、羟基和巯基等),对多数不具备活性基团的农药则通常进行衍生化制备或由原料合成,也可以用其他代谢及降解产物作为半抗原。一般理想的半抗原应尽量具备与待测物类似的立体化学特征,以减少免疫交叉污染,而且应尽量保证半抗原与载体的大分子复合物的特征结构能最大限度地被免疫活性细胞所识别。要达到这一点,必须做到活性基团与载体之间具备一定长度的间隔臂,一般为4～6个碳链长度,目的是突出与载体结合后抗原分子表面上具有特征立体结构和免疫活性的化学基团,突出抗原决定簇。间隔臂应为非极性,除供偶联的活性基团外不能具有(如苯环等杂环)其他高免疫活性的结构。由于免疫系统对载体远端的结构识别最活,间隔臂应远离待测物的特征结构部分和官能团,这样有利于高选择性和高亲和性抗体的产生,所以在待测物衍生化制备半抗原中某些活性基团进行选择性保护和去保护是常用的合成手段。另外,半抗原的设计应考虑到农药亲体和有毒理学意义的代谢物,针对被测定对象是单一的农药或某一类农药,设计中应相应地突出特定农药的结构或一类农药中共有的结构部分,制成单一的特异性抗体和簇特异性抗体。

2) 人工免疫抗原的合成

农药小分子半抗原与载体蛋白偶联效果会受到偶联物的浓度及其相对比例、偶联剂的有效浓度及其相对量、缓冲液成分及其纯度和离子强度、pH 以及半抗原的稳定性、可溶性和理化特性等因素的影响。通常是在条件温和的水溶液中将半抗原与载体蛋白共价结合,不宜在高温、低温、强碱、强酸条件下进行,用作载体的蛋白通常有 BSA、HAS、RSA、OA 等,选择载体蛋白应尽量考虑使背景干扰减少到最低程度。一般是由半抗原上的活性基团决定偶联合成的方法,常用的方法以下几种:

(1) 有羧基(- COOH)的半抗原分子偶联方法。

①碳二亚胺法。碳二亚胺(EDC)使羟基和氨基间脱水形成酰胺键,半抗原上的羧基先与 EDC 反应生成一个中间物,然后再与蛋白质上的氨基反应,形成半抗原与蛋白质的结合物。

②混合酸酐法。半抗原上的羧基在正丁胺存在下与氯甲酸异丁酯反应,形成混合酸酐的中间体,再与蛋白质的氨基反应,形成半抗原与蛋白质的结合物。

(2) 有氨基(- NH_2)的半抗原分子偶联方法。

①戊二醛法。双功能试剂戊二醛的两个醛基分别与半抗原和蛋白质上的氨基形成 schiff 键(- N = C<),在半抗原和蛋白质间引入一个5C桥。戊二醛受到光照、温度和碱性的影响,可能发生自我聚合,减弱其交联作用,因此最好使用新鲜的戊二醛。

②重氮化法。重氮化法用于活性基团是芳香氨基的半抗原,芳香氨基与 NaNO_2 和 HCl 反应得到一个重氮盐,它可直接接到蛋白质酪氨酸羧基的邻位上,形成一个偶氮化合物。

(3) 具有羟基活性基团的半抗原偶联方法琥珀酸酐法。半抗原的羟基与琥珀酸酐在无水吡啶中反应得到一个琥珀酸半酯(带有羧基的中间体),再经碳二亚胺法或混合酸酐法与蛋白质氨基结合,在半抗原与蛋白质载体间插入一个琥珀酰基。如遇苯酚基为活性基因,则首先将半抗原上的苯酚基与一氯醋酸钠反应得到一个带羧基的衍生物,再用碳二亚胺法或混合酸酐法与蛋白质的氨基结合。

3) 农药抗体的制备

以小分子农药与大分子载体偶联后的复合物免疫动物使机体产生抗农药的抗体,并取其免疫动物血清,然后进行分离,鉴定其特异性抗体。抗体的产生一般可采用两种途径:多克隆抗体技术和杂交瘤技术生产单抗。

(1) 多克隆抗体技术。将 4～6 个月龄的雄性新西兰纯种实验用白兔作为免疫动物,在每 kg 体重几十微克到十几毫克范围内设定 2～3 个免疫剂量进行动物免疫。初次免疫时需加入等量福氏完全佐剂,以提高抗原的免疫原性。每隔 1 周、2 周、1 个月或 2 个月进行背部皮内或大腿肌肉注射,一般 8～9 次,在最后一次免疫注射 7 d 后采血测试效价。当血清抗体达到一定滴度后灭菌采血,离心取血清,−20℃保存。采用多克隆抗体方法具有生产成本低、方法简便等特点,但是其抗体的特异性不够强,会随着动物种类及个体差异而有变化,生产数量上也会受到一定的限制,不利于批量生产。

(2) 杂交瘤技术生产单抗。自细胞融合技术产生之后,杂交瘤技术已日趋完善。虽然单克隆抗体对设备要求相对较高,技术相对复杂,且成本也高,但是其特异性强,交叉反应少,并且便于大规模批量生产,为生产商品检测盒提供了极为有利的条件,因此部分学者开始了农药单克隆抗体的 ELISA 检测技术的研究。其方法首先是将免疫抗原免疫实验用鼠,一般为 BALB/C 小白鼠,然后取免疫鼠脾细胞与骨髓瘤细胞杂交,并进行克隆化繁殖培养,最后筛选出能稳定分泌产生特异性抗农药的单克隆抗体的细胞株,并分离鉴定其产生的特异性抗体,测定其效价,筛选出的稳定细胞株若在体外一定环境条件下繁殖培养,可批量生产单克隆抗体。

2.4.4.3　ELISA 方法的选择

按是否要分离带酶的免疫复合物和游离的酶结合物,将酶免疫分析法分为均一和不均一两大类。多数酶免疫分析法属于不均一的,它需要用固相载体作为吸附剂,且需要分离结合的和游离的酶标记复合物,这种方法称为酶联免疫吸附分析法,是目前应用最为广泛、发展最快的一项新技术。

1) 方法选择

(1) 酶标抗原直接竞争抑制法。将特异性农药-抗原包被固相载体、待测农药抗原与酶标记的已知量抗原混合温育,它们中具有相同抗原决定簇的待测农药和酶标记农药,竞争性地结合固相抗体,分离游离的和结合的酶标记免疫复合物加入酶反应底物,根据显色程度判定待测农药的含量。

(2) 酶标抗体直接竞争抑制法。将抗原包被固相载体,待测抗原与酶标记的已知量抗体同时混合温育,由于固相抗原和待测抗原具有相同的抗原决定簇,因此彼此竞争地与酶标抗体作用形成免疫复合物,然后加入酶反应底物,据显色程度来判定待测农药的含量。

(3) 酶标抗体间接竞争抑制法。用抗原致敏固相载体后,同时加入特异性抗体和待测抗原,使固相抗原与样品抗原竞争性地结合抗体,分离固相和液相后加入酶标记的第二抗体,加入底物,据其显色程度判定其样品抗原含量。

(4) 双抗体夹心法。抗体包被固相载体,加入待测抗原使其与过量的固相抗体结合,温育洗涤再加入过量的酶标记相同的抗体,分离固相和游离相的化合物,加反应底物,据显色程度来求出样品中抗原的含量。

(5) 间接夹心法。将样品中的抗原(AgX)结合于过量的固相抗体,温育洗涤加入过量的同种抗体(第一抗体),再温育洗涤后加入酶标第二抗体,最后加入底物反应,据显色程度确定待测抗原的含量。

2) 最适实验条件的选择和注意要点

各种不同类型的 ELISA 以及不同的标记方法,其免疫反应的条件均不完全相同,所以必须做预备试验,摸索出针对特定检测对象和既定实验方案的一整套基本参数,包括选择载体表面吸附抗原或抗体以及酶结合物的最适浓度和反应时间,并根据酶催化反应的动力学选择酶反应的适宜温度和时间、温育洗涤条件等。因此在农药残留的 ELISA 实验的操作过程中必须注意酶结合物的最适浓度、包被物的最适浓度。此外,一些酶抑制因子如有机物、金属离子和 pH 值可以引起酶的变性,因此在进行样本前处理时,使用的溶液必须考虑其影响抗体对分析物识别的可能性,并尽量使其影响程度降为最小。

2.4.4.4　目前研究开发现状

农药残留分析从 20 世纪 50 年代开始应用,经历了气相色谱法、高效液相色谱法、高效薄层色谱法、超临界流体色谱法、毛细管区域电泳法和免疫分析法。冯秀琼对 1998 年前的农药残留分析技术的发展进行了概括;B. Gevao 等对近年来农药残留分析的主流方法进行了综述。农药残留分析是复杂的混合物中痕量组分的分析技术,既需要精细的微量操作手段,又需要高灵敏度的痕量检测技术,难度大、仪器化程度和分析成本高,给农药残留分析带来一定难度。随着科技的发展,更多的新技术和方法已应用于生产实践,如生物传感器方法和荧光免疫法,纳米科技、远红外和中红外也将应用于农药残留的检测中。但所有的这些方法都需要有精密的大型仪器,只适合于中心实验室或作为确证,因此,需要研究出更为灵敏、准确、简便、快速的检测方法,如 ELISA 检测试剂盒。

ELISA 技术在农药的检测方面已得到了初步的应用和发展。农药属于小分子物质,是一种半抗原,无免疫原性。检测时首先要根据农药的结构选择合成路线人工合成抗原,然后免疫 BALB/c 小鼠,利用杂交瘤技术制备出针对农药小分子的单克隆抗体(McAb)。由于 McAb 可大量产生,适于标准化管理且容易制备试剂盒,所以 ELISA 在农药残留的检测方面前景广阔。目前国外已研制出几十种农药的酶联免疫试剂盒,包括有机磷类、拟除虫菊酯类、有机氯类、三嗪类、氨基甲酸酯类等,在农药快速检测中的应用十分活跃。

1) 有机磷农药

A. S. Hill 等用半抗原杀螟硫磷(FN)与载体蛋白结合,制备了一系列兔多克隆抗体和小鼠 McAb,用于 ELISA 法检测,结果发现 McAb 的灵敏度比多克隆抗体高,检测限为 2～3μg L。A. M. A. Ibrahim 等采用杂交瘤技术制备了对硫磷特异性 McAb。用 ELISA 法检测对硫磷含量的实验证明,灵敏度和特异性可以和 GC 相媲美。刘长武用 ELISA 技术对梨、苹果中的对硫磷残留进行了测定。夏敏、王欣欣、杨文学等用酶联免疫技术快速测定蔬菜和水果中农药残留杀螟硫磷,检出限为 0.06μg/g,相对标准偏差(RSD)为 13.4%,添加回收率为 83%～95%。P. M. Kramer 等将 ELISA 与液相色谱(LC)相结合来检验有机磷农药中毒代谢产物硝基酚类的交叉反应,把 2-甲基苯酚与等摩尔量的 2-氨基-4-硝基酚和 3-甲基-4-硝基酚混合,采用 ELISA-LC 联合分析,发现 2-甲基苯酚与后两者的特异性抗体无交叉反应。

2) 拟除虫菊酯类农药

拟除虫菊类农药常与有机磷农药配伍使用,食物中残留量较低,液相色谱等传统的检测方法不够灵敏、特异,检测效果不是很理想。J. H. Skerrit 等用拟除虫菊酯类半抗原氯菊酯与载体蛋白 BSA 结合制备特异性 McAb,用 3 种免疫分析方法检测小麦和面粉中的氯菊酯,发现 McAb 结合到微滴度板上效果最好,下限达 1.5μg/L。Larry H. Stanker 等用 McAbIA 法检测肉中氯菊酯的含量,其检出范围为 50～500ng/ml,检出率为 62%,但由于存在相关化合物氯氰菊酯、溴氰菊酯的交叉反应,因而只能作为这一类化合物总量测定的方法。

3) 有机氯类农药

随着近些年来关于 ELISA 基础研究的深入,有机氯农药免疫检测试剂盒较多。J. A. Deschamps 等用毒莠定与 BSA 结合免疫兔和小鼠,分别制备多克隆抗体和 McAb,比较两者的灵敏度和特异性,兔抗血清的线性范围为 5~5000ng/ml,最低检出限为 5ng/ml,小鼠 McAb 的线性范围为 1~20ng/ml,最低检出限为 1ng/ml。余万俊制备了杀虫脒的特异性抗体,以此抗体建立了大米中杀虫脒残留的单克隆抗体 ELISA 检测法。J. M. Schlaeppi 等制备了甲草胺特异性 McAb 来检测甲草胺、乙基丙草胺、呋霜灵及其代谢物,未发现交叉反应,直接和间接 ELISA 法检测回收率分别为 98% 和 89%。Shashi B Singh 等用 ELISA 试剂盒测定了农场 12 个区域的茄子样品中硫氮的含量,并与气相色谱法做比较,结果两者的相关系数达 0.98。

4) 三嗪类农药

Hall 等用 ELISA 法检测了水样中的污染物 2, 4-D 三嗪,Merolachlor 将其与气相色谱分析结果进行比较。Mark Muldoon 等研究和评价了检测三嗪类多组分分析物的 ELISA 法。P. Schneider 等探讨了 McAb 在三嗪类检测中的应用,采用酶标半抗原 ELISA 法测定,发现莠去津 McAb 与西玛津、莠天净和扑灭津存在交叉反应。

5) 氨基甲酸酯类农药

吴慧明、杨挺、朱国念研制了一种用于检测土壤中克百威残留量的直接竞争 ELISA 试剂盒,研究结果是该试剂盒的最低检测限为 0.01mg/L,线性检测范围为 0.01~10mg/L,4 种水样的批内、批间、整体变异系数均低于 7.72,回收率为 93.97 %~97.92%。试剂盒在 4℃ 或-20℃下至少可保存 6 个月以上。J. A. Itak 等用抗体磁颗粒 EL ISA 法检测水中的西维因,此技术检测限为 0.22~0.25μg/L,与 LC 检测结果有极好的相关性。刘曙照等制备了甲萘威的特异性高效价抗体,建立痕量甲萘威的竞争性酶联免疫吸附测定法。该法测定甲萘威的线性浓度范围为 10~10^{-4}μg/ml,检测限低于 0.01ng/ml 。

ELISA 的快速发展,主要是由于其高度的重现性、灵敏度和较短的分析时间所决定的。许多环境化合物的特异性单克隆和多克隆抗体的制备及应用为 ELISA 的快速发展奠定了基础。美国环境保护机构(USEPA)开发了野外便携式和实验室 ELISA 方法,监测的靶分析物包括多氯联苯、苯、甲苯和二甲苯混合物、硝基芳烃化合物、对硫磷、西维因(Carbaryl)和其他杀虫剂。美国食品药物管理局(USFDA)主要将 ELISA 集中于食品和饲料中农药残留的检测,目前正在研究用于检测 Phenamaphos 和 Carbendazine 等化合物的检测方法。美国农业食品安全检查部门(USFSIS)资助开发了除草菊酯、有机氯杀虫剂及其他化合物的免疫分析法,并采用现有的方法来完成其监测任务。

2.4.5 农药残留的其他检测法

2.4.5.1 乙酰胆碱酯酶抑制法

酶抑制法是根据有机磷农药能特异性抑制乙酰胆碱酯酶的活性原理建立的半定量分析方法。乙酰胆碱酯酶抑制法是研究最多且相对成熟的一种快速检测技术。乙酰胆碱酯酶抑制法利用有机磷农药可特异性地抑制昆虫中枢和周围神经系统中乙酰胆碱酯酶(AChE)的活性,破坏神经的正常传导,使昆虫中毒致死这一毒理学原理,将 AChE 与样品反应,根据 AChE 活性受到抑制的情况,判断出样品中是否含有有机磷农药。

运用胆碱酯酶抑制法检测有机磷和氨基甲酸酯类农药的快速现场检测方法包括农药速测卡法、农药速测片法等。农药速测卡法又称农药残残留试纸法、酶试纸法或酶片法。美军中西部研究所研制的农药检测卡于 1987 年投放市场。我国 1993 年有产品问世,在一定程度上弥补了我国农药残留现场速测产业化的空白。目前市场占有率最高的是由深圳天福生化新技术公司生产的胆碱试纸农药速测卡,选用的酶对甲胺磷敏感。此农药速测卡在发生食物中毒时,快速筛选是否是有机磷或氨基甲酸酯农药引起的中毒,同时用于蔬菜中有机磷或氨基甲酯农药阳性样品的监测筛选。其特点是操作简便,不需要配制试剂,不需要任何仪器设备而单独使用,产品携带方便,适用于现场快速测定。从使用结果来看,使用速测卡可提高一定的工作效率,节省人力物力,但也存在局限性。首先表现在每一批产品上,酶的活性存在差异,使分析结果有差异;其次,酶的反应需要一定的温度,受温度影响相当严重,造成个体操作实验结果表现出很大的差异,试纸颜色判定不明显,容易造成判断与实际不相符合;另外,洗脱液(缓冲溶液)对蔬菜农药的提取率仅为 50%～80%。

2.4.5.2　植物酯酶抑制法

植物酯酶抑制法也有不少成功应用于有机磷农药残留检测的报道。董超等分别研究了甲胺磷、敌敌畏、对硫磷、辛硫磷 4 种农药对面粉酯酶的抑制效果,其结果表明,除对硫磷外,其余三种农药检出浓度为 $10^{-4} \sim 10^{-7}(V/V)$。侯明迪采用新磨制的面粉酯酶测定有机磷农药敌敌畏和甲基对硫磷的条件、方法,并采用酶促反应速率替代反应平衡时的吸光度值来表示酶的活性方法,建立了两种农药的酶抑制方程,研究结果表明该方法对有机磷农药敌敌畏的最小检出浓度为 0.01mg/kg。用稀释溴水对甲基对硫磷活化处理后,检测灵敏度可提高 50～100 倍,其最低检出限为 0.166mg/kg。林素英等研究了多种豆类酯酶的提取及酶活力的测定,并根据酶抑制法原理,研究了各种不同豆类来源的酯酶对有机磷农药的敏感性。结果表明,不同豆类来源的酯酶对敌敌畏、甲胺磷等 8 种农药的敏感性不同,其中以绿豆、黑豆来源酯酶的总酯酶活力和敏感性最好。

2.4.5.3　有机磷农药速测灵法(金属离子催化显色表面皿法)

速测灵方法应用的原理是具有强催化作用的金属离子催化剂使各类有机磷农药(磷酸酯、二硫代酸、磷酰胺)水解为磷酸与醇,水解产物与显色剂反应,使显色剂的紫红色褪去变成无色。该方法主要针对有机磷农药的残留检测,特别是甲胺磷、对硫磷等农药。该方法利用了化学反应,避免了通常生化方法(酶法)的缺点(酶的制备及需要一定条件下保存),对硫磷检出灵敏度小于 5mg/L,其灵敏阈值在允许残留标准以上,即大于 2 mg/L,小于 10 mg/L。该方法的局限性在于该方法主要针对的是甲胺磷、对硫磷农药残留定性,没有生化法敏感,检出限较高。

2.4.5.4　生物传感器法

生物传感器是利用生物活性物质,如酶、抗原、抗体、细胞、组织等作为传感器的识别元件,与样品中的待测物质发生特异性反应,通过适当的换能器将这些反应(形成复合物、发色、发光等)转换成可以输出检测的信号(电压、频率等),通过分析信号对待测物进行定性和定量检测。生物传感器根据其中生物分子识别元件上的敏感物质的不同可分为酶生物传感器、微生物传感器、免疫传感器、仿生生物传感器等。酶生物传感器是通过测定固定于电极表面的酶的活性被农药抑制的程度,来推算样品中农药残留水平。酶生物传感器的一个关键技术是酶的固定化。Albareda-Sirvent 等用戊二醛交联法将乙酰胆碱酯酶固定在铜丝碳糊电极表面,所构成的传感器可检测 10^{-10} mol /L 的对氧磷和 10^{-11} mol/L 的克百威,检测加标的自来水和果汁,回收率接近 100%,可用于直接测定这两类样品中两种农药的残留。陈向强等采用丝网印刷技术制作厚膜型电极,通过交联法将乙酰胆碱酯酶固定在电极上,开发出快速检测水中有机磷农药的酶传感器。在交联固定酶的情况下,根据酶活受到有机磷抑制的原理,采用时间-电流法对特丁硫磷和对硫磷进行了检测,检测限都可以达到 1ng /ml,线性区间 1～10000ng/ml。干宁等构建了同时固定乙酰胆碱酯酶及胆碱氧化酶双酶系统的传感器,其对敌敌畏的检测范围为 0.05～1.00mg/L,检测限为 0.01mg/L。

近年来,利用分子印迹聚合物(MIP)和双层脂膜(BLM)制作的仿生生物传感器,也引起人们的兴趣。后者是结构与生物膜相似的人工膜,具有良好的生物相容性,是构建生物传感器的理想敏感膜。Nikolelis 等的研究显示,BLM-传感器在分别接触久效磷 3 min、克百威 5min 后出现电流信号,信号强度随农药浓度的增加而增大,检测限分别为 45 nmol /L 和 480nmol/L。MIP-和 BLM-生物传感器是新型生物传感器的发展方向,目前这方面的研究仍处于起步阶段。

2.4.5.5 波谱法

该方法是根据有机磷农药中某些官能团或水解、还原产物与特殊的显色剂在一定的条件下,发生氧化、磺酸化、酯化、络合等化学反应,产生特定波长的颜色反应来进行定性或定量(限量) 测定。早期所用的只是一种重微量化学试验法,其检测限可在 pg 级水平。微量化学试验法主要用于商品农药的鉴别试验,其灵敏度不高,试验过程中干扰因素多,含不同基团的有机磷农药的反应也不一样,易出现假阴性。为提高灵敏度,用分光光度计等来测定有机磷农药的方法(即波谱法) 逐渐代替了微量化学试验。美国"政府分析化学师协会"(Association of Official Analytical Chemists,AOAC) 规定用红外光谱法检测敌敌畏、甲胺磷等,用分光光度法检测马拉硫磷、对硫磷等。董文庚等曾利用分光光度法测定草甘膦农药,在其生产废水中的浓度下,加标回收率为 94%～101%。梅建庭等人研究了利用荧光分光光度法测定环境水样中甲基对硫磷的含量,检出限达到 5.0μg/L,线性范围 0～2.0mg/L,回收率达 98%～102%。

波谱法一次只能测定一种或相同基团的一类有机磷农药,且灵敏度不高,一般只能作为鉴别方法粗选,对含有各种不同有机磷农药残留的样品,呈阳性的样品还需用其他检测方法来进行确证试验。

2.4.5.6 分子印迹技术

分子印迹技术(Molecularly Imprinting Technology,MIT)是一种新型高效分离及分子识别技术,具有优越的识别性和选择性。近年来该技术被应用到农药残留检测上,取得了不错的效果。Kochkodna 等利用光引发法合成分子印迹聚合物,然后把聚合物涂在支持膜上,利用此印迹膜分离富集检测水样中的敌草净农药残留,检测限和准确率均符合标准。

2.4.5.7　核磁共振技术

核磁共振技术(Nuclear Magnetic Resonance,NMR)是一种用来探测和研究物质及其性质的近代实验技术。有人利用核磁共振技术测定土豆中含磷农药敌百虫的残留,其回收率、准确率都已达到农药残留分析标准。

思考题

1. 农药残留对人体和环境有什么危害?
2. 检测农药残留时,如何对不同的样品进行前处理?
3. 简述气象色谱仪的构成、检测原理及其在农药残留检测中的应用。
4. 简述高效液相色谱仪的构成、检测原理及其在农药残留检测中的应用。
5. 简述质谱仪的构成、检测原理及其在农药残留检测中的应用。
6. 免疫检测法的原理是什么? 其在农药残留检测中的应用有哪些?
7. 比较常见农药残留检测方法的优缺点。
8. 除本章所列举的农药残留检测方法外,还有哪些方法可以用于农药残留的检测?

3　重金属污染对农产品的
安全性影响和检测

【学习重点】

　　了解农产品中重金属的来源及其对人体的毒性、危害,重点学习原子吸收、原子荧光等重金属分析方法。

　　重金属通常是指密度等于或大于 $5g/cm^3$ 的金属,在环境污染和农产品生产中一般指汞(Hg)、镉(Cd)、铅(Pb)、铬(Cr)及类金属砷(As)等生物毒性显著的元素,也包括一些具有一定毒性的其他重金属元素,如锌(Zn)、铜(Cu)、钴(Co)、镍(Ni)、锡(Sn)等。自 20 世纪 50 年代日本"水俣病"和"痛痛病"等事件发生以来,重金属污染对农产品和人类健康的危害逐渐为人们所重视。尽管如此,农产品重金属污染仍然比较严重。据不完全统计,目前我国遭受重金属污染的耕地已达 2 000 万 km^2,约占耕地面积的 20%。每年,重金属污染导致粮食减产超过 1 000 万吨,超过 1 200 万吨的粮食被重金属污染,经济损失达 200 亿元。仅在 2009 年至 2010 年期间,全国共发生 31 起重金属污染事件。2007 年一项对全国六个地区(华东、东北、华中、西南、华南和华北)县级以上市场随机的采购大米样品分析发现有 10% 左右的市售大米镉超标。国外,重金属污染状况也不容乐观。瑞典卡罗琳学院的一份研究报告震惊了消费者,报告称包括雀巢、喜宝在内的 9 种品牌的婴儿食品含重金属砷、铅与镉。因此,农产品重金属污染是消费者普遍关注和农产品生产过程中急待解决的质量安全问题之一。

3.1　重金属对农产品的污染及危害

3.1.1　重金属污染的特点及来源

3.1.1.1　重金属污染的特点

1)自然性

　　长期生活在自然环境中的人类,对于自然物质有较强的适应能力。有人分析了人体中 60 多种常见元素的分布规律,发现其中绝大多数元素在人体血液中的含量与它们在地壳中的含量极为相似。但是,人类对人工合成的化学物质的耐受力则要小得多。所以区别污染物的自然或人工属性,有助于估计它们对人类的危害程度。由于工业活动的发展,铅、镉、汞、砷等重金属富集在人类周围环境中,通过大气、水、食品等进入人体,在人体某些器官内积累,造成慢性中毒,危害人体健康。

2)毒性

重金属毒性强弱的主要与其存在性质和化学形态有关。重金属元素的存在形式不同,在动物消化道内的吸收率不同,呈现的毒性也不同,如无机性的氯化汞在消化道内的吸收率分别为醋酸汞、苯基汞和甲基汞吸收率的 50%、50%～90%及 90%～100%。又如易溶于水的氯化镉、硝酸铬容易被生物体吸收,对机体的毒性大;而难溶于水的硫化镉、碳酸镉及氢氧化镉毒性就小。重金属元素的毒性还与其化学形态有关,如铬有二价、三价和六价 3 种形式,其中六价铬的毒性很强,而三价铬是人体新陈代谢的重要元素之一。

3)时空分布性

污染物进入环境后,随着水和空气的流动,被稀释扩散,可能造成点源到面源更大范围的污染,而且在不同空间的位置上,污染物的浓度和强度分布随着时间的变化而不同。

4)活性和持久性

活性和持久性表明污染物在环境中的稳定程度。活性高的污染物质,在环境中或在处理过程中易发生化学反应,毒性降低,但也可能生成比原来毒性更强的污染物,构成二次污染。如汞可转化成甲基汞,毒性很强。持久性则表示有些污染物质能长期地保持其危害性,如重金属铅、镉等都具有毒性且在自然界难以降解,并可产生生物蓄积,长期威胁人类的健康和生存。

5)生物不可分解性

有些污染物能被生物所吸收、利用并分解,最后生成无害的稳定物质。大多数有机物都有被生物分解的可能性,但大多数重金属在环境中非常稳定,不能被分解,因此重金属污染一旦发生,治理更难,危害更大。

6)生物累积性

生物累积性包括两个方面:一是污染物在环境中通过食物链和化学物理作用而累积;二是污染物在人体某些器官组织中由于长期摄入而累积。如镉可在人体的肝、肾等器官组织中蓄积,造成各器官组织的损伤。又如 1953～1961 年,发生在日本的水俣病事件,无机汞在海水中转化成甲基汞,被鱼类、贝类摄入累积,经过食物链的生物放大作用,当地居民食用后中毒。

7)对生物体作用的加和性

多种污染物质同时存在,重金属元素之间存在错综复杂的相互关系,有些表现为相互协同,有些表现为相互拮抗。一般认为锌是镉的代谢拮抗物,镉的毒性与锌镉比值密切相关,镉与锌争夺金属硫蛋白上的巯基,当食物中锌镉比值较大时,镉的毒性降低。硒与汞可形成配合物,从而降低汞的毒性等;而铜可以增加汞的毒性,砷与铅也表现为协同作用。

3.1.1.2　重金属污染的来源

重金属进入农产品的途径除高本底值的自然环境因素外,主要是人为造成的环境污染,如工业三废排放,农业化学品的使用,采金和冶炼、人类生活污水排放等;农产品加工过程也是造成农产品重金属污染的另一途径。

1)土壤及灌溉水污染

我国"三废"处理率不到 30%。通过工业"三废"排放到环境中的重金属通过机械搬运、溶解、沉淀、凝聚、络合吸附等物理、化学作用进入水体和土壤中后,被农作物根系所吸收。

2) 大气沉降污染

大气沉降污染主要是指经过空气、排放气体或水蒸气流中携带的气载重金属污染物质,以及随烟囱或管道排放出的烟尘。此外,工业生产中的不定期释放物也是大气污染的重要来源。大气中有毒金属的阈值见表 3.1。

表 3.1　大气中有毒金属的阈值/mg/m³

金属	阈值	金属	阈值
Be	0.002	Ni	0.007~1.0
Hg	0.01~0.05	Cu	1.0
Cd	0.1	Fe	1.0
Pb	0.1~0.2	Zn	1.0
As	0.2~0.5	V	0.5

(注:摘自藤葳,2010)

3) 农药、农业肥料等的不合理使用

在我国,农业生产对农产品中重金属的含量起着相当重要的影响。有些农药中含砷、锌、铅等重金属,或某些肥料如磷肥在生产中大量使用,也会增加农产品中镉元素的含量。另外,农用塑料薄膜生产中使用的热稳定剂往往含有镉和铅等,在大量使用塑料大棚和地膜的过程中均可造成重金属对土壤的污染,进而使农作物富集大量重金属。

4) 农产品在贮藏加工过程中被重金属污染

如使用重金属含量高的器具贮藏,或者加工机械上的管道,加工用水、容器及食品添加剂重金属含量高等均会导致污染。总而言之,在农产品收获以后,一切易引起重金属污染的贮藏和加工过程都有可能导致农产品中重金属污染。

3.1.2　重金属元素的毒性及危害作用

农产品中对人体安全性有影响的有毒金属元素较多,其中有些金属元素在较低摄入量情况下即可对人体产生明显的毒性作用,如铅、镉、汞。另外,许多金属元素,甚至包括某些必需元素,如锰、锌、铜等摄入过量也会对人体产生较大的毒性作用和潜在危害。我国的《重金属污染综合防治"十二五"规划》将铅、汞、铬、镉和类金属砷作为"十二五"期间重点控制的重金属元素。

3.1.2.1　汞

汞及其化合物广泛应用于工农业生产和医药卫生行业,可通过废水、废气、废渣等污染环境。除职业接触外,进入人体的汞主要来源于受污染的食物,其中又以鱼贝类中的甲基汞污染对人体危害最大。

含汞的废水排入江河湖海后,其中所含的金属汞或无机汞可以在水体中某些微生物的作用下转变成毒性更多的有机汞,并由食物链的生物富集作用而在鱼体内达到很高的含量。故因水体的汞污染而导致鱼贝类含有大量的甲基汞,是影响水产品安全性的主要因素之一。20世纪50年代日本发生的水俣病,就是因为当地居民长期食用被甲基汞污染的鱼类而引起的慢性甲基汞中毒事件。

汞是一种强蓄积性毒物。在人体中的生物半衰期平均为70天左右,在脑内滞留时间更长,其半衰期可达180~250天。人体吸收的汞迅速分布到全身组织和器官,其中以肝、肾、脑等器官含量最多。如急性汞中毒,可诱发肝炎和血尿等症状;慢性中毒则主要表现在神经系统损害的症状,如运动失调、语言障碍、听力障碍及精神症状等,严重则可导致瘫痪、肢体变形、吞咽困难甚至死亡。

3.1.2.2 镉

镉主要来源于电镀、采矿、冶炼、燃料、电池和化学工业等工业"三废",故工业三废尤其是含镉废水的排放对环境和食物的污染比较严重。不同食物被镉污染的程度差异较大,海产品、动物内脏,特别是肾、肝中镉含量高;植物性产品中镉污染相对较小,但谷物、豆类、洋葱及萝卜等蔬菜污染较严重。

长期摄入含镉量较高的食品可引起慢性中毒,症状为肺气肿、肾功能损害、支气管炎、高血压、贫血、牙齿颈部黄斑。日本神通川流域发生的"痛痛病"就是由于镉污染通过食物链进入人体而引起人体骨骼系统病变为主的一种慢性疾病,其潜伏期为2~8年,症状以疼痛为主,初期腰背疼痛,以后逐渐扩及全身,患者骨质疏松,极易骨折。镉还可引起急性中毒,动物试验表明镉及含镉化合物对动物和人体有一定的致畸、致癌和致突变作用。

3.1.2.3 铅

铅在环境中分布很广,存在于土壤、水、空气。铅是日常生活和工业生产中使用最为广泛的金属。环境中某些微生物可将无机铅转变成为毒性更大的有机铅。植物可通过根部吸收土壤中的铅,动物性食品除鱼类外一般含铅较少。

非职业性接触人群体内的铅主要来源于食物。吸收入血的铅大部分(90%以上)与红细胞结合,随后逐渐以磷酸铅盐形式沉积于骨中。铅在肝、肾、脑等组织也有一定的分布,并产生毒性作用。体内的铅主要经尿和粪便排出,但其生物半衰期较长,故可长期在体内蓄积。

铅对人体的毒性主要表现为神经系统、骨髓造血系统、肾脏及生殖系统等发生病变,症状为食欲缺乏、口有金属味、失眠、头痛、头昏、肌肉关节酸痛、腹痛、腹泻或便秘、贫血、不孕不育等,严重者可发生铅中毒性脑病。儿童对铅较成人更敏感,过量铅摄入会影响其生长发育,导致智力低下。

3.1.2.4 铬

铬是银白色金属,在自然界中主要形成铬铁矿。铬广泛存在于自然界,其自然来源主要是岩石风化。铬在环境中不同条件下有不同的价态,其化学行为和毒性大小亦不同,其中三价铬的毒性较小,而六价铬的毒性较大,铬中毒主要是指六价铬中毒。工业废水中主要是六价铬的化合物,常以铬酸根离子$[(CrO_4)^{2-}]$形式存在,煤和石油燃烧的废气中则含有颗粒态铬。

铬是人和动物所必需的一种微量元素,躯体缺铬可导致动脉粥样硬化症。铬对植物生长有刺激作用,可提高产量,但如含铬过多,对人和动植物都是有害的。

铬侵入人体途径不同,临床表现也不一样。饮用被含铬工业废水污染的水,可致腹部不适及腹泻等中毒症状。铬为皮肤变态反应原,会引起过敏性皮炎或湿疹,湿疹的特征多呈小块,钱币状,以亚急性表现为主,呈红斑状,浸润,渗出,脱屑,其病程长,难治愈。而由呼吸进入体内的铬,对呼吸道有刺激和腐蚀作用,引起鼻炎、咽炎、支气管炎,严重时使鼻中隔糜烂,甚至穿孔。目前公认某些铬化合物可致肺癌,称为铬癌。

3.1.2.5 砷

砷是一种非金属元素,但由于其许多理化性质与金属相似,故常将其归为"类金属"之列。砷及其化合物广泛存在于自然界,并大量应用于工农业生产中,故食品中常常含微量的砷。农产品中的污染主要来源于工业"三废"污染,尤其是含砷废水对江河海湖的污染及灌溉农田后对土壤的污染,均可造成对水生生物和农作物的砷污染。

食物中砷的毒性与其存在形式和价态有关。砷元素几乎无毒,砷的硫化物毒性亦很低,而砷的氧化物和盐类毒性较大,三价砷的毒性大于五价砷,无机砷的毒性大于有机砷。食物和饮水中的砷经消化道吸收入血后主要与血红蛋白中的珠蛋白结合,24h 内即可分布于全身组织,以肝、肾、肺、皮肤、毛发、指甲和骨骼等器官和组织中蓄积量较多。砷的生物半衰期为 80~90天,主要经粪便和尿排出。

三价砷与巯基有较强的亲和力,从而使细胞呼吸代谢发生障碍,并对多种酶有抑制作用。急性中毒主要是胃肠炎症状,严重者可致中枢神经系统麻痹而死亡。慢性中毒主要表现为神经衰弱综合征、皮肤色素异常、皮肤过度角化。大量流行病学调查显示,砷及化合物具有"三致"作用。

3.2 重金属分析样品的处理

3.2.1 样品的采集

样品制备的第一步是取样,取样一定要具有代表性。取样量大小要适当,取样量过小,不能保证测定的精度和灵敏度;取样量太大,增加了工作量和实际的消耗量。取样量的大小取决于试样中被测元素的含量、分析方法和所要求的测量精度。

植物样品分析的可靠性受样品数量、采集方法及分析部位影响,因此,采样应具有:

(1)代表性:采集样品能符合群体情况,采样量一般为 1kg。

(2)典型性:采样的部位能反映所要了解的情况。

(3)适时性:根据分析目的,应针对不同成熟期,分别取样。

(4)粮食作物一般在成熟后收获前采集籽实部分及秸秆,如发生偶然污染事故时,在田间完整地采集整株植株样品;水果及其他植株样品根据分析目的确定采样要求。

3.2.1.1 粮食作物

由于粮食作物生长的不均一性,一般采取多点取样,避开田边 2m,按梅花形或"S"形采样法采样。在采样区内采取 10 个样点的样品组成一个混合样。采样量根据检测项目而定,籽实样品一般 1kg 左右,装入纸袋或布袋。采集完整植株的样品可以稍多,约 2kg,用塑料纸包扎好,粘贴标签。如对于粮仓等地储存的粮食,一般先采取双套回转取样管获得混合样,后采用四分法缩分获得检测样品或自动机械式取样。

3.2.1.2　水果样品

平坦果园采样时,可采用对角线法布点采样,由采样区的一角向另一角引一对角线,在此线上等距离布设采样点。对于树型较大的果树,采样时应在果树的上、中、下、内、外部均匀采摘果实。将各点采摘样品进行充分混合,按四分法缩分获得样品。

3.2.1.3　蔬菜样品

蔬菜品种繁多,可大致分为叶菜、根菜、瓜果三类,应按需要确定采样对象。菜地采样可按对角线或"S"形法布点,采样点不少于 10 个,采样量根据样品个体大小确定,一般每个采样点不少于 1kg。从多个采样点采集的蔬菜样,按四分法进行缩分,如个体大的样本,可对切分成 4 份或 8 份,取其中 2 份缩分获得样品后用塑料袋包装,粘贴标签。

3.2.1.4　肉类、水产品

对于肉类、水产品的采样方法主要有两种:一种针对不同的部位进行分别取样,另一种是先将分析对象混合后再采样。通常情况下,采样方法主要取决于分析目的和分析对象,假如分析对象不同部位的样品单独采集的难度很大,与此同时先混合再采样的方法也能满足分析目的和要求时,一般采用后者。但如果要检测某个具体部位时,就只能单独对该部位进行采样。

3.2.2　样品的制备

在样品制备过程中的要防止样品被污染。污染是限制灵敏度和检出限的重要原因之一,主要污染来源有水、大气、容器和所用的试剂。同时,在样品制备过程中要避免样品损失,以免引起实验结果误差。

粮食籽实样品应及时晒干脱粒、充分混匀后采用四分法缩分至所需量。需要洗涤时,注意时间不宜过长并及时风干。为了防止样品变质、虫咬,需要定期进行风干处理。使用不污染样品的工具将籽实粉碎,用 0.5mm 筛子过筛制成待测样品。带壳类粮食应去壳,再进行粉碎过筛。测定重金属元素时,保存过程中不能使用造成污染是器械。

若新鲜样品,如水果、蔬菜、肉类等样品不能及时进行分析测定,应暂时放入冰箱中保存。

3.2.3　样品的预处理

重金属元素的分析测定主要分为样品粉碎、消化和分析仪器测定等三个过程,其中消化处理过程为最关键的步骤。由于农产品样品的基体和组成相当复杂,而重金属元素含量又较低,所以预处理过程是最关键的步骤。有关统计表明,样品预处理在整个分析过程中占用时间的比例为 61.0%,采样和测定分别占 6%,数据处理占 27%。由此可见,预处理是一件费时费力的工作,也是关系到测定结果准确与否的关键步骤。

样品的预处理方法应根据食品的种类进行,目前常用的预处理技术有干法灰化法、湿法消化法、酸提取法、微波消解法、超声波提取法、高压消解法等。

3.2.3.1 干法灰化法

干法灰化法是把样品放在坩埚中先小心碳化,然后再在马弗炉中高温灼烧(500~600℃)。有机物被灼烧分解,剩余的灰分(矿物质)用酸进行溶解后,再提取待测元素。由于用高温灼烧,若试样中含有易形成低沸点化合物的元素 Hg、As、Zn、Sn、Pb、Cd、Sb 等,容易引起挥发损失,必要时可加入 HNO_3、H_2SO_4、$Mg(NO_3)_2$ 等助灰化剂以减少此类损失。

为了防止干法灰化过程中样品中被测元素挥发损失,还可应用近年来发展起来的另一种干法消解技术——低温干法灰化法。该方法是将样品放在低温灰化炉中,先将炉内抽至近真空,然后再不断通入氧气,用微波或高频激发光源照射,使氧气活化产生活性氧,在低于150℃的温度下使样品缓慢地完全灰化。砷、汞、铅、镉等高温下较易挥发的元素可用此法处理,处理时几乎不产生挥发损失,试样被污染的概率很小,空白值低。但是此法需要专门的灰化装置,价格昂贵且灰化速度较慢。

3.2.3.2 湿法消解法

湿法消解法也称消化法,在强酸、强氧化剂或强碱并加热的条件下,有机物被分解,其中的 C、H、O 等元素以 CO_2、H_2O 等形式挥发逸出,无机盐及金属离子则留在溶液中。湿法消解法常用的反应体系有硝酸-硫酸、硝酸、高氯酸、氢氟酸、过氧化氢等;碱常用苛性钠溶液。消解可在坩埚(聚四氟乙烯制、镍制)中进行,也可用高压消解罐。由于整个消解过程都在溶液状态下加热进行,故称为湿法消解法。

湿法消解法的加热温度较干法低,减少了金属元素挥发逸散的损失。但在消解过程中,产生大量有毒气体,需在通风橱中操作。此外,在消解过程初期溶液易产生大量泡沫,冲出瓶颈,造成损失,故需随时照管,操作中还应控制火力防止爆炸。

为了克服以上缺点,近年来,高压消解罐消化法得到了广泛应用。该装置为内藏式密闭装置,内有一加盖的盛样坩埚,系用全氟烷氧基聚合物制作而成,其外有一聚四氟乙烯套筒,使用时封入一钢制小罐中。使用时将全套装置连同样品一起放入烘箱,在120~150℃温度下加热3~4h,取出盛样坩埚,将样品转移到一个聚四氟乙烯烧杯中,并置于电热板上加热至近干,再用适当浓度、适量的 HCl 溶解,即可得到试样。

3.2.3.3 紫外光分解法

紫外光分解法是一种消解样品中有机物从而测定其中的无机离子的氧化分解法。紫外光由高压汞灯提供,在(85±5)℃的温度下进行光解。为了加速有机物的降解,在光解过程中通常加入过氧化氢。光解时间可根据样品的类型和有机物的量而改变。由于该法只用极少的试剂,污染少、试剂空白值低引起了研究人员的广泛关注。但样品中存在 Mn^{2+}、I^-、NO_2^- 和 SO_3^{2-} 等易被氧化的成分时,不宜用该法。

3.2.3.4 微波消解法

微波消解法是一种利用微波对样品进行消解的新技术。克服了干法灰化法及湿法消解法耗时长、试剂用量大、空白值高,但测定结果不准确等缺点。

该法是常规湿法消解法的延伸,具有消解速度快、样品消解完全、污染少、回收率高、易于控制等优势,故已广泛用于各种样品的预处理,尤其是农产品中重金属污染的快速检测。美国公共卫生组织已将该法作为测定金属离子时消解植物样品的标准方法。

使用时,根据不同样品确定取样量,原则上取样量与所用消解剂的总量不超过反应罐有效容积的三分之一。对于不同样品,具体取样量有所不同,无机样品取样量一般不超过 0.5g;有机样品取样量则完全取决于样品的属性,如含有大量水分的果蔬类最大可称取 3g 鲜品,如取样量过大时还需将样品进行适当的预处理(一般采用温控电热板简单消解)。最后,需设置合适的微波消解压力和温度。通常大部分食品在 200℃ 以内、1.5MPa 以下即可完全消解,但是动植物油、油脂类食品以及基体复杂样品需较高的温度。

3.3　重金属常见分析技术

随着人们对农产品由需求向质量型的转变,农产品中的重金属污染已逐渐成为全世界关注的焦点之一,加强重金属污染的防治及检测十分必要。为了加强监重金属污染监控工作,我国国家标准 GB2762-2005 对食品中重金属最高残留做了严格规定(表 3.2),并提出了《重金属污染综合防治"十二五"规划》。此规划为我国第一个重金属污染防治的国家规划。规划中提出,在"十二五"期间,应制定铅、汞、镉、铬、砷等重金属污染防治技术标准、政策措施和管理规定;制定涉及含砷、铅、汞、铬、镉等重金属的高污染、高环境风险产品名录,全面排查整治重金属排污企业,优化涉重金属产业结构,完善重金属污染防治体系、事故应急体系及环境与健康风险评估体系等三大监管体系,为有效控制重金属污染奠定坚实基础。

表 3.2　重金属元素在食品中的限量范围

重金属元素	代表性食品	限量/mg/kg	检测方法标准
铅	谷物	0.2	GB/T5009.12 食品中铅的测定
	鱼类	0.5	
	水果	0.1	
	叶菜类	0.3	
	鲜乳	0.03	
	茶叶	5	
砷(无机砷)	大米	0.15	GB/T5009.11 食品中砷的测定
	蔬菜、水果	0.05	
	畜禽肉类	0.05	
	蛋	0.05	
	鲜乳	0.05	
	鱼	0.1	

重金属元素	代表性食品	限量/mg/kg	检测方法标准
汞(总汞)	粮食	0.02	GB/T5009.17 食品中总汞及有机汞的测定
	薯类、蔬菜、水果	0.01	
	鲜乳	0.01	
	肉、蛋(去壳)	0.05	
	鱼及其他水产品	0.5(甲基汞)	
镉	大米	0.2	GB/T5009.15 食品中镉的测定
	畜禽肉类	0.1	
	叶菜类	0.2	
	水果	0.05	
	鱼	0.1	
铬	粮食	1.0	GB/T5009.123 食品中铬的测定
	水果、蔬菜	0.5	
	肉类	1.0	
	鱼贝类	2.0	
	鲜乳	0.3	

目前,重金属的检测方法主要有紫外可分光光度法(UV)、原子吸收光谱法(AAS)、原子荧光法(AFS)、电感耦合等离子体法(ICP)、X 荧光光谱(XRF)、电感耦合等离子质谱法(ICP-MS)、电化学法等。在农产品重金属检测中常用的是原子吸收光谱法及原子荧光光谱法。

3.3.1　原子吸收光谱法

原子吸收光谱法(Atomic Absorption Spectrometry,AAS)是基于元素的基态原子蒸气对同种元素原子特征谱线的共振吸收,通过测量辐射光的减弱程度,而求出样品中被测元素的含量。它的主要功能是测定各种样品中金属和非金属元素的含量。由于该法灵敏度高、分析速度快、仪器组成简单、操作方便,特别适用于微量分析和痕量分析,因而获得广泛的应用。

3.3.1.1　基本原理

通常情况下,原子处于基态,当基态原子吸收了一定辐射能后,基态原子被激发跃迁到不同的较高能态,产生不同的原子吸收谱线。如果吸收的辐射能使基态原子跃迁到能量最低的第一电子激发态时,产生的吸收谱线叫第一共振吸收线(或主共振吸收线),简称共振线。不同的元素,由于原子结构的量子化特征,决定了原子能级的量子化,对辐射的吸收必然是有选择性的,这种选择性吸收的定量关系服从式(3.1),所以,各元素的共振吸收线具有不同的特征。

$$\Delta E = h\nu = h\frac{C}{\lambda} \tag{3.1}$$

原子由基态跃迁到第一电子激发态所需能量最低,跃迁最容易,因此大多数元素的主共振线就是该元素的灵敏线,这也是原子吸收光谱法所受干扰较少的原因之一。共振吸收线是元素的特征谱线,在原子吸收光谱分析中,常用元素最灵敏的第一共振吸收线作为分析线。例如基态钠原子可吸收波长为 589.0nm 的光量子,镁原子可吸收波长为 285.2nm 的光量子。

3.3.1.2   谱线轮廓及其影响因素

原子吸收现象发现于 18 世纪初期,直到 1955 年才成功应用于分析化学领域,主要原因是由于原子吸收谱线(10^{-3} nm)极窄。原子吸收谱线并非一条严格意义上的单色几何线,而是具有一定宽度和轮廓的谱线。所谓谱线轮廓是谱线强度随波长(或频率)的分布曲线。描述谱线轮廓特征的物理量是中心频率 ν_0 和半宽度 $\Delta\nu$,如图 3.1 所示。中心频率 ν_0 是最大吸收系数 K_0 所对应的频率,其能量等于产生吸收两量子能级间真实的能量差。半宽度 $\Delta\nu$ 是峰值辐射强度二分之一处所对应的频率范围,用以表征谱线轮廓变宽的程度。

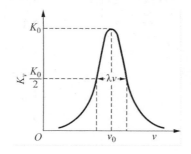

图 3.1   吸收线轮廓与半宽度

表征吸收线轮廓特征的值是中心频率 ν_0 和半宽度 $\Delta\nu$,前者由原子的能级分布特征决定,后者除谱线本身具有的自然宽度外,还受多种因素的影响,其中主要有自然宽度、多普勒变宽、压力变宽(碰撞变宽)、自吸变宽、电场和磁场等。下面简要讨论几种较重要的变宽效应。

1) 自然宽度

在无外界影响下,谱线仍有一定宽度,这种宽度称为自然宽度,以 $\Delta\nu N$ 表示。自然宽度与激发态原子的平均有限寿命有关。不同谱线有不同的自然宽度,在多数情况下,$\Delta\nu N \approx 1 \times 10^{-4}$ nm。

2) 多普勒变宽

多普勒变宽又称为热变宽,是发热原子无规则热运动的结果,随着原子与光源相对运动的方向而变化。基态原子向着光源运动时,它将吸收较长波长的光;反之,原子离开光源方向运动时,它将吸收较短波长的光,相对于特征频率而言,既有蓝移又有红移。因此,由于原子无规则的热运动将导致吸收线变宽,变宽的程度为 $(1 \times 10^{-4}) \sim (1 \times 10^{-3})$ nm,比自然变宽大 $1 \sim 2$ 个数量级。谱线的多普勒变宽 $\Delta\nu_D$ 由式(3.2)决定:

$$\Delta\nu_D = \frac{2\nu_0}{C} \sqrt{\frac{2\ln 2 RT}{M}} = 7.162 \times 10^{-7} \nu_0 \sqrt{\frac{T}{M}} \tag{3.2}$$

式中:

R——摩尔气体常数;

C——光速;

M——吸光质点的相对原子质量；

T——热力学温度(K)；

ν_0——谱线的中心频率。

由式(3.2)可知，多普勒变宽与元素的相对原子质量、温度和谱线的频率有关。随着温度的升高和待测元素的相对原子质量的减小，多普勒宽度逐渐增加。

3) 压力变宽

压力变宽又称为碰撞变宽，是由于吸光原子与蒸气中原子或分子相互碰撞而引起的能级变化，使发射或吸收光量子频率改变而导致的谱线变宽。根据与之碰撞的粒子不同，压力变宽又可分为两类：洛伦兹变宽 $\Delta\nu_L$ 和赫尔兹马克变宽 $\Delta\nu_H$。前者是指待测原子与其他粒子相互碰撞而产生的变宽；后者是指待测原子之间相互碰撞而产生的变宽，也称为共振变宽，共振变宽只有在待测元素浓度很高时才会出现，在通常条件下可忽略不计。因此，原子吸收谱线的压力变宽仅取决于洛伦兹变宽，其变宽程度由式(3.3)决定：

$$\Delta\nu_L = 2N_A\sigma^2 p \sqrt{\frac{2}{\pi RT}\left(\frac{1}{A_r}+\frac{1}{M_r}\right)} \tag{3.3}$$

式中：

N_A——阿伏伽德罗常数(6.02×10^{23})；

p——外界气体压力；

σ^2——吸光原子与外来粒子间碰撞的有效截面积；

A_r——外界气体的相对原子质量或相对分子质量；

M_r——待测元素原子的相对原子质量。

由式(3.3)可以看出，洛伦兹变宽随外界气体压力、碰撞粒子的有效截面积的增加而增大，随温度和外界分子、吸光原子相对质量的增大而减小。在空心阴极灯内，气体的压强很低，洛伦兹变宽可以忽略不计，但在产生吸收的原子蒸气中，因为火焰中外来气体的压强较大，洛伦兹变宽不可忽略。除上述讨论的因素外，影响谱线变宽的还有一些其他因素，例如，强电场和磁场引致变宽、自吸效应等，但在通常的原子吸收分析的实验条件下，吸收线的轮廓主要受 $\Delta\nu_D$ 和 $\Delta\nu_L$ 的影响，在 $2\,000\sim3\,000K$ 的温度范围内，$\Delta\nu_D$ 和 $\Delta\nu_L$ 具有相同的数量级($10^{-3}\sim10^{-2}$ nm)，当采用火焰原子化装置时，$\Delta\nu_L$ 是主要的影响因素，但由于 $\Delta\nu_L$ 与蒸气中其他原子或分子的浓度(压强)有关，当共存原子浓度很低时，特别是在采用无火焰原子化装置时，$\Delta\nu_D$ 将占主要地位。但是不论是哪一种因素，谱线的变宽都将导致原子吸收光谱分析的灵敏度下降。

3.3.1.3 原子吸收光谱的测量

测量原子吸收光谱的方法主要有积分吸收测量法、峰值吸收测量法。

1) 积分吸收测量法

积分吸收测量法依据的是吸收线所包括的总面积，即气态基态原子吸收共振线的总能量，它代表真正的吸收程度。在图3.1中，吸收线轮廓内的总面积即为吸收系数对频率的积分。根据光的吸收定律和爱因斯坦辐射量子理论，谱线的积分吸收与基态原子浓度的关系由式(3.4)表示：

$$\int K_\nu d\nu = \frac{\pi e^2}{mc}fN_0 \tag{3.4}$$

式中：

    e——电子电荷；

    m——电子质量；

    c——光速；

    f——吸收振子强度，即每个原子中能被入射光激发的平均电子数；

    N_0——基态原子浓度。

对于结定的元素，在一定条件下，$\dfrac{\pi e^2}{mc}f$ 项为一常数，设为 k'，则

$$\int K_\nu \mathrm{d}\nu = k'N_0 \tag{3.5}$$

式(3.5)表明，积分吸收与原子密度在一定条件下成正比。如果能求得积分吸收，便可求得待测定元素的浓度，这种关系与产生吸收线轮廓的方法以及与被测元素原子化的方式有光。

按式(3.5)，如果能够测得积分吸收值，就可以计算出待测原子的浓度。然而，在实际工作中，积分吸收值的测定很难实现，主要是由于大多数元素吸收线的半宽度为 $10^{-3}\,\mathrm{nm}$，需要高分辨率色散仪测量其积分吸收，这是长期以来未能实现积分测量的原因，阻碍了原子吸收法的应用。直到 1955 年，A. Walsh 提出以锐线光源为激发光源。锐线光源是指发射线半宽很窄的光源，用测量峰值吸收系数方法代替吸收系数积分值才解决了原子吸收光谱测量的问题。

2) 峰值吸收测量法

1955 年，A. Walsh 提出采用锐线光源作为辐射源测量谱线峰值的方法。他认为，在温度不太高的稳定火焰条件下，峰值吸收系数同被测定元素的原子浓度也呈线性关系。如图 3.2 所示。吸收线中心波长处的吸收系数 K_0 为峰值吸收系数，简称峰值吸收。

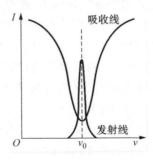

图 3.2　峰值测量示意图

若仅考虑原子的热运动，峰值吸收与积分吸收之间的关系服从下式：

$$\int K_\nu \mathrm{d}\nu = \frac{\Delta\nu_D}{2}K_0\sqrt{\frac{\pi}{\ln 2}} \tag{3.6}$$

测定条件一定时，$\Delta\nu_D$ 为一常数，所以

$$\int K_\nu \mathrm{d}\nu = kK_0 \tag{3.7}$$

即峰值吸收在一定的条件下与积分吸收成正比，因而可以代替积分吸收。由式(3.5)、式(3.7)可得

$$K_0 = \frac{k'}{k}N_0 \tag{3.8}$$

根据光吸收定律,进一步可以证明吸光度 A 与 K_0 的关系是

$$A = 0.4343$$

$$K_0 L = 0.4343 L \frac{k'}{k} N_0 \tag{3.9}$$

当吸收光程 L 一定时,有

$$A = K N_0 \tag{3.10}$$

式(3.10)说明:当使用锐线光源进行原子吸收测量时,吸光度在一定条件下与原于蒸气中待测元素的基态原子浓度呈线性关系。因 N_0 在测定条件下与试液中待测物质的浓度 c 成正比,所以通过测定吸光度 A 就可以进行定量分析。

3.3.1.4　原子吸收光谱仪

原子吸收光谱仪,又称原子吸收分光光度计,它是由光源、原子化系统、分光系统和检测系统等几个部分组成。目前常用的有单光束型和双光束型;此外,还有采用两个独立单色器和检测系统可同时测定两种元素的双道双光束仪器。单光束型和双光束型的结构比较简单,价格较低,因而应用比较普遍。其基本结构如图 3.3 所示。

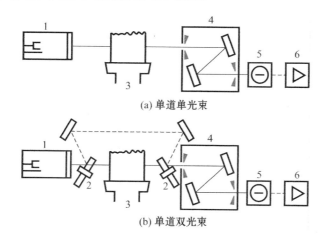

(a) 单道单光束

(b) 单道双光束

图 3.3　原子吸收分光光度计示意图

1—空心阴极灯;2—切光器;3—原子化器;4—分光系统;5—光电元件;6—放大器

1) 光源

光源的作用是辐射待测元素的特征光谱(实际辐射的是共振线和其他非吸收谱线)。为了测出待测元素的峰值吸收,必须使用锐线光源。为了获得较高的灵敏度和准确度,所使用的光源应满足以下要求:能辐射锐线;能辐射待测元素的共振线,并且具有足够的强度;辐射的光强度必须稳定,背景小,噪音小等。蒸气放电灯、无极放电灯和空心阴极灯都能符合上述要求。下面重点介绍应用最广泛的空心阴极灯。

空心阴极灯是一种气体放电管,它包括一个阳极(钨棒)和一个空心圆筒形阴极(由用以发射所需谱线的金属或合金制成阴极衬套,内腔里再衬入或熔入所需金属)。两电极密封于充有低压惰性气体的带有石英窗(或玻璃窗)的玻璃壳中。其结构如图 3.4 所示。

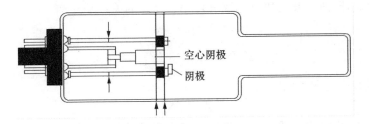

图 3.4　空心阴极灯

当正负电极间施加适当电压(通常是 300～500V)时,便开始辉光放电,这时电子将从空心阴极内壁射向阳极,在电子通路上与惰性气体原子碰撞而使之电离,带正电荷的惰性气体离子在电场作用下,就向阴极内壁猛烈轰击,使阴极表面的金属原子溅射出来。溅射出来的金属原子再与电子、惰性气体原子及离子发生碰撞而被激发,于是阴极内的辉光中便出现了阴极物质和内充惰性气体的光谱。

2) 原子化系统

原子化系统的作用是将试样中的待测元素转变成原子蒸气。使试样原子化的方法有火焰原子化法和无火焰原子化法两种。前者具有简单、快速、对大多数元素有较高的灵敏度和检测限等优点,因而应用广泛。无火焰原子化技术具有更高的原子化效率、灵敏度和检测极限,因而发展也较快。

(1) 火焰原子化器。火焰原子化器包括雾化器和燃烧器两部分。燃烧器有两种类型,即全消耗型和预混合型。全消耗型燃烧器又称紊流燃烧器,是将试液直接喷入火焰的;预混合型又称层流燃烧器,是用雾化器将试液雾化,在雾化室内将较大的雾滴除去,使试液的雾滴均匀化,然后再喷入火焰。两者各有优缺点,但目前应用较为普遍的是预混合型火焰原子化器,其结构如图 3.5 所示。

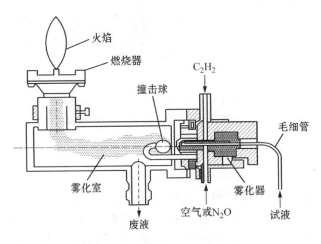

图 3.5　预混合型原子化器

① 雾化器。雾化器的作用是将试液雾化,其性能对测定精密度和化学干扰等产生显著影响,因此要求喷雾稳定、雾滴微小而均匀和雾化效率高。目前普遍采用的是气动同轴型雾化器,其雾化效率可达 10% 以上。根据伯努利原理,在毛细管外壁与喷嘴口构成的环形间隙中,

由于高压助燃气(空气、氧、氧化亚氮等)以高速通过,造成负压区,从而将试液沿毛细管吸入,并被高速气流分散成溶胶(即成雾滴)。为了减小雾滴的粒度,在雾化器前几毫米处放置一撞击球,喷出的雾滴经节流管碰在撞击球上,进一步分散成细雾。

② 燃烧器。试液雾化后进入预混合室(也叫雾化室),与燃气(如乙炔、丙烷、氢等)在室内充分混合,其中较大的雾滴凝结在壁上,经预混合室下方废液管排出,而最细的雾滴则进入火焰中。对预混合室的要求是能使雾滴与燃气充分混合、"记忆"效应(前测组分对后测组分测定的影响)小、噪声低和废液排出快。预混合型燃烧器的主要优点是产生的原子蒸气多、吸样和气流的微弱变动影响较小、火焰稳定性好、背景噪声较低,而且比较安全;缺点是试样利用率低,通常约为10%。燃烧器所用的喷灯有"孔型"和"长缝型"两种。在预混合型燃烧器中,一般采用吸收光程较长的长缝型喷灯。这种喷灯灯头金属边缘宽,散热较快,不需要水冷。为了适应不同组成的火焰,一般仪器配有两种以上不同规格的单缝式喷灯。

③ 火焰。原子吸收光谱分析测定的是基态原子,而火焰原子化法是使试液变成原子蒸气的一种理想方法。化合物在火焰温度的作用下经历蒸发、干燥、熔化、离解、激发和化合等复杂过程。在此过程中,除产生大量游离的基态原子外,还会产生很少量激发态原子、离子和分子等不吸收辐射的粒子,这些粒子是需要尽量设法避免的。

原子吸收测定中最常用的火焰是空气-乙炔火焰,此外,应用较多的还有氧化亚氮-乙炔火焰和空气-氢气火焰。

(2) 无火焰原子化器。无火焰原子化器,也称电热原子化器,应用这种装置可提高试样原子化效率和试样的利用率,使灵敏度增加10～200倍。无火焰原了化器有多种类型:电热高温石墨管、石墨坩埚、石墨棒、镍杯、高频感应加热炉、等离子喷焰、激光等。下面对常用的管式石墨炉原子化器作一简要介绍。

管式石墨炉原子化器由加热电源、惰性气体保护系统和石墨管炉组成,其结构如图3.6所示。加热电源供给原子化器能量,电流通过石墨管产生高热高温,最高温度可达到3 000℃。惰性气体保护系统是控制保护气的,仪器启动,保护气流通,空烧完毕,切断气流。外气路中的惰性气体沿石墨管外壁流出,以保护石墨管不被烧蚀;内气路中惰性气体从管两端流向管中心,由管中心孔流出,以有效地除去在干燥和灰化过程中产生的基体蒸气,同时保护已原子化了的

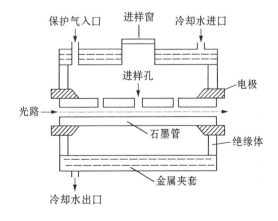

图3.6 石墨炉原子化器

原子不再被氧化。在原子化阶段,停止通气,以延长原子在吸收区内的平均停留时间,避免对原子蒸气的稀释。

管式石墨炉原子化器测定时分干燥、灰化、原子化、净化四步程序升温。干燥的目的是在低温(通常为 105℃)下蒸发去除试样的溶剂,以免存在溶剂导致灰化和原子化过程飞溅;灰化的作用是在较高温度(350～1 200℃)下进一步去除有机物或低沸点无机物,以减少基体组分对待测元素的干扰;原子化温度随被测元素而定(一般为2 400～3 000℃);净化的作用是将温度升至最大允许值,以去除残余物,消除由此产生的"记忆"效应。管式石墨炉原子化器的升温程序由微机控制自动进行。

无火焰原子化方法的最大优点是注入的试样几乎可以完全原子化。特别对于易形成耐熔氧化物的元素,由于没有大量的氧存在,并由石墨提供大量的碳.所以能够得到较好的原子化效率。当试样含量很低,或只能提供很少量的试样时,适合使用无火焰原子化方法。但其缺点为操作条件不易控制,背景吸收较大,重现性、准确性均不如火焰原子化器,且设备复杂,费用较高。

3) 分光系统

原子吸收分光光度计的分光系统可分为外光路和单色器两部分。

(1) 外光路。外光路也称为照明系统,它是由锐线光源和两个透镜组成。其作用是使锐线光源辐射的共振发射线能正确地通过或聚焦于原子化区,并把透过光聚焦于单色器的入射狭缝。

(2) 单色器。单色器也称为内光路,由入射狭缝、光栅、凹面反射镜和出射狭缝组成。单色器被置于原子化器之后,以防止原子化器发射的非待测元素的特征谱线进入检测器,同时也可以避免因透射光太强而引起光电倍增管的疲劳。单色器的作用足以将待测元素的吸收线与邻近谱线分开。

4) 检测系统

检测系统由光电元件、放大器和显示装置等组成。光电元件一般采用光电倍增管,其作用是将经过原子蒸气吸收和单色器分光后的微弱光信号转换为电信号。光电倍增管的工作电源要有较的稳定性,使用时应注意光电倍增管的疲劳现象,避免使用大的工作电压和使用强光,或照射时间太长。吸光度值直接由指示仪显示出来,或将测量数据用计算机处理。

3.3.1.5　测定方法

大多数情况下,原子吸收光谱法分析过程如下:(a)将样品制成溶液(空白);(b)制备一系列已知浓度的分析元素的校正溶液(标样);(c)依次测出空白及标样的相应值;(d)依据上述相应值绘出校正曲线;(e)测出未知样品的相应值;(f)依据校正曲线及未知样品的相应值得出样品的浓度值。

3.3.2　原子荧光光谱法

原子荧光光谱法(AFS)是 20 世纪 60 年代发展起来的一种新的痕量元素分析方法。它是通过测量被测定元素的原子蒸气在辐射能激发下产生的荧光发射强度进行元素定量分析的一种方法。从发光的机理来说，它是属于发射光谱分析，与原子吸收光谱法又有许多相似之处，因此它是原子发射光谱和原子吸收光谱分析的综合和发展。

原子荧光光谱法具有灵敏度高、光谱简单、检出限好等优点。对 20 多种元素，主要是吸收线小于 300 nm 的元素，如 Zn、Cd 等，原子荧光光谱法检出限低于原子吸收光谱法。由于原子荧光是向空间各个方向发射的，因此便于制作多道仪器来同时测定多元素。但原子荧光光谱法也存在一定的局限性，主要是受荧光猝灭效应、散射光的影响，在复杂基体的试样及高含量试样的测定上尚存在困难，从而限制了原子荧光光谱法的应用，相比之下，不如原子吸收光谱法和原子发射光谱法应用得广泛。

3.3.2.1　原子荧光光谱法基本原理

1) 原子荧光光谱的产生

气态自由原子吸收光源的特征辐射后，原子的外层电子跃迁到较高能级，约在 10^{-8} s 后，又跃迁返回基态或较低能级，同时发射出与原激发波长相同或不同的辐射即为原子荧光。原子荧光是光致发光，也是二次发光。当激发光源停止照射后，再发射过程即停止。

2) 原子荧光的类型

原子荧光是一种辐射的去活化过程。当自由原子吸收激发光源发射的特征波长辐射后被激发，然后辐射去活化而发射出荧光。原子荧光的基本类型有共振荧光、非共振荧光与敏化荧光 3 种类型。

(1) 共振荧光。气态原子吸收共振线后，发射出与吸收的共振线相同波长的光称为共振荧光。它的特点是激发线与荧光线的高低能级相同。如锌原子吸收 213.86nm 的光，它发射荧光的波长也为 213.86nm。若原子受热激发处于亚稳态，再吸收辐射进一步激发，然后再发射相同波长的共振荧光，此种原子荧光称为热助共振荧光。

(2) 非共振荧光。当荧光与激发光的波长不同时，产生非共振荧光。非共振荧光又分为直跃线荧光、阶跃线荧光、anti-Stokes 荧光(反斯托克斯)荧光。

① 直跃线荧光。激发态原子跃迁至高于基态的亚稳态时所发射的荧光称为直跃线荧光。由于荧光线的能级间隔小于激发线的能级间隔，所以荧光的波长大于激发线的波长。如铅原子吸收 283.31nm 的光，而发射 405.78nm 的荧光。它是激发线和荧光线具有相同的高能级。如果荧光线激发能大于荧光能，即荧光线的波长大于激发线的波长称为 Stokes 荧光；反之，称为 anti-Stokes 荧光。直跃线荧光为 Stokes 荧光。

② 阶跃线荧光。阶跃线荧光有两种情况，正常阶跃荧光为被光照激发的原子以非辐射形式去激发返回到较低能级，再以发射形式返回基态而发射的荧光。很显然，荧光波长大于激发线波长。如钠原子吸收 330.30nm 光，发射出 588.99nm 的荧光。非辐射形式为在原子化器中原子与其他粒子碰撞的去激发过程。热助阶跃荧光为被光照射激发的原子，跃迁至中间能级，又发生热激发至高能级，然后返回至低能级发射的荧光。如铬原子被 359.35nm 的光激发后，会产生很强的 357.87nm 荧光。

③ anti-Stokes 荧光。当自由原子跃迁至某一能级，其获得的能量一部分是由光源激发能供给，另一部分是热能供给，然后返回低能级所发射的荧光为 anti-Stokes 荧光。其荧光能大于激发能，荧光波长小于激发线波长。如铟吸收热能后处于较低的亚稳态能级，再吸收451.13nm的光后，发射 410.18nm 的荧光。

④ 敏化荧光。受光激发的原子与另一种原子碰撞时,把激发能传递给另一种原子使其激发,后者再以发射形式去激发而发射荧光即为敏化荧光。火焰原子化器中观察不到敏化荧光,在非火焰原子化器中才能观察到。

在以上各种类型的原子荧光中,共振荧光强度最大,最为常用。

3) 荧光强度

荧光强度 I_f 正比于基态原子对某一频度激发光的吸收强度 I_a

$$I_f = \Phi I_a \tag{3.11}$$

式中:

Φ——荧光量子产率,它表示发射荧光光量子数与吸收激发光量子数之比。若激发光源是稳定的,入射光是平行而均匀的光束,自吸可忽略不计,则基态原子对光吸收强度 I_a 用吸收定律表示:

$$I_f = \Phi I_0 (1 - e^{-\varepsilon LN}) \tag{3.12}$$

式中:

I_0——照射到原子蒸气上的频率为 ν 的入射光强度;

L——吸收光程长;

ε——频率 ν 的峰值吸收系数;

N——单位体积内的基态原子数。

式(3.12)经泰勒级数展开,在低浓度条件下,可将原子荧光强度简化为

$$I_f = \Phi I_0 \varepsilon LN \tag{3.13}$$

由式(3.13)可见,当仪器与操作条件一定时,除 N 外皆为常数,N 与试样中被测元素浓度 c 成正比。因此,原子荧光强度与被测元素浓度成正比,即

$$I_f = Kc \tag{3.14}$$

式中:

K 为常数。式(3.14)是原子荧光定量分析的基础。

4) 量子效率与荧光猝灭

受光激发的原子,可能发射共振荧光,也可能发射非共振荧光,还可能无辐射跃迁至低能级,所以量子效率一般都小于1。

受激原子和其他粒子碰撞,把一部分能量变成热运动与其他形式的能量,因而发生无辐射的去激发过程,这种现象称为荧光猝灭。荧光猝灭会使荧光的量子效率降低,荧光强度减弱。许多元素在烃类火焰中要比用氩稀释的氢-氧火焰中荧光猝灭大得多,因此原子荧光光谱法尽量不用烃类火焰,而用氩稀释的氢-氧火焰代替。

3.3.2.2　原子荧光光度计

原子荧光光度计分为非色散型和色散型。这两类仪器的结构基本相似,只是单色器不同。两类仪器的示意图见图3.7。

原子荧光光度计与原子吸收光度计在许多组件上是相同的。如原子化器(火焰和石墨炉);用切光器及交流放大器来消除原子化器中直流发射信号的干扰;检测器为光电倍增管等。原子荧光光度计中,激发光源与检测器为直角装置,这是为了避免激发光源发射的辐射对原子荧光检测信号的影响。

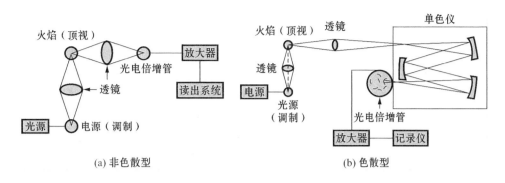

图 3.7　原子荧光光度计示意图

1）激发光源

激发光源可用连续光源与锐线光源。由于原子荧光是二次发光,而且产生的原子荧光谱线比较简单,因此受吸收谱线分布和轮廓的影响并不显著,这样就可以采用连续光源而不必用高色散的单色仪。连续光源常用高压氙弧灯。连续光源稳定,调谐简单,寿命长,能用于多元素同时分析,但检出限较差。锐线光源多用高强度空心阴极灯、无极放电灯、激光光源等。锐线光源辐射强度高、稳定、检出限低。

高强度空心阴极灯的特点是在普通空心阴极灯中加上一对辅助电极。辅助电极的作用是产生第二次放电,从而大大提高了金属元素的共振线强度(对其他谱线的强度增加不大)。

无极放电灯比高强度空心阴极灯的亮度高、自吸小、寿命长,特别适用于在短波区内有共振线的易挥发元素的测定。

激发光源具有单色性好、相干性强、方向集中和输出功率高等优点。

2）原子化器

原子荧光分析对原子化器的要求为高原子化效率、背景辐射弱、稳定性好、操作简单等。常用的原子化器与原子吸收法相同,可用火焰原子化法和无火焰原子化法两种。

3）分光系统

(1) 色散型:色散元件是光栅。由于原子荧光强度很低,谱线少,因而要求单色仪要有较强聚光本领,但对色散率要求并不高,一般用 0.2～0.3m 光栅分光仪即可满足要求。

(2) 非色散型:由于只有发生受激吸收之后,才能产生荧光,因此其谱线仅限于那些强度较大的共振线,谱线数目比原子吸收线更少。可以采用滤光器来分离分析线和邻近谱线,可降低背景,并尽可能多地利用荧光通量。

4）检测系统

色散型原子荧光光度计用光电倍增管。非色散型原子荧光光度计多采用日盲光电倍增管。

5）光路

在原子荧光中,为了检测荧光信号,避免待测元素本身发射的谱线,要求光源、原子化器和检测器三者处于直角状态。而原子吸收光度计中,这三者处于一条直线上。

3.3.3 其他重金属分析技术

3.3.3.1 紫外可见分光光度计法

在原子吸收光谱没广泛应用前，分光光度分析在地质、冶金、材料、食品和医学领域均发挥着重要作用，重金属检测也多采用分光光度法。该法利用重金属与显色剂——通常为有机化合物，可于重金属发生配合反应，生成有色分子团，根据朗伯比尔定律，在一定范围内，溶液颜色深浅与浓度成正比，在特定波长下，比色检测。

分光光度分析有两种，一种是利用物质本身对紫外及可见光的吸收进行测定；另一种是生成有色化合物，即"显色"，然后测定。虽然不少无机离子在紫外和可见光区有吸收，但因一般强度较弱，所以直接用于定量分析的较少。加入显色剂使待测物质转化为在紫外和可见光区有吸收的化合物来进行光度测定，这是目前应用最广泛的测试手段。显色剂分为无机显色剂和有机显色剂，而以有机显色剂使用较多。大多当数有机显色剂本身为有色化合物，与金属离子反应生成的化合物一般是稳定的配合物。显色反应的选择性和灵敏度都较高，有些有色配合物易溶于有机溶剂，可进行萃取浸提后比色检测。近年来形成多元配合物的显色体系受到关注。多元配合物的指三个或三个以上组分形成的配合物，利用多元配合物的形成可提高分光光度测定的灵敏度，改善分析特性。显色剂在前处理萃取和检测比色方面的选择和使用是近年来分光光度法的重要研究课题。

目前，我国国家标准 GB5009 食品卫生检验方法对食品中的砷、铅、汞、镉、铜、锌等重金属元素均可采用分光光度计法进行检测。

3.3.3.2 电化学法

电化学法是近年来发展较快的一种方法，它以经典极谱法为依托，在此基础上又衍生出示波极谱、阳极溶出伏安法等方法。电化学法因检测限较低，测试灵敏度较高，而受到了关注。如国标中铅的测定方法中的第五法（GB5009.12）和铬的测定方法的第二法均为示波极谱法（GB5009.123）。

阳极溶出伏安法是将恒电位电解富集与伏安法测定相结合的一种电化学分析方法。这种方法一次可连续测定多种金属离子，而且灵敏度很高，能测定 $10^{-7} \sim 10^{-9}$ mol/L 的金属离子。此法所用仪器比较简单，操作方便，是一种很好的痕量分析手段。我国已经颁布了适用于化学试剂中金属杂质测定的阳极溶出伏安法国家标准（GB/T3914）。

阳极溶出伏安法测定分两个步骤。第一步为"电析"，即在一个恒电位下，将被测离子电解沉积，富集在工作电极上与电极上汞生成汞齐。对给定的金属离子来说，如果搅拌速度恒定，预电解时间固定，则：

$$m = Kc \tag{3.15}$$

即电积的金属量 m 与被测金属离了的浓度 c 成正比。

第二步为"溶出"，即在富集结束后，一般静止 30s 或 60s 后，在工作电极上施加一个反向电压，由负向正扫描，将汞齐中金属重新氧化为离子回归溶液中，产生氧化电流，记录电压-电流曲线，即伏安曲线。仪安曲线呈峰形，峰值电流与溶液中被测离子的浓度成正比，可作为定量分析的依据,峰值电位可作为定性分析的依据。

示波极谱法又称"单扫描极谱分析法"。它是一种快速加入电解电压的极谱法。常在滴汞电极每一汞滴成长后期,在电解池的两极上,迅速加入一锯齿形脉冲电压,在几秒钟内得出一次极谱图。为了快速记录极谱图,通常用示波管的荧光屏作显示工具,因此称为示波极谱法。

3.3.3.3 电感耦合等离子体质谱法(ICP-MS)

电感耦合等离子体质谱法因具有检出限低(可达 ppt 级)、灵敏度高、分析线性范围广、可以多元素同时测定及同位素丰度测定等特点,适合各类农产品中重金属元素从痕量到微量的分析。尤其是痕量重金属元素的分析。近几年来该方法迅速发展。

测定时样品由载气(氩气)引入雾化系统进行雾化后,以气溶胶形式进入等离子体中心区,在高温和惰性气体中被去溶剂化、汽化解离和电离,转化成带正电荷的正离子,经离子采集系统进入质谱仪,质谱仪根据质荷比进行分离,根据元素质谱峰强度测定样品中相应元素的含量。

电感耦合等离子体质谱仪一般由进样系统、电感耦合等离子体(ICP)离子源、质量分析器和检测器等组成。

按样品状态的不同可以分为液体、气体或固体进样,通常采用液体进样方式。进样系统主要由样品提升和雾化两个部分组成。样品提升部分一般为蠕动泵,也可使用自提升雾化器。要求蠕动泵转速稳定,泵管弹性良好,使样品溶液匀速地泵入,废液顺畅地排出。雾化部分包括雾化器和雾化室。样品以泵入方式或自提升方式进入雾化器后,在载气作用下形成小雾滴并进入雾化室,大雾滴碰到雾化室壁后被排除,只有小雾滴可进入等离子体离子源。要求雾化器雾化效率高,雾化稳定性高,记忆效应小,耐腐蚀;雾化室应保持稳定的低温环境,并应经常清洗。常用的溶液型雾化器有同心雾化器、交叉型雾化器等;常见的雾化室有双通路型和旋流型。实际应用中宜根据样品基质、待测元素、灵敏度等因素选择合适的雾化器和雾化室。

电感耦合等离子体的"点燃"需具备持续稳定的高纯氩气流(纯度应不小于 99.99%)、炬管、感应圈、高频发生器,冷却系统等条件。样品气溶胶被引入等离子体离子源,在 6 000K～10 000K 的高温下,发生去溶剂、蒸发、解离、原子化、电离等过程,转化成带正电荷的正离子。测定条件如射频功率、气体流量、炬管位置、蠕动泵流速等工作参数可以根据供试品的具体情况进行优化,使测试灵敏度最佳,干扰最小。

质量分析器一般为四极杆分析器,可以实现质谱扫描功能。检测器通常为光电倍增器或电子倍增器。质量分析器应为真空系统,真空度应达到仪器使用要求。仪器可置于维持真空的待机状态,但切断电源前,应按要求将真空度恢复到常压。当供试品中待测元素的浓度较高时,应予以稀释,以延长检测器的使用寿命。样品测定前应进行灵敏度调谐,达到要求后,方可测试样品。

3.3.3.4 X 射线荧光光谱法(XRF)

X 射线荧光光谱法是利用样品对 X 射线的吸收随样品中的成分及其含量的变化而变化来定性或定量测定样品成分的一种方法,它集成了现代电子技术、光谱分析技术、计算机技术和化学计量学技术于一体,是目前应用广泛、发展迅速的现代化仪器分析技术。X 射线荧光光谱技术具有试样制备简单、分析速度快、重现性好、非破坏性测定、可测元素范围广、可测浓度范围宽、能同时测定多种元素、成本低等特点,已成为样品多元素同时测定的有效方法之一,适合于多种类型的固态和液态物质的测定,并且易于实现分析过程的自动化,是解决农产品重金属污染高效快速分析测定的有效技术。

X射线荧光法不仅可以分析块状样品,还可对多层镀膜的各层镀膜分别进行成分和膜厚的分析。当照射原子核的X射线能量与原子核的内层电子的能量在同一数量级时,核的内层电子共振吸收射线的辐射能量后发生跃迁,而在内层电子轨道上留下一个空穴,处于高能态的外层电子跳回低能态的空穴,将过剩的能量以X射线的形式放出,所产生的X射线即为代表各元素特征的X射线荧光谱线。其能量等于原子内壳层电子的能级差,即原子特定的电子层间跃迁能量。只要测出一系列X射线荧光谱线的波长,即能确定元素的种类,测得谱线强度并与标准样品比较,即可确定该元素的含量。

3.3.4　重金属快速检测技术的研究状况

传统的检测方法虽然能精确测量样品中的重金属含量,但费力、费时、费用昂贵,需要进行大量的样品预处理,且样品的检测需在分析设备室内进行,难以用于重金属的现场快速检测。为了快速有效检测重金属污染状况,重金属污染快速检测技术的研究越来越受到重视,并获得了突飞猛进的发展。目前研究和应用比较多的快速检测技术主要有试剂比色检测法、重金属快速检测试纸法、电极检测法、免疫学检测法等。

3.3.4.1　试剂比色检测法

重金属与显色剂反应,生成有色分子团,使用定波长的分光光度计进行比色检测。由于仪器体积小、价格低、技术成熟,所以成为重金属检测的首选方法。但是样品必须经消解处理,成为溶液才能检测,预处理比较麻烦。如能改用浸提萃取法,将不失为一种成熟快速的检测方法。五种重金属检测方法如下:砷采用硼氢化物还原比色法,铅采用二硫腙比色法,镉采用6-溴苯丙噻唑偶氮萘酚比色法,汞采用二硫腙比色法,铬采用二苯碳酰二肼比色法。

3.3.4.2　重金属快速检测试纸法

将具有特效显色反应的生物染色剂通过浸渍附载到试纸上,通过研究获得试纸与重金属的最佳反应条件。该试纸对重金属具有良好的选择性。祝波等采用二苯碳酰二肼试纸法对鲜活海产品中汞进行直接检测,获得满意的结果,但是只是对检测过程的简化,需要对样品进行复杂的预处理。因此有待开发一个快速、简便而又准确的预处理方法。

3.3.4.3　电极法

离子选择性电极是测定溶液中离子活度或浓度的一种新的分析工具。用难溶盐 Ag_2S 粉末与另一种金属硫化物难溶盐(如 CuS、CdS、PbS 等)混合,经高压($1 \times 10^3 MPa$ 以上)压制成 $1 \sim 2mm$ 的薄片,经表面抛光而成敏感膜,制成多晶膜电极,根据能斯特方程,离子选择性电极的电势与溶液中给定离子活度的对数呈线性关系,因此可以测定相应的离子(如 Cu^{2+}、Cd^{2+}、Pb^{2+} 等)。

3.3.4.4 酶联免疫吸附检测技术(ELISA)

近年来迅速发展的免疫学分析法具有灵敏度高、特异性强、分析速度快等特点,其中酶联免疫吸附法(Enzyme-Linked Immunosorbent Assy,ELISA)技术较为成熟且样本预处理简单,便于大批量样本的快速检测,可以适应重金属残留的微、痕量分析。该法利用特异的抗原抗体免疫学反应和酶学催化反应相结合,以酶促反应的放大作用来显示初级免疫反应。其检测方法是将受检标本(待测的抗体或抗原)与固相载体表面的抗原或抗体发生反应,通过洗涤方法使固相载体表面上形成的抗原、抗体复合物与溶液中的其他物质分开,再加入酶标记的抗原或抗体,固相上的酶量与标本中受检物质的量呈一定比例关系,加入能与酶反应的底物后,底物被酶催化成为有色产物,产物的量与标本中受检物质的量相关,故可根据呈色的深浅进行定性或定量分析。目前应用于实际工作中的主要技术类型有双抗体夹心法、间接法、竞争法,同时 Dot-ELISA 法、捕获 ELISA 法、酶循环法(Enzymatic Cycling-ELISA)、BAS-ELISA 法等新方法。虽然一些新方法目前并未完全应用到重金属残留含量的检测领域,有些还处在探索阶段,但是国内外不同的研究小组正在开展研究工作,为未来重金属快速检测技术的研究提供了思路。

3.3.5 重金属检测分析技术发展趋向

3.3.5.1 向重金属价态和形态分析发展

重金属检测分析主要测定食品中重金属的价态和存在的形态。重金属在生命科学和环境科学中的可利用性或毒性,不仅取决于它们的总量,还取决于它们存在的离子价态和化学形态。如重金属离子的自由状态和有机化合物状态(如 Hg^{2+} 和 CH_3Hg)对鱼类毒性很大,而它们的稳定络合态或难溶固态颗粒的毒性就很小。因此仅根据痕量元素的总量来判断它们的生理作用、生态效应和环境行为,特别是对人体健康的影响,往往不能得出正确的结论。

3.3.5.2 向在线监测技术发展

传统方法的应用比较成熟,但是其所需仪器价格昂贵,携带不方便。随着电子技术、信息技术和遥感技术的发展,迫切地需要能够实现连续在线监测重金属的方法,在农产品安全监测方面显得尤为重要。新兴检测重金属的方法具有轻便、操作简单、灵敏度高等优点,特别是生物传感器的发展,为实现在线连续检测技术的应用提供了可能。但这些新兴方法步骤繁琐、检测结果重现性和稳定性不够好,所以未来重金属检测技术的发展方向应该向所需设备简单易携带、灵敏度高且稳定性强、检测结果重现性好、成本低的方向发展,并且应该着重致力于连续在线监测技术的研究。

3.3.5.3 向联机检测技术发展

随着检测技术的发展和农产品检测实际应用的需要,单机检测往往不能满足需要,因而联机检测技术受到越来越多人的重视,成为目前检测的技术研究的重点。如毛细管电泳和紫外检测仪联用、毛细管电泳和 ICP-MS 联用、HPLC 和 ICP-MS 联用、离子交换色谱法与原子荧光法联用等。

3.3.5.4　化学计量学在重金属分析中日益广泛

化学计量学使用数学和统计学方法,以计算机为工具来设计或选择最优化的分析方法和最佳的测量条件,可通过对有限的分析化学测量数据的解析,获取最大强度的化学信息。化学计量学中研究的多变量分析(包括因子分析、主成分分析、聚类分析、判别分析、回归分析等)、优化策略(包括单纯形优化法、窗图优化法、混合物设计统计技术、重叠分离度图等)、模式识别等内容,已获得广泛的应用。

思考题

1. 什么是重金属,重金属污染的特点有哪些?

2. 农产品中重金属的来源主要来自哪些方面?

3. 铅、汞、铬、镉和类金属砷作为"十二五"期间重点控制的重金属元素,简述它们的毒性和对人体的危害作用。

4. 农产品样品采集有哪些原则及采样要求?

5. 样品制备过程中有应注意什么?

6. 试比较干法灰化法和湿法灰化法的差异及优缺点。

7. 简述微波消解的基本过程及优缺点。

8. 原子吸收光谱法中的干扰因素有哪些?各采用何种方法消除?

9. 为什么一般原子荧光光谱法比原子吸收光谱法对低浓度元素含量的测定更优越?

4 生物性污染对农产品的影响及检测

【学习重点】

了解影响农产品安全性的生物性污染和生物性污染的种类,重点学习细菌性、真菌性和病毒性污染对农产品安全的影响及检测方法。

4.1 概述

4.1.1 生物性污染

农产品是人类食物的最主要来源。农产品在从农田到餐桌的整个连续化过程中的任何环节,包括种子贮存过程和生产、采摘、采摘后处理、贮藏、加工、运输分销、零售以及食品制备等过程中,都可能受到生物的污染,进而危害人类健康。食品和农业联合会 2004 年的报告和疾病预防控制中心的数据都显示:1990～2001 年,美国因新鲜果蔬引起的疾病占所有食源性疾病的 12%,与过去相比有大幅增加(表 4.1)。农产品的安全性受到广泛的关注。

表 4.1 1973～1997 年与新鲜农产品有关的食源性疾病爆发趋势

	20 世纪 70 年代	20 世纪 90 年代
每年爆发的次数	2	16
平均每次爆发的案例数	21	43
已知传播媒介的疾病爆发事件所占比例/%	0.7	6
与疾病爆发相关案例所占的比例/%	0.6	12

(注:摘自 Sivapalasingham S. 等)

生物性污染是指微生物、寄生虫、昆虫等生物对食品的污染,在食品加工、贮存、流通、消费的整个过程中,每一个环节都有可能受到生物性物质的污染,威胁食品安全。其中由农产品腐败引起的食物中毒和食源性疾病是影响农产品安全的重要因素。农产品腐败是由微生物、环境因素、农产品三者相互影响、综合作用的结果。腐败农产品中的蛋白质、脂肪、碳水化合物等营养成分发生变化,产生出有机胺、硫化氢、硫醇、吲哚、粪臭素等使人厌恶的物质及恶臭,外观改变,营养价值严重降低,而且可能产生多种有毒物质,引起急性、慢性中毒,或具有潜在性危害。据估算,在美国微生物腐败是造成10%～30%的新鲜果蔬损失的主要原因之一。自然界中有传染性或毒性的因子通过农产品进入人类身体会引起食源性疾病。无论在发达国家还是发展中国家,食源性疾病是广泛存在并日益严重的公共卫生问题。全球每年70%的腹泻病是由生物性污染的农产品引起的,导致近300万名5岁以下儿童的死亡。

据报道威胁食品安全的生物性因素大约有250多种。引起腐败的微生物主要有细菌、真菌和酵母。引起食源性疾病的微生物中,细菌或其产生的毒素是最常见的原因,其次是病毒。真菌中对农产品安全威胁最大的是霉菌。霉菌一般并不引起霉菌病,而由霉菌毒素引起人的急、慢性中毒,甚至产生致癌、致畸和致突变作用。真菌中的大型真菌(蘑菇)可以因误食而引起食源性疾病。

农产品原料污染严重、操作人员个人卫生不良、设备受到污染、烹调时间不足以及贮藏温度不合理等是造成食品生物性污染的常见因素。其中,贮藏温度不合理是主要因素。食品食用之前的放置条件决定着初始污染的病原微生物能否存活下来。一旦发生污染,不当的放置条件会使病原微生物繁殖到一定数量而引起疾病。各种农产品都会受到生物性污染,但统计表明动物源农产品(肉类、鱼类、蛋类和乳制品)受到生物性污染导致的疾病暴发次数所占比例最高,主要由于动物消化道常寄居的沙门菌易造成动物性农产品的污染而引起疾病暴发。水果和蔬菜也常受到土壤中的肉毒梭菌污染而引发疾病。

生物源性食源性疾病,尤其是细菌和病毒所引起的,在任何消费场所均可发生,但以集体食堂暴发事件最多。据卫生部2008年度我国食物中毒报告统计,集体食堂食物中毒的报告次数和中毒人数最多,分别占食物中毒总数的37.59%和40.49%;其次是家庭和其他餐饮服务单位。由于集体食堂用餐量大,短时间内需提供大量食物,加之员工数量多,若员工没有接受过足够的专业培训,很容易导致更多的污染和违反公共卫生事件的发生。食品冷藏方法不当、交叉污染可能是家庭发生食源性疾病的原因。大型食品加工企业有较好的卫生条件以及能准确监测病原微生物,可以较好地控制食品质量,所加工的食品引起的食源性疾病暴发的概率很低。但是一旦大型食品加工企业发生病原生物感染,其影响范围会更广,人数会更多。一般而言,致病细菌和病毒引起的食源性疾病主要发生在夏季。在我国,第三季度食物中毒报告次数、中毒人数及死亡人数最多。

当人群摄入了被致病生物污染的食物后,由于不同的人免疫能力不同,表现出的症状也有所不同。症状的表现主要决定于个体对于摄入污染食品的敏感性。一般而言,婴幼儿、老人、病人以及免疫力差的人比普通人和健康个体更敏感。症状发展的机会与摄入污染食品的量直接相关,即与个体摄入的活性病原细胞或毒素量有关。摄入的病原细胞或毒素的毒性则决定着疾病暴发和症状的严重程度,如高毒性的大肠埃希菌O157:H7,婴儿只要摄入10个活细胞就会致病;而毒性低的李斯特菌,婴儿摄入100个活细胞或者更多才会出现症状。

病毒主要寄生于活的宿主细胞,因而它们不能在加工过的食品中生长进而影响食品品质。病原细菌可以在很多食品中生长,即使开始只感染少量活细胞,一旦环境适宜,最后也能达到很高的水平。而且有些病原体(如金黄色葡萄球菌)即使有庞大的数量,也不会破坏食品的色泽和风味,人们不知不觉地食用这种被污染的食品,就会引发食源性疾病。

各类生物引起食源性疾病的机理也各不相同。对于致病性病毒,只有食入了足够数量的病毒才会导致病毒感染。多数细菌和产毒霉菌在适宜的温度下可以迅速生长而引起食源性感染。但有些细菌(如大肠埃希菌O157:H7)不需要在食品中生长就可引起食源性感染。对于生物性污染引起的食物中毒,病原体必须生长到能够产生足够的毒素,才引起食用者发病。细菌性感染,需要摄入一定量的病原体活细胞才能引发,而这个摄入量因病原不同存在着较大差异。但有些细菌,如产气荚膜梭菌和霍乱弧菌,既产生毒素,又具感染性,可引起中毒感染。

4.1.2　生物性污染种类

食源性疾病的生物性污染,按生物种类分为以下几类:

4.1.2.1　细菌性污染

细菌性污染导致的食物中毒是所有食物中毒中最普遍、最具暴发性的一种。农产品细菌性污染往往涉及范围大、污染渠道广、致病性强,且具有广泛性和不易觉察性,因此所导致的后果也更为严重。控制农产品的细菌性污染是目前食品安全问题的主要内容。

4.1.2.2　真菌性污染

真菌性污染主要包括霉菌及其毒素对农产品的污染。霉菌是部分真菌的俗称,一般以孢子繁殖,广泛存在于自然界中,随时都可能污染农产品。霉菌毒素主要是指霉菌在其污染的农产品中所产生的有毒代谢产物。致病性霉菌产生的霉菌毒素通常致病性很强,有些可导致急性食物中毒,有些长期少量摄入可产生致畸、致癌等慢性、潜在性的危害。真菌性污染是引起食物中毒的一种严重生物性污染。

4.1.2.3　病毒性污染

病毒性污染主要是指那些危害大、以农产品为传播载体并经一定途径传播感染的致病性病毒的污染。病毒有专性寄生性,虽然不能以农产品为寄主进行繁殖,但可在农产品提供的良好保存条件下长期存活。目前已在食物或水中检出一些致病性病毒,且已证明某些病毒与急性暴发性或散发性疾病有关。

4.1.2.4　昆虫对农产品的污染

蚊、蝇、蟑螂、蚂蚁等昆虫能够传播疾病、危害人类及动植物健康。这些昆虫是致病因子的传播载体,许多致病因子在昆虫体内一代代地隐匿下去,或在某一昆虫体内完成某些中间发育阶段,通过机械性叮咬传播病原。

4.1.2.5　有毒动物及植物毒素的污染

自然界存在着许多种有毒动、植物,它们本身含有某种天然有毒成分,如果食用方法或贮存条件不当,这些有毒物质被人类食用后会引起食物中毒。

4.1.2.6　转基因对农产品的污染

转基因技术是一种新的生物工程技术。随着生物工程技术在农业生产中的广泛应用,各种转基因作物不断被开发并应用到生产中。目前转基因作物对人体健康的影响尤其是长期效应尚难以预测,因此,转基因农产品安全性受到各国政府、消费者、国际组织的重视和关注。

4.2　细菌性污染对农产品安全的影响及检测

农产品细菌性污染主要引起细菌性腐败和细菌性食物中毒。果蔬类农产品细菌腐败通常是以腐败形式存在,欧文氏菌属、假单胞菌属、黄单胞菌属、梭菌属、芽孢杆菌属和噬纤维菌属等多种细菌都可以引起新鲜果蔬的软腐。果蔬软腐每年都会给果蔬企业和消费者带来数亿损失,还可能会给人带来病原菌,比如腐烂植物组织比正常植物组织更易携带沙门氏菌。

因食用含有细菌或细菌毒素的食品引起的非传染性疾病称为细菌性食物中毒。细菌污染农产品后,可引起各种各样的食源性疾病。细菌性食物中毒是食物中毒中最普遍、最具暴发性的一种食源性疾病。细菌性食物中毒一年四季均有发生,但夏秋两个季节发生较多,因为此时气温较高,细菌易于生长繁殖,菌量越大引起食物中毒的机会越大,症状也越重,多表现为集体性多人发病,也可单人发病。我国每年发生的食物中毒事件中,细菌性食物中毒事件占30%～90%,中毒人数占食物中毒总人数的60%～90%。细菌性食物中毒发病率虽较高,但病死率较低。

能引起细菌性食物中毒的细菌有许多种,几乎所有农产品都有被细菌污染的可能。1999年美国食品与药物管理局(FDA)对来自21个国家的新鲜果蔬抽样检测了1003个样品,有35个样品检出沙门氏菌,9个检出痢疾志贺菌,共有44个样品的人病原菌检测呈阳性,约占总被测试样品的4.4%(见表4.2)。近几年,引起细菌性食物中毒的病原菌模式也发生了变化,以往沙门菌属、副溶血性弧菌、志贺菌属、葡萄球菌等引起的食物中毒占首位,而近几年变形杆菌属、大肠菌科等引起的食物中毒呈上升趋势,还出现了许多新的病原菌致食物中毒的报道,如大肠杆菌O157、霍乱弧菌O139等。

4.2.1　细菌及毒素污染产生食物中毒

细菌性食物中毒具有明显季节性,多发生在气候炎热的季节,其原因主要为气温高,细菌易于繁殖,同时人体肠道的防御机能下降,易感性增强。细菌性食物中毒的中毒食物多为动物性食品。

4.2.1.1　细菌性食物中毒的种类

1)感染型

如沙门氏菌属、变形杆菌属等引起的食物中毒为感染型食物中毒。

2)毒素型

毒素型细菌性食物中毒包括体外毒素型和体内毒素型。体外毒素型是指病原菌在农产品内大量繁殖并产生毒素,如葡萄球菌肠毒素中毒、肉毒梭菌中毒等。体内毒素型指病原体随农产品进入人体肠道内产生毒素引起食物中毒,如产气荚膜梭状芽孢杆菌引起的食物中毒、产肠毒素型大肠杆菌产物引起的食物中毒等。

表 4.2　1999 年美国进口果蔬中人病原菌检测结果

产品	样品量	阳性样品数量及比例	沙门菌	志贺菌
西兰花	36	0(0.0%)	0(0.0%)	0(0.0%)
甜瓜	151	11(7.3%)	8(5.2%)	3(2.0%)
芹菜	84	3(3.6%)	1(1.2%)	2(2.4%)
芫荽叶	177	16(9.0%)	16(9.1%)	N/A
长香菜	12	6(50.0%)	6(50.0%)	N/A
生菜	116	2(1.7%)	1(0.6%)	1(0.9%)
荷兰芹	84	2(2.4%)	1(1.2%)	1(1.2%)
嫩洋葱	180	3(1.7%)	1(0.6%)	2(1.1%)
草莓	143	1(0.7%)	1(0.7%)	N/A
番茄	20	0(0.0%)	0(0.0%)	0(0.0%)
合计	1003	44(4.5%)	35(3.5%)	9(1.3%)

(注:摘自《美国 FDA 进口生鲜果蔬的抽样检测报告》)

3) 混合型感染型细菌性食物中毒和毒素型细菌性食物中毒并存称为混合型细菌性食物中毒。

细菌性食物中毒一般表现有明显的胃肠炎症状,如有发热和急性胃肠炎症状,可能为细菌性食物中毒的感染型;如无发热而有急性胃肠炎症状,则可能为细菌性食物中毒的毒素型。一般根据临床症状和流行病学特点即可作出临床诊断,病因诊断还需进行细菌学检查和血清学鉴定。

4.2.2　细菌性食物中毒的趋势和特点

4.2.2.1　细菌性食物中毒流行的地区差异

由于环境因素、饮食习惯、食品种类、加工方法、贮运条件和个人卫生等不同,因而在不同地区引起细菌性食物中毒的类型也有较大差异。在我国,受到地理位置、经济因素、环境因素等影响,各地区细菌性食物中毒的发生次数、人数、发病类型有较明显差异。东南沿海地区,水产品丰富,居民有生食海鲜的习惯,副溶血性弧菌、河弧菌、霍乱弧菌等引起的食物中毒较多。经济发达地区,动物性食品被食用机会多,沙门菌属、变性杆菌引起的细菌性食物中毒也较多。经济较困难的地区,卫生条件较差,葡萄球菌、蜡样芽孢杆菌、大肠杆菌等引起的食物中毒较多。

4.2.2.2　细菌性食物中毒人群的改变

据历年统计资料表明,集体食堂细菌性食物中毒发生的次数和中毒人数均高于公共饮食场所及个体摊贩,而病死率前者明显低于后两者。根据流行病学调查结果,以往的中毒对象以老人、儿童为主,且症状较严重,青年免疫力强、身体状况较好,发生和发病的症状也较轻,易被忽略。但近几年的统计表明,青年食物中毒发病率呈上升趋势,这与青年集体就餐机会增加和对新的致病性细菌无免疫力有关。

4.2.2.3 细菌性食物中毒季节的变化

细菌在较高温度下易于生长繁殖,所以夏秋高温季节细菌性食物中毒发生较多,而且菌量大时,引起的食物中毒机会也大,症状也较重。随着全球气温的逐年变暖、近几年异常气候的出现,以及全球性自然灾害的增多,一些新的病原细菌引起食物中毒的报道增多,并且无明显季节差别,对人类健康构成较大威胁。

4.2.2.4 食物中毒病原菌的类型

据统计,20 世纪 80 年代和 90 年代初,沙门菌属引起的食物中毒次数、人数一直居于细菌性食物中毒的首位,其次是副溶血性弧菌、葡萄球菌、蜡样芽孢杆菌等。20 世纪 90 年代中后期,变性杆菌、大肠菌科、弧菌属引起的食物中毒呈上升趋势,特别是出现了大肠杆菌 O157 和霍乱弧菌 O139 引发的食物中毒。虽然这两种病原细菌在我国尚未引起大的流行,但有关两种病原细菌的报道不断增加,我国面临的威胁也不断增加,应当引起更广泛的重视。

4.2.3 引起细菌性食物中毒的常见致病菌

4.2.3.1 沙门氏菌属

在自然界,沙门氏菌属存在于水、土壤、动物身上、粪便、生肉、生海产品中,主要存在于禽类、牲畜、鸟类、昆虫的肠道中,人类的肠道中也有存在。据最新研究,沙门菌仅有一个种,即肠道沙门氏菌(*Salmonella enterica*),有 6 个亚种,分别是肠道沙门菌肠道亚种(*Salmonella enterica* subsp. *enterica*)、肠道沙门氏菌萨拉姆亚种(*Salmonella enterica* subsp. *salamae*)、肠道沙门氏菌亚利桑那亚种(*Salmonella enterica* subsp. *arizonae*)、肠道沙门菌双相亚利桑那亚种(*Salmonella enterica* subsp. *diarizonae*)、肠道沙门菌豪顿亚种(*Salmonella enterica* subsp. *houtenae*)、肠道沙门菌邦戈亚种(*Salmonella enterica* subsp. *bongori*),有约 2 000 个血液型,过去使用的一些种名实际上是一个血清型,如伤寒沙门氏菌(*Salmonella typhi*)现被命名为肠道沙门菌伤害血清型。频繁引起食物污染中毒事件的主要是肠道沙门菌肠道亚种的两个血清型,既沙门菌鼠伤寒血清型(Salmonella Typhimurium)和沙门菌肠炎血清型(Salmonella Enteritidis)。

1) 生物学特性

沙门氏菌呈杆状,多数具运动性,不产芽孢,革兰氏染色阴性,兼性厌氧,最适生长温度为 35~37℃,但在 5~46℃ 范围都可生长,20~30℃ 条件下繁殖迅速。巴氏杀菌法可将其杀死。沙门氏菌在含葡萄糖的培养基中生长时产气,能使正六醇发酵,但不能使乳糖发酵,可利用柠檬酸盐作为碳源,产生硫化物、脱羧赖氨酸和鸟氨酸,但不产生吲哚,尿素酶阴性,对低 pH 值敏感,在水分活性为 0.94 时不能生长,特别是 pH 值低于 5.5 时更是如此,在水中可生存 2~3 周,粪便中生存 1~2 个月。沙门氏菌细胞在冷冻和干燥状态下长期存活,可在冰冻土壤中越冬。沙门氏菌可在许多食品中生长繁殖而不带来食品感观质量的变化。

2）致病机理和临床症状

沙门氏菌的所有菌株都是引起人类沙门氏菌中毒的潜在病原菌，一些沙门氏菌血清型对不同动物和鸟类有专一性。沙门氏菌具有侵袭力，一旦经肠道进入小肠上皮细胞，就会大量繁殖，并产生一种耐热肠毒素，导致肠液和电解液的分泌，引起炎性反应和肠道肠液积聚，损害肠道功能。沙门氏菌随同食物进入消化道后，摄入量在 $10^5 \sim 10^6$ 细胞才出现临床症状。不同沙门氏菌致病力强弱有差异，剧毒菌株摄入少量细胞即可引起疾病；一般胃酸敏感型菌株需大量摄入才能在肠内繁殖从而引起疾病，而耐酸性菌株只需较少的细胞就能致病。

沙门氏菌属食物中毒临床表现有 5 种类型：胃肠炎型、类霍乱型、类伤寒型、类感冒型和败血症型。一般症状是腹痛、腹泻、恶心、呕吐、寒战、发烧和乏力。污染食品中毒症状因个体免疫力和健康状况而不同，对幼儿、老人来说，沙门氏菌中毒可能是致命的。一般病原菌摄入后 8～24h 出现症状，可持续 2～3 天，但有些个体可能会拖延更长时间，甚至持续几个月才能恢复。

3）相关农产品

牛肉、鸡肉、火鸡肉、猪肉、牛奶等动物性食品与沙门氏菌食源性疾病的暴发有密切的关系。另外，直接或间接被带菌动物和人的排泄物污染的食物偶尔也会引起该种疾病的发生。人们食用了受污染的新鲜农产品、未经正确烹调或者是热处理后又被污染的食物均可发病。污水浇灌或用受污染的水清洗的植物性农产品及受污染水中捕捞的海产品中均会被沙门氏菌污染。

4）控制措施

根据沙门氏菌污染农产品的方式不同，可采取不同措施减少其对农产品的污染。因为农产品沙门氏菌污染主要来源于动物，所以采取减少动物携带的沙门氏菌是最根本的措施。

消除农产品或食品中沙门氏菌最常用的方法是热加工。沙门氏菌对热敏感，普通的巴氏消毒和烹饪条件就足以杀死沙门氏菌。像其他微生物一样，随着水分活性的降低，沙门菌的热耐受性明显提高。热处理后的产品中的沙门氏菌通常是由于加工后的污染造成的。

此外，采用酸化或降低水分活性的方法也可消除农产品中的沙门氏菌。香肠发酵过程中酸和氯化钠是造成其中沙门氏菌死亡的主要原因。蛋黄酱和色拉调味料中造成沙门氏菌死亡的主要因素是酸，其次是水分活性的降低。酸化或降低水分活性对控制发酵奶、肉和蔬菜中的沙门氏菌也非常有效。

沙门氏菌在脱水农产品中可以存活相当长时间，这与相对湿度以及保存环境有关。高水分、易腐农产品常置于冷藏或冷冻条件下。尽管冷藏和冷冻对沙门氏菌有一定的致死作用，但在冷冻农产品中沙门氏菌可长时间存活，所以长时间冷藏的农产品需经热处理杀菌。

当购买的农产品可能受到沙门氏菌污染时，可采取预防沙门氏菌病发生的措施，主要包括避免交叉污染、彻底烹饪食品以及将农产品保藏在正确的温度条件下等。

个人，特别是食品从业人员，保持卫生十分重要、注意不要让患病者接触食品。

4.2.3.2 志贺菌属

志贺菌属是人类细菌性痢疾最常见的病原菌，俗称痢疾杆菌，能引起志贺杆菌病或细菌性痢疾。志贺菌属包括痢疾志贺菌（*Shigella dysenteriae*）、福氏志贺菌（*Shigella flexneri*）、鲍氏志贺菌（*Shigella boydii*）和宋内志贺菌（Shigella sonnei）。其栖息环境是人类和其他灵长类的肠道。

1) 生物学特性

志贺菌属细菌为革兰氏阴性、不运动、兼性厌氧的杆菌；不形成芽孢，无荚膜，无鞭毛，有菌毛；通常过氧化氢酶反应阳性和氧化酶、乳糖阴性；发酵糖不产气。该菌在 7~46℃ 下生长，最适生长温度是 37℃。能耐受不同的物理和化学处理，如冷藏、冷冻、5% NaCl 和 pH 4.5 条件的处理。但巴氏杀菌可杀死该类细菌。当温度适宜时，这些菌株能在许多类型的农产品中生长繁殖。

2) 致病机理和临床症状

志贺菌具有较强侵染力，含内毒素，个别菌株能产生外毒素。志贺菌进入大肠后，黏附于大肠黏膜的上皮细胞上，进而侵入上皮细胞并在其内繁殖，向邻近细胞及上皮下层扩散。志贺菌一旦进入上皮细胞就产生志贺毒素，作用于肠壁，使肠黏膜通透性增高，从而促进毒素的吸收，进一步作用于中枢神经系统及心血管系统，引起临床症状。个别菌株产生的外毒素的作用使肠黏膜通透性增加，并导致血管内皮细胞损害。一般认为具有外毒素的志贺菌引起的痢疾比较严重。志贺菌引起的痢疾主要通过消化道传播。

志贺菌引起的细菌性痢疾可分为两类：急性细菌性痢疾急性细菌性痢疾又分为急性典型、急性非典型、急性中毒性痢疾等 3 种和慢性细菌性痢疾慢性细菌性痢疾分为慢性迁移型、慢性隐伏型、慢性发作型等 3 种，症状的出现是由于上皮黏膜被侵染和毒素共同作用的结果，包括腹痛、血便、带黏液和脓混合物的腹泻、发热、寒战和头痛，一般来说，小孩比成年人更易感染。感染菌量很低，只需 $10~10^3$ 个细胞进入，就有可能致病。摄入污染的食物后，会在 12h~7 天内出现症状，一般是在 1~3 天内发病。轻微感染时，症状可能持续 5~6 天；感染较严重时，症状可能持续 2~3 周。有些感染者可能不出现任何症状，有些感染者的症状消除后还会长时间向体外排菌。

3) 相关农产品

志贺菌可以在许多农产品中生长。与志贺菌中毒相关的食品包括色拉（土豆、金枪鱼、虾、通心粉、鸡等）、生的蔬菜、奶及奶制品、禽、水果、面包制品、汉堡包和有鳍鱼类。农产品中的志贺菌只能来自直接或间接的粪便污染。直接污染主要是由于个人的不良卫生习惯；间接污染主要是由于用粪便污染的水清洗食物而未经热处理引起的。携带痢疾杆菌的苍蝇叮爬食物，或是轻症痢疾患者或痢疾杆菌慢性带菌者继续从事饮食工作或接触食物，都可使该类细菌在食品上大量繁殖而引起食物中毒。食物的交叉污染也能引起疾病的暴发。

4) 控制措施

控制志贺菌流行最好的措施是良好的个人卫生和健康教育，水源和污水的卫生处理能防止水源性志贺菌暴发。为了防止即食农产品的污染，禁止人们用手直接接触食物是很有必要的。引导食物接触者注意个人卫生，如果怀疑一个人消化紊乱时，必须禁止其接触食物。严格地执行卫生标准来预防即食食物的交叉污染；合理地使用消毒措施，以及冷藏食物对预防志贺菌疾病是非常必要的。

4.2.3.3　致病性大肠埃希菌

大肠埃希菌俗称大肠杆菌（*Escherichia coli*），属于肠杆菌科埃希菌属，是人、温血动物和鸟类肠道中的正常寄居菌。大肠杆菌在婴儿及动物出生后几小时或数天便进入其消化道，最终定居于大肠并大量繁殖,以后便终生存在,成为构成肠道正常菌群的一部分,并具有重要的生理功能。但有些菌株可引起人的腹泻等疾病,且大肠杆菌在环境卫生和食品卫生学中作为受粪便污染的重要指标。致病性大肠杆菌(Pathogenic *Escherichia coli*)分为 4 个类型,分别是肠道致病性大肠杆菌(Enterpathogenic *E. coli*,EPEC)、产肠毒素性大肠杆菌(Enterotoxigenic *E. coli*,ETEC)、肠道侵袭性大肠杆菌(Enteroinvasive *E. coli*,EIEC)和肠道出血性大肠杆菌(Enterohemorrhagic *E. coli*,EHEC)。最近又发现了可以引起腹泻的肠道聚集黏附性大肠杆菌(Enteroaggregative *E. coli*,EAggEC)和散布黏附性大肠杆菌(Diffuseadhering *E. coli*,DAEC)。

1) 生物学特性

大肠杆菌为革兰氏染色阴性、具运动性、无芽孢的直杆菌,属兼性厌氧细菌。生长温度为 $15\sim45℃$,最适生长温度为 $37℃$,有的菌株对热有抵抗力,可抵抗 $60℃$ 15min 或 $55℃$ 60min。大部分菌株发酵乳糖产酸产气,并发酵葡萄糖、麦芽糖、甘露糖、木胶糖、阿拉伯胶等产酸产气。

2) 致病机理和临床症状

大肠杆菌致病物质主要有:定居因子(Colonization Factor,CF),即大肠杆菌的菌毛;肠毒素:是肠产毒性大肠杆菌在生长繁殖过程中释放的外毒素,分为耐热肠毒素(Heat-stable Enterotoxin,ST)和不耐热肠毒素(Heat-labile Enterotoxin,LT);胞壁脂多糖的类脂 A 具有毒性,O 特异多糖有抵抗宿主防御屏障的作用,大肠杆菌的 K 抗原有吞噬作用。

大肠杆菌中毒症状有以下几种:

(1) 肠致病性大肠杆菌(EPEC)。EPEC 主要引起婴儿腹泻,有高度传染性,通过人直接或间接传播,严重者可致死,成人少见。EPEC 常通过水和食品的污染引起食源性疾病。EPEC 进入肠道后,主要在十二指肠、空肠和回肠上段大量繁殖,与肠上皮细胞产生紧密黏附并引起损伤,从而引起腹泻。感染数量为 $10^6\sim10^9$ 的病原菌,出现的主要症状是肠胃炎。

(2) 产肠毒素性大肠杆菌(ETEC)。ETEC 引起西方人所谓的旅行者腹泻,卫生条件较差地区的婴儿易发生感染。ETEC 可产生侵袭因子、耐热肠毒素和(或)不耐热肠毒素。症状是胃肠炎,出现轻度腹泻,也可呈霍乱样症状。ETEC 通过人直接或间接传播,水和食品是重要的传染源。人的感染剂量为 $10^8\sim10^9$ 个细菌。

(3) 肠道侵袭性大肠杆菌(EIEC)。EIEC 能产生一种侵染性因子,侵入人体肠黏膜上皮细胞后可迅速繁殖,破坏肠黏膜及其基底膜,出现黏膜溃疡,引起痢疾样腹泻。EIEC 通过人直接或间接传播。人至少需要摄入 10^6 个细胞才能发病并出现症状。症状同志贺菌引起的疾病非常相似。摄入该病原菌,经潜伏期后,会出现腹泻、头痛、寒战和发热等症状。大量的病原菌从粪便中排泄出来。症状可持续 $7\sim12$ 天。

(4) 肠道出血性大肠杆菌(EHEC)。EHEC(最主要的血清型是大肠杆菌 O157:H7)引起散发性或暴发性出血性腹泻(出血性结肠炎症)、溶血性尿毒综合征以及血小板减少性紫癜。动物特别是乳牛被认为是携带者。摄入 $10\sim100$ 个细菌就能产生疾病,特别是那些比较敏感的群体更是如此,如老人和儿童。EHEC 产生能使细菌与肠道上皮细胞紧密黏附的紧密素,引起肠道损伤。EHEC 定居在肠道后产生毒性很强的志贺毒素样细胞毒素,作用于结肠,引起出血性结肠炎。EHEC 感染潜伏期为 $3\sim9$ 天,症状可持续 4 天。发生结肠炎症时,症状有突发性的腹痛、水性腹泻(其中 $35\%\sim75\%$ 会转为带血性腹泻)和呕吐,有的出现发热症状,有的没有。毒素也能进入血液,损害肾和脑中的一些毛细血管,引起溶血性尿毒综合征、血小板减少性紫癜等。出现这种症状时死亡率很高。

3）相关农产品

食物可能直接或间接地受到粪便排泄物污染，任何受粪便污染的食品都可能引起疾病的发生。EHEC存在于动物的肠道，特别是乳牛肠道中，但它们不产生症状。未杀菌的牛奶、苹果汁等和这些食源性疾病发生有关。

4）控制措施

该病原菌对巴氏杀菌温度比较敏感，因此采用正确的热处理是非常必要的。为了控制EHEC在食品中的出现，合理的卫生设备和条件、烹饪和热处理的方法及合理的冷藏是必要的，还要在食品加工的各个环节防止其交叉污染。可疑的病原菌携带者禁止加工和制作食品。

4.2.3.4　空肠弯曲菌

弯曲菌是一种肠道微生物，已大量从动物、鸟类和人的粪便分离出来。某些情况下禽类粪便中分离到的病原菌可达 10^6 个细胞/g以上。水、蔬菜和动物源性食物很容易被粪便排泄物中的弯曲菌污染。

数种弯曲菌能引起肠胃炎，其中空肠弯曲菌和大肠弯曲菌比较常见，大多数由空肠弯曲菌引起，所以仅对空肠弯曲菌进行讨论。

1）生物学特性

空肠弯曲菌（*Campylobacter jejuni*）是一种革兰氏染色阴性、可运动、无芽孢的杆状细菌，细胞较小、脆弱、形成弯曲的螺旋状。这些菌株微需氧、过氧化氢酶和氧化酶阳性。需在 5% O_2、$8\%CO_2$ 和 $87\%N_2$ 的环境生长。生长温度范围是 $32\sim45℃$，最适温度 $42℃$。在氨基酸中比在碳水化合物中生长更好。通常生长比较缓慢，而且有其他细菌生长时竞争力很差。在许多食物中不能很好生长。对许多环境因素比较敏感，包括氧气（空气）、NaCl（2.5% 以上）、低pH值（低于pH值 5.0）、温度（低于 $30℃$）和湿度，然而它们在冷藏条件下能很好得存活，在冷冻状态下能存活数月。

2）致病机理和临床症状

空肠弯曲菌产生不耐热的肠毒素，该毒素和霍乱毒素有交叉反应，毒素由质粒编码。该菌还产生一个侵袭因子，使其能侵入小肠和大肠上皮细胞。

空肠弯曲菌引起感染剂量很低，仅需 500 个细胞。摄入后，症状在 $2\sim5$ 天内出现，一般持续 $2\sim3$ 天，但可能携带病原菌 2 周以上。主要症状是腹痛、严重腹泻、恶心、呕吐，其他症状包括发热、头痛和寒战，也有发生血便的报道。有些人可能间隔一段时间后复发。

3）相关农产品

由于空肠弯曲菌在动物、鸟类中出现的频率较高，所以许多农产品都很容易被其污染。农产品可能会被感染空肠弯曲菌的人和动物的粪便直接污染，也可能通过污水和被污染的水间接污染。在原料肉（牛肉、羔羊肉、猪肉、鸡肉和火鸡肉）、奶、鸡蛋、蔬菜、蘑菇等农产品中有很高的检出率。用动物粪便作肥料也可能污染蔬菜。尽管这种微生物在食物中与其他微生物没有竞争性，一般在食物中生长不是很好，但在污染食物中存活的细胞足够导致疾病发生。

4）控制措施

合理的卫生程序能够减少菌株生产、加工和以后的处理过程中污染农产品。避免生食农产品，对食物进行热处理，防止加热后再污染，对控制由动物性农产品引起的弯曲菌病是非常重要的。控制蔬菜被污染应尽量不使用动物粪便作为肥料,不用污水浇灌蔬菜(特别是即食蔬菜)。建立良好的个人卫生习惯,避免通过人发生污染,不允许患病者接触食品,特别是即食食品。

4.2.3.5　小肠结肠炎耶尔森菌

耶尔森菌属中对人致病的有鼠疫耶尔森菌(*Yersinia pestis*)、小肠结肠炎耶尔森菌(*Y. enterocolitica*)和假结核耶尔森菌(*Y. pseudotuberculosis*)。与食源性疾病有关的主要是小肠结肠炎耶尔森菌。小肠结肠炎耶尔森菌通常寄居在啮齿动物、食源性动物、鸟类、宠物、野生动物和人的肠道中。人类携带者不出现任何症状。不同食品可被上述这些动物的粪便和尿液污染。

1)生物学特性

小肠结肠炎耶尔森菌是革兰氏染色阴性、短杆状、无芽孢、37℃以下可运动的兼性厌氧菌。这些菌株能在0~44℃间生长,最适生长温度是25~29℃。能在牛奶和原料肉中生长,但生长非常缓慢。在5%NaCl和pH值4.6以上的环境中可生长,对巴氏杀菌温度敏感。

2)致病机理和临床症状

大多数自然从环境中分离得到的菌株没有致病性,致病性菌株主要是来源于猪。小肠结肠炎耶尔森菌具有侵袭性,这主要与它产生的外膜蛋白有关。该菌产生菌体表面抗原,诱发抗细胞外杀伤作用,但不增强对吞噬细胞的抵抗力,从而协助病原菌扩散。小肠结肠炎耶尔森菌可产生一种耐热肠毒素,该毒素在100℃ 20min 不被灭活,与腹泻的发生有关。

在人群中儿童最易感染该菌。该菌的致病剂量较高,为10^7个细胞。症状有严重的腹痛、腹泻、恶心、呕吐和发热。症状一般在摄入污染食物24~26h内出现,且会持续2~3天。这种疾病很少是致命的。

3)相关农产品

引起人致病的主要是由猪携带的毒性菌株,研究人员经常从健康猪的扁桃腺和舌头中分离出该菌株。该细菌也出现在真空包装肉类、海产品、蔬菜、乳类中,也有食用猪肉、牛奶、巧克力、豆腐引起耶尔森菌病的报道。猪的排泄物处理不当,加工过程中卫生条件差,消毒不彻底,以及长时间冷藏都是污染的原因。

4)控制措施

由于该菌是嗜冷菌,所以冷藏不能控制它的生长。在处理和加工过程中各阶段的良好卫生条件以及合适的热处理,对于控制菌肠道疾病是非常重要的。应该避免食用未消毒奶和低温烹饪肉。避免农产品受到猪排泄物、人或其他动物排泄物的交叉污染。

4.2.3.6　副溶血性弧菌

在弧菌属中,有4个种与食源性疾病有关,分别是霍乱弧菌(*Vibrio cholerae*)、拟态弧菌(*V. mimicus*)、副溶血性弧菌(*V. parahaemolyticus*)和创伤弧菌(*V. vulnificus*)。在我国由副溶血性弧菌引起的食源性感染发生频率很高,在此主要介绍副溶血性弧菌。

副溶血性弧菌是一种广泛分布在海岸水域中的嗜盐性细菌。它们存在于河口环境中并表现出季节性变化,在夏季数量最多。

1) 生物学特性

副溶血性弧菌是革兰氏染色阴性、无芽孢、有运动性的弧状杆菌。通常过氧化氢酶和氧化酶反应阳性,能在有葡萄糖的培养基中生长但不产气,不能发酵乳糖和蔗糖。生长温度为 5～42℃,最适生长温度 30～37℃。能在 3%～5% NaCl 中生长,但对 10% 的盐敏感。在 pH 值低于 5 时生长受限。细胞对干燥、加热、冷藏和冷冻高度敏感。

2) 致病机理和临床症状

大量副溶血性弧菌的活菌侵入肠道可致食物中毒,由该菌产生的溶血毒素也可引起少数食物中毒。副溶血性弧菌对胃中低 pH 比较敏感。症状会在摄入活菌后 10～24h 内出现,持续 2～4 天,主要包括上腹部阵发性绞痛、腹泻(水样便,有时脓血便)、恶心、呕吐、头痛、发热和寒战。重症者脱水,少数病人可出现意识不清。这种疾病一般不会致死。

3) 相关农产品

副溶血性弧菌菌株能从河口水域打捞的海产品中大量分离得到,特别是夏季。无论大规模事件还是一些偶发事件,一般都是由食用未加工的、不正确烹饪的或是加热后污染的海产品而引起,包括鱼、牡蛎、虾、贝类。在未经冷藏的生鲜海产品和烹饪的海产品中,副溶血性弧菌生长较快,特别是在 20～30℃下更快。

4) 控制措施

由于海产品是引起该病的主要原因,应采取以下控制措施:不食用生的海产品,正确地热处理海产品,采取合理的卫生措施避免热处理后的食物再次交叉污染,在可靠的时间内食用食物。副溶血性弧菌菌株在 4℃ 可逐渐死亡,不能即时加工的海产品,必须保存在冷库中,以减少引起食物中毒的机会。

4.2.3.7　单核细胞增多症李斯特菌

单核细胞增多症李斯特菌(*Listeria monocytogenes*)属于李斯特菌属。该属中只有单核细胞增多症李斯特菌对人致病,引起李斯特菌病。单核细胞增多症李斯特菌在自然界分布广泛,可以从多种环境样品中分离出来,如腐烂的植物、土壤、污水等,也可以从饲养的动物和鸟的肠内容物中分离得到。人类肠内也可能携带病原菌而不表现出任何症状。

1) 生物学特性

李斯特菌是革兰氏阳性、兼性厌氧、无孢子、有运动性的小杆菌。在新鲜培养基中,细胞可能形成短链。有溶血作用,能酵解鼠李糖,但不能酵解木糖,发酵葡萄糖不产气。李斯特菌为嗜冷菌,能在 1～4℃ 生长,最适宜生长温度为 35～37℃。其细胞对冷冻、干燥、高盐和高 pH 值(大于 5 及更高)有耐受力。对巴氏杀菌温度敏感。李斯特菌能在许多食物和环境中生长。

2) 致病机理和临床症状

健康人对单核细胞增多症李斯特菌有较强的抵抗力,而免疫力低下的人则容易患病,且死亡率高。该菌的感染剂量是 100～1000 个细胞。经消化道侵入体内后,在肠道中繁殖,进入血液循环,到达敏感组织细胞,在其中繁殖,产生李斯特菌溶血素 O(Listeriolysin O),使细胞死亡。

一般人体在摄入带菌食物后 1～7 天内出现类似感冒症状,包括轻微发烧、腹痛和腹泻。数天后症状会缓解,有些个体可能很长一段时间其粪便中都含有李斯特菌。易感人群(免疫力低下的孕妇、胎儿、婴儿、老人)感染后的症状有所不同,最初的症状是恶心、呕吐、腹痛、腹泻,并伴有发烧和头痛。病原菌可通过血液入侵不同器官,包括中枢神经系统。对于孕妇,病原菌通过胎盘侵入胎儿的组织和器官,会引起菌血症(败血症)、脑膜炎、脑炎和心内膜炎。免疫力差的胎儿感染后死亡率非常高。

3) 相关农产品

李斯特菌在自然界中到处存在,常见于土壤、蔬菜和水,因而人和动物也常携带此菌。该菌在土壤和植物中可以存活很长时间,可通过饲料进入奶等动物产品。其生存与温度有关,低温有利于生存,这在食物链中非常重要。被污染的奶酪、凉拌卷心菜、热狗、禽肉等是引起李斯特菌食物中毒的常见食品。

4) 控制措施

由于李斯特菌在环境中普遍存在,农产品不可能完全没有这种病原菌,但即食食品中不容许存在单核细胞李斯特菌。应特别注意高危食品,即熟食,特别是熟肉制品。易受污染的奶和奶制品应通过巴氏消毒杀死单核细胞增多症李斯特菌,更应防止发生消毒后的再污染。怀疑已受污染的水、污水处理厂排出的水不应浇灌农作物,特别不应浇灌那些用于生食的作物。用于运输农产品的车辆等应经常清洗消毒。农产品加工厂应将清洁区和污染区分开,限制人员、工具、水、空气、管道在两个区之间的交叉流动。进行包括微生物学检查在内的卫生状况的检查和评估是控制产品质量的重要步骤。还应注意产品贮藏和流通过程中可能造成的污染。单核细胞增多症李斯特菌对环境耐受力强,如极端 pH 和冷冻,这些特点在贮藏和流通过程中应特别引起注意。所有冷藏的剩余农产品和即食农产品在食用前应再次进行热处理。

4.2.3.8　金黄色葡萄球菌

葡萄球菌广泛分布于空气、水、土壤、饲料和一些物品中。由金黄色葡萄球菌(*Staphylococcus aureus*)引起的葡萄球菌食物中毒是世界范围内发生最频繁的食源性疾病之一。

1) 生物学特性

金黄色葡萄球菌为革兰氏阳性球菌,呈葡萄串排列,无芽孢,无鞭毛,不能运动,兼性厌氧或需氧,在 0~47℃ 可以生长,最适生长温度 37℃。在普通培养基上可产生金黄色色素。对外界因素的抵抗力强于其他无芽孢细菌,60℃ 1h 或 80℃ 30min 才被杀死。耐盐性较强,在含 7.5%~15%NaCl 的培养基中仍能生长。耐酸性也较强,最适生长 pH 值为 7.4,pH 值 4.5 时也可生长。在冷藏环境中不易死亡。竞争性不强,但在有些微生物不能良好生长的食物中具有生长的能力,在这些食品中,其生长很容易占优势。

2) 致病机理和临床症状

金黄色葡萄球菌产生的肠毒素作用于胃肠黏膜,引起充血、水肿甚至糜烂等炎症及水与电解质代谢紊乱,出现腹泻,同时刺激迷走神经的内脏分支而引起反射性呕吐。该毒素对热稳定,100℃ 30min 仍保持毒力,耐胰蛋白酶的水解,分子质量为 26~30kDa。分子量不同,毒性不同,热稳定性也有所不同,一般的烹饪处理不能完全破坏该类毒素。

菌株毒素产生的比率直接与其生长速率和细胞浓度有关。在最适条件下病原菌生长 4h 后每克或每毫升食物中菌数就会超过数百万,此时毒素含量就能被检测到。

葡萄球菌肠毒素引起胃肠炎,健康成人发病需摄入含 100~200ng 毒素污染的食物 30g (或 ml),这些毒素需要由 10^6~10^7 个细菌/g(或 ml)产生。而婴儿、老人和体弱者的发病剂量则较低。症状会在 2~4h 内发生,一般在 30min 到 8h。主要症状有唾液分泌、极度恶心和呕吐、腹部绞痛,继而出现腹泻,其他症状有发汗、打寒战、头痛和脱水等。症状轻重与摄入数量、毒素毒力和个体抵抗能力有关。病情持续 1～2 天,致死率低。

3) 相关农产品

金黄色葡萄球菌可出现并在许多农产品中生长,主要是蛋白质丰富的食品,如肉和肉制品、奶和奶制品、禽肉、鱼及其制品、奶油沙司、色拉酱(火腿、禽、土豆等)、布丁、奶油面包等。金黄色葡萄球菌通常比污染农产品的其他细菌生长缓慢,生的农产品引起的食物中毒一般不是由金黄色葡萄球菌所致。但在烹饪过的食品中,消除了其他竞争性细菌,污染的金黄色葡萄球菌便会生长。

金黄色葡萄球菌食物中毒常见于公共食堂,从业者卫生差和食品保藏时间及温度不恰当会导致该菌生长并产生毒素。酸性食品如蛋黄酱可抑制金黄色葡萄球菌的生长;但食品中的盐和糖为金黄色葡萄球菌的生长创造了有利环境,因为其他细菌受到抑制,而金黄色葡萄球菌则不被抑制。金黄色葡萄球菌可以耐受含量 10%～20% 的盐和含量 50%～60% 的蔗糖。该菌对亚硝酸盐产生耐受,因此在腌制液和腌肉中可繁殖。金黄色葡萄球菌有氧的条件下生长良好,在氧浓度低的条件下也能生长,但毒素的产生必须有一定量的氧存在。

金黄色葡萄球菌在有氧条件下可以在低至 0.86 水分活性的食品中生长,厌氧条件下在水分活性 0.90 的食品中生长。金黄色葡萄球菌有发酵和蛋白分解作用,通常不产生异味,农产品仍保持正常状态。因此该菌或其毒素不能用感官方法检测出来。

4) 控制措施

由于金黄色葡萄球菌在农产品、操作者和环境中广泛存在,因此,加工操作过程中的卫生十分重要,应采取严格措施预防细菌的污染、生长和毒素的产生。要通过合理地选择农产品配料,改善环境卫生和操作者良好的个人卫生习惯来降低农产品中的最初菌数。有呼吸道疾病、严重的面部粉刺、皮肤发疹和手上有伤口的人应禁止参与农产品加工。适当的热加工和烹饪,以及适当的冷藏和冷冻是最重要的控制措施。热处理可确保杀灭细菌,但应避免二次污染。一旦有热稳定毒素产生,食用前的加热就不能保证食物的安全。冷却加工食品的温度要快速降到 5℃ 以下。

4.2.3.9　肉毒梭状芽孢杆菌

肉毒梭状芽孢杆菌(*Clostridium botulinum*),简称肉毒梭菌,广泛分布在土壤、江河湖海污泥中及鱼类和动物粪便中。该菌产生毒性很强的肉毒毒素(Botulin),引起致命的肉毒中毒。

1) 生物学特性

肉毒梭菌是粗短的革兰氏阳性杆菌,有鞭毛,无荚膜,芽孢卵圆形,位于菌体的次极端或中央,芽孢大于菌体的横径,所以产生芽孢的细菌呈梭状。适宜的生长温度为 35℃ 左右,严格厌氧。在中性或弱碱性的基质中生长良好。其繁殖体对热的抵抗力与其他不产生芽孢的细菌相似,易于杀灭。但其芽孢耐热,一般煮沸需经 1～6h,或 121℃ 高压蒸汽 4～10min 才能杀死。它是引起食物中毒的病原菌中对热抵抗力最强的细菌之一。所以,罐头的杀菌效果一般以肉毒梭菌为指示细菌。

2) 致病机理和临床症状

肉毒梭菌产生的肉毒毒素是蛋白质,为神经毒素,共产生六种毒素:A、B、C、D、E、F,其中的 A、B、E、F 与人类的食物中毒有关。肉毒毒素毒性剧烈,少量毒素即可产生症状甚至致死,对人的致死量为 0.1μg。毒素摄入后经肠道吸收进入血液循环,输送到外围神经,毒素与神经有强亲和力,阻止乙酰胆碱的释放,导致肌肉麻痹和神经功能不全。

肉毒中毒是由摄入含有肉毒毒素污染的食物而引起的。潜伏期可短至数小时,通常 24h 以内发生中毒症状,也有 2～3 天后才发病的。一般先有不典型的乏力、头痛等症状,接着出现斜视、眼睑下垂等眼肌麻痹症状,再是吞咽和咀嚼困难、口干、口齿不清等咽部肌肉麻痹症状,进而膈肌麻痹、呼吸困难,直至呼吸停止导致死亡。致死率较高,可达 30%～50%,存活患者恢复十分缓慢,从几个月到几年。

3) 相关农产品

肉毒梭菌,特别是其芽孢,很容易造成农产品污染。水果、蔬菜可被土壤中的细菌污染,鱼可被水中或沉积物中的细菌污染。芽孢对外界环境和加工处理有很强的抵抗力,在加工过程中可能存活下来,适当条件下大量繁殖,引起中毒。低酸的蔬菜(如青豆、玉米、蔬菜、芦笋、辣椒和蘑菇)和水果(如无花果和桃子)、鱼产品(发酵的、不正确烹饪的以及烟熏鱼和鱼子)、家庭自制罐头是常见的易污染食品。国内有食用发酵豆制品(臭豆腐、豆瓣酱等)以及发酵面制品引起中毒的报道。

4) 控制措施

热处理是减少农产品中肉毒梭菌繁殖体和芽孢数量的最有效方法,采用高压蒸汽灭菌方法加工罐头可以获得"商业无菌"的食品,巴氏消毒法对繁殖体也是有效措施。高温处理(90℃ 15min 或煮沸 5min)可破坏受污染农产品中的肉毒毒素,使农产品处于理论上的安全状态。腌制肉品时使用亚硝酸盐是有效的控制措施,冷藏和冻藏也是控制肉毒梭菌生长和毒素产生的重要措施。低 pH 值、产酸处理以及降低水分活性也可以抑制一些食品中肉毒梭菌的生长。

4.2.3.10 其他细菌

1) 霍乱弧菌

霍乱弧菌(*Vibrio cholerae*)引起霍乱急性肠道传染病。该菌来自人类患者,患者粪便可污染农产品和水,人类必须摄入受污染农产品和水中的大量活菌才可致病。病原菌可长期存活在海水及江河入海处,因此由海产品引起的霍乱最常见。霍乱弧菌引起的疾病为胃肠炎。

2) 产气荚膜梭菌

产气荚膜梭菌(*Clostridium perfeingens*)的芽孢和繁殖体广泛存在于土壤、尘埃、动物、鸟和人类的肠内,以及污水中。农产品特别是未加工的农产品易受到污染。该菌产生不耐热肠毒素,是在肠道内细菌芽孢形成过程中形成并释放的。在摄入了大量含气荚膜梭菌的食物后会引起中毒,为胃肠炎的症状。

3) 蜡样芽孢杆菌

蜡样芽孢杆菌(*Bacillus cereus*)为好氧芽孢杆菌,正常存在于土壤、水、尘埃、淀粉制品、乳和乳制品等中。蜡样芽孢杆菌至少产生两种肠毒素,即致呕毒素和肠毒素,分别引起呕吐和腹泻的胃肠炎症状,这些毒素产生于细胞内,且当细胞裂解时释放出来。细菌在食品和肠道内繁殖时均可产生毒素。一般来说,摄入大量细菌后才会发病。

4) 布鲁菌属

布鲁菌属(*Brucella*)的细菌引起人的布鲁菌病(*brucellosis*),引起该病的有牛布鲁菌(*Brucella abortus*)、猪布鲁菌(*Brucella suis*)和羊布鲁菌(*Brucella melitensis*)。布鲁菌病是人畜共患传染病,动物感染后,病原存在于雌性动物怀孕的子宫内和分泌乳汁的乳房乳腺中,因此病原菌会出现在动物的奶中。食用未消毒奶和奶制品，接触生肉、患病动物等均可引起人发病。人感染布鲁菌的症状包括波浪式发热、严重的出汗、身体疼痛、关节疼痛、寒战和身体虚弱等。症状会在摄入污染食物 3～21 天内出现。

5）化脓性链球菌

链球菌广泛存在于自然界、人及动物粪便和人的鼻咽部等，属于链球菌 A 群中的化脓性链球菌（*Streptococcus pyogenes*）是一种致病菌，其致病性与具有侵袭力和产生外毒素有关。细菌存在于患乳房炎动物的乳汁中，也会出现在其他食品中，从而引起食源性感染，引起人的咽喉疼痛、发热、寒战和身体虚弱。有些情况下也会出现恶心、呕吐和腹泻等症状。有些菌株能引起猩红热。

4.2.4　细菌性污染的检测

4.2.4.1　检验样品的采集、运送和处理

最有可能受到细菌污染的农产品是首选的采集样品。装载样品的容器应进行煮沸或其他加热灭菌处理，但不可使用消毒剂。送检样品时注意冷藏，不可在检样内加入任何防腐剂。盛载检验样品的容器应贴有标签，附送检申请单，填写检验样品名称、来源、中毒情况、采样时间、送检时间和检验要求等。采集的样品应立即送检，如条件不允许，最长不可超过 4h。

固态样品经表面灼烧消毒后，取内部检验样品 5～10g，无菌条件下剪碎后置无菌乳钵内，研细，加入无菌生理盐水适当稀释后混匀，沉淀后取上清液进行接种和涂片染色镜检。液体样品可直接接种到培养基上，或离心 0.5h 后，取沉淀物进行细菌培养。

4.2.4.2　细菌性污染的指标

1）菌落总数

是指在被检出样品的单位质量（g）、容积（ml）或表面积（cm²）内，所含能在严格规定的条件下（培养基及其 pH 值、培养温度与时间、计数方法等）培养所生成的细菌菌落总数。目前，我国食品细菌污染指标中的菌落总数是在营养琼脂培养基的条件下，经 35～37℃培养 48h 所获得的细菌菌落数。

2）大肠菌群

大肠菌群包括肠杆菌科的埃希菌属、柠檬酸杆菌属、肠杆菌属和克雷伯菌属。这些细菌均来自人和温血动物的肠道，需氧与兼性厌氧，在 37℃能分解乳糖产酸产气，以革兰氏阴性杆菌为多。目前，该项指标已广泛用作食物卫生质量的指标菌，或称大肠菌群最近似数（Maximun Probable Number，MPN）。

3）致病菌

在我国，致病菌一般指"肠道致病菌和致病性球菌"，主要包括沙门氏菌、志贺菌、金黄色葡萄球菌、致病性链球菌等四种。致病菌不允许在食品中检出。

4.2.4.3　细菌性污染的检测方法

1）直接涂片染色镜检

取现场采集并经过处理的检验样品,直接制片,然后分别用革兰染色法、美蓝染色法、瑞特染色法染色,观察细菌的染色特性、形态、排列方式、特殊结构等,初步判定检样中有何种细菌,便于有针对性地进一步确认。将处理后的检验样品直接接种于增菌培养基和选择培养基,观察不同细菌在培养基上生长后的菌落形态,然后取培养物涂片,染色后观察其形态特征。

2)活菌数的测定

某些细菌在农产品中需有一定量才可引起中毒症状,如金黄色葡萄球菌、蜡样芽孢杆菌、产气荚膜梭菌等。将处理后的检验样品按 10 倍依次作成不同稀释倍数,与所适合的培养基混合,置 37℃培养 24h 后取出,数出菌落数,然后挑取一定数量的可疑菌落,经过确证试验后,再计算菌落数。

常见、常用活菌(或细胞)计数方法有:

(1)旋转平皿计数方法(Spiral Planting Method)。把样品制备的菌悬液螺旋式并不断稀释地接种到一个旋转的琼脂平皿的表面,在其上形成阿基米德螺旋形轨迹。当用于分液的空心针从平板中心移向边缘时,菌液体积减少,注入的体积和琼脂半径间存在着指数关系。培养时菌落沿注液线生长。用一计数的方格来校准与琼脂表面不同区域有关的样品量,计数每个区域的已知菌落数,再计算细菌浓度。这一方法在美国已被广泛采用。

(2)疏水性栅格滤膜法(HGMF)或等格法(Isogrid Method)。用疏水性栅格滤膜(HGMF)过滤样品,然后把疏水性栅格滤膜放置在相应的固体培养基中培养,最后观察细菌、酵母菌或霉菌菌落。疏水性的栅格作为栅栏以防止菌落的扩散,保证了所有菌落都是正方形的,从而便于人工或机械计数。此方法根据选用的培养基不同可用于菌落总数、大肠菌群、粪大肠菌群和大肠艾希氏菌的计数,还可以用于霉菌和醉母菌计数。

(3)皿膜系统(Pertrifilm)。皿膜系统,如 Pertrifilm 3M System,可用于菌落总数、大肠菌群、大肠埃希氏菌、霉菌、酵母和金黄色葡萄球菌计数。在一双层膜系统内含有干燥的营养物质(类似平板计数琼脂或其他的选择性培养基成分)和冷水可溶的胶体物质,以每系统 1ml 的加样量将样品(稀释或未经稀释的样品)直接加到基础膜中间,盖上含有胶凝剂和 TTC 的覆盖膜,培养后细菌在双层膜之间生长并显色即可直接计数。

(4)酶底物技术(ColiComplete)。酶底物技术用于大肠菌群和大肠埃希氏菌计数。存在于样品中的大肠菌群特有的 β-D-半乳糖苷酶系统能分解 5-溴 4-氯-3-吲哚-β-D 吡喃半乳糖苷为 5-溴 4-氯-3-吲哚的中间产物,该中间产物经过氧化生成水不溶性的蓝色的二聚物。而 β-葡萄糖苷酶则为大肠埃希氏菌(埃希氏菌和志贺氏菌)和一些沙门氏菌所特有,能分解 4-甲基伞形酮-D-葡萄糖醛酸苷(MUG)为葡萄核苷和甲基伞形酮,可在长波 UV 光(366nm)下产生荧光。以此作为确认是否有大肠菌群和大肠艾希氏菌存在的依据。

(5)紫外荧光滤过技术(DEFT)。紫外荧光滤过技术是测定许多食品如奶、肉、禽和禽制品、鱼和鱼制品、水果和蔬菜、啤酒和葡萄酒、辐射食品等及水中的微生物的一种快速方法。该法利用紫外光显微镜来快速测定活菌数。首先用一特殊滤膜过滤样品,经吖啶橙染色后,用紫外光显微镜观察,活细胞呈橙色荧光,死细胞呈绿色荧光。吖啶橙染色计数法在国外已逐步作为细菌计数的一种标准方法,应用于水、食品等领域。

(6)"即用胶"系统(SimPlate)。此方法根据培养基不同可分别用于菌落总数、大肠菌群、大肠杆菌计数和霉菌、酵母计数,以及弯曲杆菌的计数。此系统是盛有无菌液体(或脱水干燥)培养基的试管,在此专用培养基内含有与多种细菌酶类所对应的底物,检样被细菌污染时,只要具有一种酶的活性即能与底物作用生成 4-甲基伞形酮,培养一定时间后,在波长 365nm 的紫外光下发出蓝色荧光。把样品装入该试管中,混匀后再将混合物倒入一个装有胶质的特殊培养皿中。混合物与胶质接触后便形成与琼脂相似的复合物,经培养后根据颜色指示或在紫外光下产生的荧光来计数。

(7) 阻抗法(Impedence Measurement)。除上述活菌测定法外,还可通过测量微生物生长和代谢活动中发生的变化来估测微生物的数量,目前国内在食品方面应用较多的有阻抗法和 ATP 生物发光法(biolumiesence,BL)。这一类方法都需要有专门的检测仪器,有些还需要制定图谱或曲线,因此这些方法的应用受到一定的限制。

阻抗法是 20 世纪 70 年代初期发展起来的一项新技术,即用电阻抗监测微生物代谢活性的一种快速方法。操作时将一个接种过的生长培养基置于一个装有一对不锈钢电极的容器内,测定出微生物生长而产生的阻抗(及其组分)改变。阻抗法原多用于临床微生物的鉴定、卤血症等标本的快速检测,近年来已逐步用于食品检测。如法国生物梅里埃公司的 Bactometer 系统已可用于乳制品、肉类、海产品、蔬菜、冷冻食品、糖果、糕点、饮料、化妆品中的总菌数、大肠菌群、霉菌和酵母计数、乳酸菌、嗜热菌测试,是一种方便、快速的方法,比传统方法大大减少了检验时间,结果准确。此方法的优点是可以进行数据自动测试、自动分析储存,但必须预先制定相应的标准曲线方可对样品进行测试。

(8) ATP 生物发光法(Bio Lumiesence,BL)。ATP 生物发光技术是利用产生于生物体内的化学发光现象而建立起来的一种检测方法。生物发光是生物体内荧光素酶(Lumferase)催化作用底物氧化而发光。目前发现的荧光素酶有细菌荧光素酶(Bacterial Luciferase)和萤火虫荧光素酶(Firefly Luciferase)两大类,前者从海洋发光细菌中提取,后者则主要从萤火虫中提取。目前用于微生物数量生物发光法快速测定主要为萤火虫荧光素酶。

生物发光法具有简便、快速、价廉的优点,已逐渐作为食品生产和流通过程中的微生物快速监测和清洁度监测的一种新方法,尤其在 HACCP 中的应用已日益受到重视。其原理为:所有的生物都含有 ATP,当荧光素酶系统和 ATP 接触时就会发光。萤火虫荧光素酶是以荧光素、ATP 和 O_2 为底物,在 Mg^{2+} 存在时,将化学能转变成光能的高效生物催化剂,能催化 D-荧光素氧化脱羧,同时发光,最大发射波长为 562nm。但酶结构不同,发射光略有不同。

3) 免疫学方法。以免疫学原理为基础研究出的微生物检测方法很多,且许多方法已商品化,制成的各种检测试剂盒使用方便、快速,特异性和敏感性都很高。但这类方法假阳性反应仍不可避免,所以主要是用于初筛试验,结果尚需进一步确认。常用的方法主要有单克隆酶免疫色度分析筛选方法和多克隆酶免疫色度分析筛选方法。前者是利用被检测病原细菌的特异性单克隆抗体进行的酶免疫分析。后者已针对多种病原细菌开发出多种试剂盒,如澳大利亚 Bioenterrises Pty 公司生产的用于沙门氏菌检测的 TECRA Salmonella Visual Immunoassay 试剂盒。

4) 分子生物学检测方法

(1) 聚合酶链式反应(Polymerase Chain Reaction,PCR)。PCR 技术是由美国 Cetus 公司和美国加利福尼亚大学于 1985 年联合研制的,近年来在分子生物学领域得到迅速发展和广泛应用。目前已经有全自动化的 PCR 检测试剂盒及仪器,如美国杜邦快立康公司的 BAX 病原菌检测系统。PCR 技术检测细菌的基本原理是应用细菌遗传物质中各菌属菌种高度保守的核酸序列,设计出相关引物,对提取到的细菌核酸片段进行扩增,进而用凝胶电泳和紫外核酸检测仪观察扩增结果。PCR 的扩增分 3 个步骤,即 DNA 热变性、引物退火、引物延伸。

（3）DNA 探针检测法。DNA 探引技术是最新发展起来的一项特异、灵敏、快速的检测方法,特别适用于直接检出致病性微生物,而不受非致病性微生物的影响。目前已有商品化的基因探针试剂盒,可直接用于各种病原菌的检测。

待捡样品经前增菌、选择性增菌和后增菌后,溶解细菌,加入被检细菌已标记好的特异性 DNA 探针用于液相杂交。如果待检样品中存在被检细菌 rRNA,荧光素标记的检测探针和多聚脱氧腺嘌呤核苷酸末端捕获探针将与目标 rRNA 序列进行杂交,然后把包被有多聚脱氧胸腺嘧啶核苷酸(固相)的测杆插入杂交溶液,进行碱基配对,便于探针捕获;目标杂种核酸分子结合在固相载体上,未接合的探针被冲洗掉。测杆被培养在辣根过氧化物酶-抗荧光素接合剂中。接合剂与杂交检测探针上的荧光素标记物结合,并将测杆培养于酶底物-色原溶液中,辣根过氧化物酶与酶底物反应,将色原转变为蓝色化合物。一旦遇酸反应便停止,色原的颜色变为黄色,在 450nm 处测量吸收值,吸收值大于临界值则表明在待检的样品中存有被检细菌。

4.3 真菌性污染对农产品安全的影响与检测

真菌广泛分布于自然界,种类繁多,数量庞大,与人类关系十分密切,有许多真菌对人类有益,而有些真菌对人类有害。真菌毒素(mycotoxin)是真菌产生的次级代谢产物,其中麦角中毒是发现最早的真菌中毒症。1952 年,日本因大米受到真菌有毒代谢物的严重污染,大批人因此中毒生病,造成了轰动一时的日本黄变米事件。1960 年英国发生 10 万只火鸡中毒死亡事件,后证明是因饲料中含有从巴西进口的发霉花生饼引起。1961 年从这批发霉花生饼粉中分离出黄曲霉,并发现其产生发荧光的毒素,命名为黄曲霉毒素(Aflatoxin,AFT)。这些事件引起人们对真菌毒素研究工作的高度重视。随着检测手段和分析技术手段的提高,人们发现真菌毒素几乎存在于各种农产品或饲料中,所污染的农产品十分广泛,诸如粮食、水果、蔬菜、肉类、乳制品以及各种发酵食品。据联合国粮食与农业组织(FAO)报告,全球每年约有 25% 的农作物遭受真菌及其毒素污染,约有 2% 的农作物因污染严重而失去营养和经济价值。

目前已知有 300 多种不同的真菌毒素。对人类危害严重的真菌毒素主要有十几种,其中包括黄曲霉毒素、赭曲霉毒素、展青霉素、玉米赤霉烯酮、橘霉素和脱氧雪腐镰刀菌烯酮等。农产品被产毒菌株污染,但不一定能检测出真菌毒素的现象比较常见,因为产毒菌株必须在适宜环境条件下才能产毒,但有时也从农产品中检测出某种毒素,而分离不出产毒菌株,其原因主要是农产品在储藏和加工过程中产毒菌株死亡但毒素却不易被破坏。真菌毒素是小分子有机化合物,非复杂蛋白质分子,所以它在机体中不能产生抗体。人和畜禽一次性摄入含有大量真菌毒素的食物,常引起急性中毒,长期少量摄入会慢性中毒。

一般来说,产毒真菌菌株主要在谷物、发酵农产品及饲料上生长并产生毒素,直接在动物性食品如肉、蛋、乳上产毒的较为少见。而食入大量含毒饲料的动物同样可引起各种中毒症状或毒素残留在动物组织器官及乳汁中,致使动物性农产品带毒,被人食入后仍会造成真菌毒素中毒。真菌毒素中毒与人群的饮食习惯、食物种类和生活环境条件有关,所以真菌毒素中毒常表现出明显的地方性和季节性,甚至有些还具有地方疾病的特征。

4.3.1　黄曲霉毒素

4.3.1.1　结构及物理化学性质

黄曲霉毒素(Aflatoxin,AFT)是结构相近的一群衍生物,均为二呋喃香豆素的衍生物(见图4.1)。目前,已鉴定出的AFT有20多种,AFB1和AFB2为甲氧基、二呋喃环、香豆素、环戊烯酮的结合物,在紫外线下发出紫色荧光。AFG1和AFG2结构为甲氧基、二呋喃环、香豆素、环内酯的结合物,在紫外线下发出黄绿色荧光。AFM1和AFM2是AFB1和AFB2的羟基化衍生物,家畜摄食被AFB1和AFB2污染的饲料后,在乳汁和尿中可检出其代谢产物AFM1和AFM2。AFT含有大环共轭体系,稳定性非常好,分解温度为237～299℃,故一般加热不能破坏其毒性。在有氧条件下,紫外线照射可破坏其毒性。

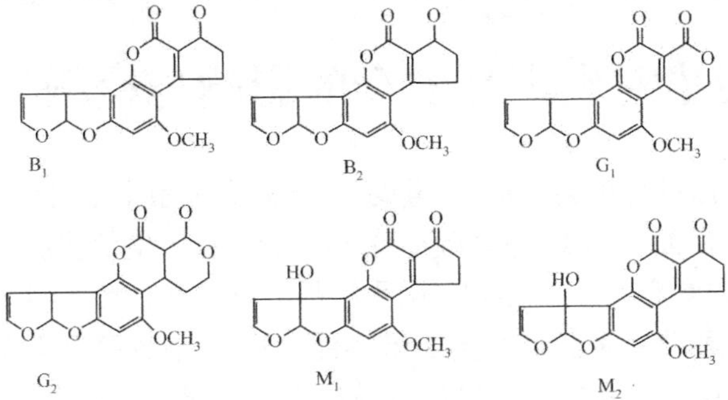

图4.1　各种黄曲霉素的结构式

4.3.1.2　产毒菌株及自然分布

1)黄曲霉毒素产毒菌株

AFT是由黄曲霉(*Aspergillus flavus*)、寄生曲霉(*A. parasiticus*)等产生的具有生物活性的二次代谢产物。几乎所有的寄生曲霉均可产生B组和G组AFT,而黄曲霉则只有50%的菌株产生AFT,且只能产生B组AFT。

2)黄曲霉毒素的自然分布

AFT感染遍布世界各地,但严重发生的地区主要在热带和亚热带地区,因为这些地区虫害严重,降雨常带来生长季节湿度过大,高温、高湿及虫害等造成黄曲霉感染几乎年年发生。张自强(2009)测定了全国11个省份共计1 013份饲料样品中黄曲霉毒素B1含量。结果表明,饲料中黄曲霉毒素B1的检出率高达99.51%,其中贵州省最高,河南省、四川省较高,我国饲料普遍受到黄曲霉毒素B1的污染。

3)毒性及作用机理

(1)急性和亚急性中毒。各种动物对AFT的敏感性不同,其敏感性依动物的种类、年龄、性别、营养状况等而有很大的差别。短时间摄入AFT量较大时,表现为食欲不振、体重下降、生长迟缓、繁殖能力降低、产蛋或产奶量减少。中毒病变主要在肝脏,迅速造成肝细胞变性、坏死、出血以及胆管增生等。AFT的中毒机理主要是AFT在体内经细胞色素P450活化,包括使 p53 基因的第 249 密码子 AGG 置换为 AGT,引起 p53 基因的功能损伤,AFB1 形成 AFB1-8,9-环氧化物,该环氧化物的一部分可与谷胱甘肽转移酶等结合,并进一步受环氧化物催化水解而解毒;另一部分则与生物大分子的亲核中心反应,生成 DNA、RNA 以及蛋白质和类脂的 AFT 加合物,结果导致多种生物大分子失去其生物功能,并引起细胞死亡,表现为急性中毒。

(2) 慢性中毒。持续摄入一定量的 AFT,AFT 与核酸结合可引起突变而表现为慢性中毒,生长缓慢,体重减轻,肝脏出现慢性损伤,肝功能降低,出现肝硬化。

(3) 致癌性。实验证明许多动物小剂量反复摄入 AFT 或大剂量一次摄入 AFT 皆能引起癌症,主要是肝癌。根据计算,黄曲霉毒素 B1 致癌力为二甲基氮苯的 900 倍,比二甲基亚硝胺诱发肝癌的能力大 75 倍。在乌干达、瑞士、泰国和肯尼亚的早期研究中发现,AFT 的估计摄入量或市场食品及烹制食品的 AFT 污染水平与肝癌的发病率呈正相关。据来自于莫桑比克和我国的报道,AFT 的摄入量与肝癌的发病率及死亡率也有类似的关系。在非洲和亚洲的不同地区进行了研究,通过监测肝癌的发病率和死亡率以及 AFT 的摄入量,结果表明这些变量之间有显著的相关性。美国东南部地区人均 AFT 每日摄入量较高,而这个地区肝癌的发病率要比其他摄入量低的地区高 10%。

4) 对免疫机理的影响

(1) 对体液免疫机能的影响。AFT 在体内能够抑制 RNA 聚合酶,继而阻止蛋白质的合成。因此,摄入 AFT 引起的白蛋白和球蛋白水平的下降,可能是特异性免疫球蛋白合成受到抑制的结果。

(2) 对巨噬细胞的影响。在饲喂 AFT 的母鸡所产的子代中,其巨噬细胞活性氧中间产物减少了。这种活性氧中间产物被认为对清除细胞浆中的抗原具有重要作用。

(3) 对淋巴细胞的影响。经实验发现,产蛋鸡淋巴细胞数量的下降与饲喂 AFT 的剂量有相关性,并发现 AFT 能够影响淋巴细胞中的腺苷脱氨酶,使其活性下降,而血清中腺苷脱氨酶活性却不变。

(4) 对子代免疫机能的影响。对饲喂标准日粮的孵化小鸡所观察到的抗体抑制和巨噬细胞功能的改变,均是胚胎期 AFT 形成的代谢产物引起的直接结果,AFT 通过母系代谢转移到鸡蛋中,引起孵化后小鸡免疫功能的改变,因而使子代更易受到疾病的侵害,最终结果是导致鸡的死亡率增加。

4.3.2 赭曲霉毒素 A

4.3.2.1 结构及物理化学性质

赭曲霉毒素是由曲霉菌,如赭曲霉、硫色曲霉、蜂蜜曲霉以及绿青霉等产生的一类毒素。其中赭曲霉毒素 A 毒性最大,在霉变谷物、饲料等最常见。赭曲霉毒素 A 是一种无色结晶化合物,可溶于极性有机溶剂和稀碳酸氢钠溶液,微溶于水,其苯溶剂化物熔点 94～96℃,二甲苯中结晶熔点 169℃,在乙醇溶液中最大吸收波长为 332nm,有很高的化学稳定性和热稳定性。赭曲霉毒素 A 是由多种生长在粮食(小麦、玉米、大麦、燕麦、黑麦、大米和黍类等)、花生、蔬菜(豆类)等农作物上的曲霉和青霉产生的。动物摄入了霉变的饲料后,这种毒素也可能出现在它们的肉中。赭曲霉毒素主要侵害动物肝脏与肾脏,主要是引起肾脏损伤,大量的毒素也可能导致动物的肠黏膜炎症和坏死,另外还在动物试验中观察到它的致畸作用。

4.3.2.2　产毒菌株及自然分布

1) 赭曲霉毒素 A 的产毒菌

自然界中能产生赭曲霉毒素 A 的真菌种类繁多,有赭曲霉(*Aspergillus ochraceus*)、硫色曲霉(*A. sulphureas*)、蜂蜜曲霉(*A. melleus*)、菌核曲霉(*A. sclerotiorum*)、洋葱曲霉(*A. alliaceus*)、孔曲霉(*A. ostianus*)、佩特曲霉(*A. petrakii*)、炭黑曲霉(*A. carbonarius*)、纯绿青霉(*Penicillium verrucosum*)、普通青霉(*P. commune*)、变幻青霉(*P. variabile*)、疣孢青霉(*P. verrucosum*)、圆弧青霉(*P. cyclopium*)等,以纯绿青霉、赭曲霉和炭黑曲霉 3 种菌为主。赭曲霉是最早发现能够产生赭曲霉毒素 A 的真菌,该菌在 8~37℃的温度范围内均能生长,最佳生长温度范围为 24~31℃,生长繁殖所需的最适水分活性为 0.95~0.99,在含糖、含盐培养基上生长所需的最低水分活性分别为 0.79 和 0.81,pH 值 3~10 内生长良好,而在 pH 值低于 2 时生长缓慢,因此在热带和亚热带地区,农作物在田间或储存过程中污染的赭曲霉毒素 A 主要是由赭曲霉产生。纯绿青霉是继赭曲霉之后发现的另一赭曲霉毒素 A 产生菌,其生长温度为 0~30℃(最适 20℃)、水分活性 0.8,因此在诸如加拿大和欧洲等寒冷地区,粮食及其制品中赭曲霉毒素 A 的产毒真菌主要为纯绿青霉。污染赭曲霉毒素 A 的猪饲料(内含大麦、燕麦或谷糠)中,纯绿青霉的检出率高达 60%,且赭曲霉毒素 A 含量与纯绿青霉检出率有正相关关系,而在未被赭曲霉毒素 A 污染的饲料中该菌检出率仅为 5%。纯绿青霉产赭曲霉毒素 A 的能力较赭曲霉强,因此在以赭曲霉为赭曲霉毒素 A 主要产毒菌的热带地区,农产品(粮食、咖啡豆等)中赭曲霉毒素 A 的污染水平一般不高,而以纯绿青霉为主要污染源的低温寒冷地区,农产品中赭曲霉毒素 A 的污染严重。炭黑曲霉是近几年新发现的一种能够产生赭曲霉毒素 A 的真菌,以侵染水果为主,该菌为腐物寄生菌,通常情况下不引起正常水果的腐败变质,但当水果因物理、化学和致病性微生物侵袭等原因外表受损时,该菌侵入果实内部生长繁殖并产生赭曲霉毒素 A。低 pH 值、高糖、高温环境促进炭黑曲霉的生长繁殖。

2) 赭曲霉毒素 A 的自然分布

由于赭曲霉毒素 A 产生菌广泛分布于自然界,因此包括粮谷类、干果、葡萄及葡萄酒、咖啡、可可、巧克力、中草药、调味料、罐头食品、油、橄榄、豆制品、啤酒、茶叶等多种农作物和食品以及动物内脏均可被赭曲霉毒素 A 污染。动物饲料中赭曲霉毒素 A 污染也非常严重,在以粮食为动物饲料主要成分的国家,动物进食被赭曲霉毒素 A 污染的饲料导致体内赭曲霉毒素 A 蓄积。由于赭曲霉毒素 A 在动物体内非常稳定,不易被代谢降解,因此动物性食品,尤其是猪的肾脏、肝脏、肌肉、血液、奶和奶制品等中常有赭曲霉毒素 A 检出,人通过进食被赭曲霉毒素 A 污染的农作物和动物组织而感染。世界范围内对赭曲霉毒素 A 污染基质调查研究最多的是谷物(小麦、大麦、玉米、大米等)、咖啡、葡萄酒和啤酒以及调味料等。

4.3.2.3　毒性及作用机理

赭曲霉毒素 A 对动物的毒性主要为肾脏毒和肝脏毒。赭曲霉毒素 A 对实验动物的半致死剂量(LD_{50})依给药途径、实验动物种类和品系不同而异,经口染毒赭曲霉毒素 A 对猪的 LD_{50} 为 1mg/[kg·BW(以体重计)]、狗为 0.2 mg/(kg·BW)、鸡为 3.3 mg/(kg·BW);大小鼠依品系不同而异,分别为 20~30 mg/(kg·BW)和 46~58 mg/(kg·BW),因此狗和猪是所有受试动物中对赭曲霉毒素 A 毒性最敏感的动物。赭曲霉毒素 A 对所有单胃哺乳动物的肾脏均有毒性,可引起实验动物肾萎缩或肿大、颜色变灰白、皮质表面不平、断面可见皮质纤维性病变;显微镜下可见肾小管萎缩、间质纤维化、肾小球透明性病变、肾小管坏死等,并伴有尿量减少、对氨基马尿酸清除率降低、尿频、尿蛋白和尿糖增加等肾功能受损导致的生化指标改变,而尿蛋白和尿糖增加表明肾脏近曲小管对蛋白和糖的重吸收功能降低。除特异性肾毒性作用以外,赭曲霉毒素 A 还对免疫系统有毒性,并有致畸、致癌和致突变作用。由于它对肾脏的毒害作用,会给家畜和家禽养殖造成巨大的经济损失。

4.3.3 橘毒素

4.3.3.1 结构及物理化学性质

橘毒素的分子式是 $C_{13}H_{14}O_5$,在常温下它是一种黄色结晶物质,熔点为 172℃。在长波紫外线的激发下能发出黄色荧光,其在 319nm、253nm 和 222nm 处有紫外吸收峰。在适宜 pH 值条件下,该毒素能溶解于水及大多数有机溶剂,并很容易在冷乙醇溶液中结晶析出。在水溶液中,当 pH 值下降到 1.5 时也会沉淀析出。因此,可以根据这些特性对其分离纯化。

4.3.3.2 产毒菌株及自然分布

有多种青霉属真菌和曲霉属真菌能在自然或人工条件下产生橘毒素,其中橘青霉是自然界中最重要的橘毒素产生菌。橘青霉在自然界中分布广泛,在温暖的气候条件下生长繁殖迅速。它常与纤维的降解,及玉米、大米、面包等农产品或食品的霉变有关。在大米及稻谷的产地,该菌普遍存在。近年的调查研究发现,在玉米、大米、奶酪、苹果、梨和果汁等许多食品和农产品中都有可能检测到橘毒素,同时分离到产橘毒素的菌株。

红曲霉属(Monascus)的某些种在食品、医药、化妆品等行业有广泛的用途,迄今为止不仅开发出了诸如清酒、米醋、酱油、味精、豆腐乳及食用红曲色素等食品和食品添加剂,而且红曲中的某些活性代谢产物也被越来越多地用于具有特殊功能保健食品的生产中。然而,某些红曲霉会产生橘毒素导致红曲产品的安全性受到关注,日本率先制订了红曲色素中橘毒素国家限量标准 0.2mg/kg。美国食品及药物管理局明确提出,对红曲色素中含有的橘毒素必须进行安全性评价,合格后方可作为食品添加剂使用;欧洲,甚至要求红曲产品不得含有橘毒素,即用目前最先进的分析技术也检测不到橘毒素的红曲产品方可允许进口。

4.3.3.3 毒性及作用机理

橘毒素主要是一种肾毒素,它能引起狗、猪、鼠、鸡、鸭和鸟类等多种动物肾脏病变,大鼠的 LD_{50} 是 67 mg/kg,小鼠的 LD_{50} 是 35 mg/kg,豚鼠的 LD_{50} 是 37 mg/kg。它引起的肾脏损害主要表现为:管状上皮细胞的退化和坏死,肾肿大,尿量增加,血氧和尿氧升高,造成肾功能生理失常。毒理学研究证明:橘霉素能抑制肝细胞线粒体氧化磷酸化效率,它通过抑制 NADH 氧化酶、NADH 还原酶、细胞色素 C 还原酶以及苹果酸、谷氨酸及 α-酮戊二酸脱氢酶的活性,引起跨膜电压的降低,从而导致氧化磷酸化效率的降低。橘霉素能显著抑制肾皮质细胞和肝细胞线粒体的 α-酮戊二酸和丙酮酸脱氧酶的活性,并能降低 Ca^{2+} 吸收速率及 Ca^{2+} 总量。另外,橘霉素还能和其他真菌毒素(如赭曲霉素、展青霉素等)起共同作用,增加对肌体的损害。橘霉素在体外能引起细胞的 RNA 合成抑制和 DNA 单链断裂,并干扰 DNA 前体的合成和释放。橘霉素致突变的过程是漫长而复杂的,受多种因素的综合影响,并存在种群和个体差异,可能需要通过复杂的生物转化才能发挥其致突变作用。

4.3.4　展青霉素

展青霉素(patulin,Pat)是由真菌产生的一种有毒代谢产物,Glister 在 1941 年首次发现并分离纯化。

4.3.4.1　结构及物理化学性质

展青霉素是一种内酯类化合物,分子式为 $C_7H_6O_4$,为无色晶体,熔点为 112℃,是一种中性物质,溶于水、乙醇、丙酮、乙酸乙酯和氯仿,微溶于乙醚和苯,不溶于石油醚。展青霉素在碱性溶液中不稳定,其生物活性被破坏。

4.3.4.2　产毒菌株及自然分布

1) 产毒菌株

可产生展青霉素的真菌有十几种,浸染食品和饲料的主要有青霉(荨麻青霉、扩展青霉、木瓜青霉、圆弧青霉)、曲霉(棒曲霉、土曲霉),浸染水果的主要有雪白丝衣霉。

2) 自然分布

展青霉素不仅大量污染粮食、饲料,而且对水果及其制品的污染也尤为严重。美国曾对展青霉素的污染情况进行调查,在某路摊零售的 40 份苹果汁中有 23 份检出了展青霉素,含量在 $10\sim350\mu g/L$ 范围内,平均含量为 $50.7\mu g/L$,大多数阳性样品中展青霉素含量小于 $50\mu g/L$。在华盛顿地区检测的 13 份样品中有 8 份呈阳性,展青霉素含量在 $44\sim309\mu g/L$ 范围内。1984 年从佐治亚州采集的 5 份消毒苹果汁中均检出展青霉素($44\sim3990\mu g/L$,平均为 $1902\mu g/L$)。20 世纪 50 年代,日本大阪发生牛霉麦芽根中毒,造成 100 多头奶牛死亡,是荨麻青霉所产展青霉素所致。20 世纪 60 年代,我国也有奶牛霉麦芽根中毒发生的报道;20 世纪 80 年代,王祖锁和蒋次升等报道了奶牛霉麦芽根中毒,20 世纪 90 年代,内蒙古牙克石市某个体养鸭户饲养的 5010 只雏鸭发生中毒病,全群覆灭。经流行病学调查,临床观察、病理学检查、病原菌分离与鉴定及动物发病试验,现已确认这些都是由展青霉素浸染饲料所引起的中毒。2005~2007 年对广东省市场销售的苹果、山楂制品中展青霉素残留量的情况进行检测,苹果、山楂制品中展青霉素检出率占样品总数的 7.12%。

3) 毒性及作用机理

展青霉素是一种有毒内酯,雄性大鼠经口 LD_{50} 为 $30.5\sim55$ mg/kg·BW,雌性大鼠为 27.8 mg/kg·BW。英国食品、消费品和环境中化学物致突变委员会已将展青霉素划为致突变物质。FAO/WHO 食品添加剂委员会(JECFA)的一份研究报告表明,展青霉素对胚胎有毒性。JECFA 将人类最大日可食用量从 $1\mu g/(kg·BW·d)$ 降为 $0.4\mu g/(kg·BW·d)$,建议人类食用的苹果产品中的展青霉素残留量小于 $50\mu g/kg$(ppb);而很多国家将果汁中的展青霉素残留量调整为 $20\sim50\mu g/L$。

4.3.5 脱氧雪腐镰刀菌烯醇

脱氧雪腐镰刀菌烯醇（Deoxynivalenol，DON）又名致呕毒素（Vomintoxin，VT），是一种单端孢霉烯族毒素，主要由某些镰刀菌产生。1970 年首先从日本香川县感染赤霉菌的大麦中分离到脱氧雪腐镰刀菌烯醇的纯品。

4.3.5.1 结构及物理化学性质

脱氧雪腐镰刀菌烯醇是雪腐镰刀菌烯醇的脱氧衍生物，它由一个 12,13-环氧基、三个 OH 功能团和一个 α,β-不饱和酮基组成，其化学名称为 3,7,15-三羟基-12,13-环氧单端孢-9-烯-8-酮，为无色针状结晶，熔点为 151～153℃，可溶于水和极性溶剂，如含水甲醇、含水乙醇或乙酸乙酯等，在乙酸乙酯中可长期保存，120℃时稳定，具有较强的热抵抗力和耐酸性。

4.3.5.2 产毒菌株及自然分布

脱氧雪腐镰刀菌烯醇主要由某些镰刀菌产生，包括禾谷类镰刀菌、尖孢镰刀菌、串珠镰刀菌、拟枝孢镰刀菌、粉红镰刀菌、雪腐镰刀菌等。

许多粮谷类都会受到脱氧雪腐镰刀菌烯醇污染，如小麦、大麦、燕麦、玉米等。脱氧雪腐镰刀菌烯醇对于粮谷类的污染状况与产毒菌株、温度、湿度、通风、日照等因素有关。脱氧雪腐镰刀菌烯醇污染粮谷的情况非常普遍，中国、日本、美国、前苏联、南非等均有报道。Lee 等从韩国的大麦、黑麦、麦芽等 42 个样品中分离到 36 株镰刀菌，其中 15 株镰刀菌在产毒培养中有 6 株产生脱氧雪腐镰刀菌烯酮，最高产毒量 5.3mg/kg。郭红卫等检测了我国河南赤霉病流行年份与非流行年份小麦中镰刀菌污染情况，发现脱氧雪腐镰刀菌烯醇与雪腐镰刀菌烯醇（Nivalenol，NIV）、玉米赤霉烯酮（Zearalenone，ZEN）存在联合污染，流行年份的样品脱氧雪腐镰刀菌烯醇含量为 933.0 mg/kg，非流行年份的脱氧雪腐镰刀菌烯醇为 14.2 mg/kg，其含量远远超过我国制订的脱氧雪腐镰刀菌烯醇的允许标准（1 mg/kg）。

4.3.5.3 毒性及作用机理

1）急性毒性

脱氧雪腐镰刀菌烯醇的急性毒性与动物的种属、年龄、性别、染毒途径有关，雄性动物对毒素比较敏感。脱氧雪腐镰刀菌烯醇急性中毒的动物主要表现为站立不稳、反应迟钝、食欲下降、呕吐等，严重者可造成死亡。脱氧雪腐镰刀菌烯醇可引起雏鸭、猪、猫、狗、鸽子等动物的呕吐反应，其中猪对其最为敏感。脱氧雪腐镰刀菌烯醇还可引起动物的拒食反应。

2）慢性、亚慢性毒性

Ireson 等用大鼠进行了为期两年的染毒试验，脱氧雪腐镰刀菌烯醇的浓度为 0.1 mg/kg、5 mg/kg、10 mg/kg，雄性、雌性大鼠各分为 4 组，试验结束后发现，各组动物均未见死亡，动物体重增加与染毒剂量呈负相关。雌性大鼠的血浆中 IgA、IgG 浓度较对照组增加高，生化指标、血液学指标也可见明显异常。病理学检查还发现有肝脏肿瘤、肝脏损害。

3）细胞毒性

脱氧雪腐镰刀菌烯醇具有很强的细胞毒性，它对于原核细胞、真核细胞、植物细胞、肿瘤细胞等均具有明显的毒性作用。它对于生长较快的细胞如胃肠道黏膜细胞、淋巴细胞、胸腺细胞、脾细胞、骨髓造血细胞等均有损伤作用,并且可以抑制蛋白质的合成。随染毒剂量增加、染毒时间延长,受损伤细胞的数量逐渐增加,细胞 DNA 损伤程度逐渐加重;短时间染毒,损伤以 DNA 碎片的数量增加为主;较长时间染毒,损伤以 DNA 碎片变小为主。

4) 致突变、致癌、致畸作用

国内外对 DNA 的致突变、致畸、致癌作用的研究结果不一致。多数研究都表明脱氧雪腐镰刀菌烯醇具有胚胎毒性和致畸作用。脱氧雪腐镰刀菌烯醇诱癌实验尚未获得成功,国内外也无致癌作用的明确报道,因此其致癌作用尚无定论。但有动物试验表明,长期小剂量喂饲含毒素饲料,可以诱发不同器官的肿瘤。有人以脱氧雪腐镰刀菌烯醇污染的饲料喂饲大鼠一年,发现大鼠发生皮下肉瘤、肝癌、空肠腺癌和淋巴性白细胞增多症。Iserson 等进行了脱氧雪腐镰刀菌烯醇慢性毒性试验,也发现实验动物发生肝癌。Lambert 等用大鼠进行了两阶段脱氧雪腐镰刀菌烯醇对皮肤的诱导、促癌试验,结果显示脱氧雪腐镰刀菌烯醇不是一种促癌剂或诱癌剂,但是皮肤组织学检查可见脱氧雪腐镰刀菌烯醇诱发弥漫性鳞状上皮增生。流行学资料表明,在食管癌高发区(如河南林县、南非特兰斯凯),居民粮食中脱氧雪腐镰刀菌烯醇的污染严重,脱氧雪腐镰刀菌烯醇的浓度与食管癌发生呈正相关。这些研究均表明,脱氧雪腐镰刀菌烯醇可能是一种弱的致癌物质,应当引起足够重视。

5) 免疫毒性

近年来,随着分子生物学技术的发现,脱氧雪腐镰刀菌烯醇对免疫系统的影响引起了人们的极大关注。有研究表明,脱氧雪腐镰刀菌烯醇既是一种免疫抑制剂,又是一种免疫促进剂,其作用与剂量有关。免疫抑制作用表现为脱氧雪腐镰刀菌烯醇通过其倍半萜烯结构抑制转录、翻译过程;而免疫促进作用是与机体正常免疫调节机制有关。在体内,脱氧雪腐镰刀菌烯醇可以抑制对病原体的免疫应答,同时又可诱发自身免疫反应。脱氧雪腐镰刀菌烯醇引起实验动物免疫系统的疾病与人类 IgA 肾病极其相似,同时脱氧雪腐镰刀菌烯醇还可以诱发辅助性 T 细胞超诱导产物——细胞因子,激活巨噬细胞、T 细胞产生炎症前细胞因子。脱氧雪腐镰刀菌烯醇引起的自身免疫反应与人类 IgA 肾病极其相似,应引起人们的重视。

4.3.6　真菌毒素的检测

真菌毒素对人体危害较大,以致近年来其快速检测方法也得到迅速发展,特别是生物化学方法,如亲和色谱法和酶联免疫吸附测定法。真菌毒素含量的检测方法可分为三类:

(1) 理化检测方法,包括层析法、气相色谱法、液相色谱法等。

(2) 生物学检测法,包括皮肤毒性试验、致呕吐实验、种子发芽实验等。

(3) 免疫化学检测法,即利用抗原抗体反应的原理进行的真菌毒素检测。

三种方法中以免疫化学法最为灵敏、特异性强,但该类方法对操作人员和技术条件的要求较高,因而限制了其实际应用。一些研究学者近年来对粮食中真菌毒素的检验方法进行了探索,成功地将气相色谱、气质连用、蛋白质芯片等用于对真菌毒素的检测。在进行真菌毒素检测时,大部分的标准毒素不仅毒性很大,而且非常难得到,所以无标准毒素的方法适应了这种需求,如黄曲霉毒素荧光仪的使用。但是,由于毒素的分析属于痕量分析,因此在仲裁中最终必须通过气相或液相色谱方法进行准确定量。现代真菌毒素快速分析方法主要应用的原理有亲和色谱法和酶联免疫吸附法。

4.3.6.1 亲和色谱法

1) 亲和色谱法的基本原理

亲和色谱法(Affinity Chromatography)是利用生物分子间所具有的专一亲和力而设计的色谱技术。首先将载体在碱性条件下用 CNBr 活化,再用化学方法将能与生物分子进行可逆性结合的物质(称为配基)结合到某种活化固相载体上,此过程称为偶联反应。将偶联反应得到的亲和吸附剂装入色谱柱中形成亲和柱,溶液样品通过亲和柱时,生物大分子和亲和柱中的配基结合而吸附在亲和吸附剂表面,而其他没有特异结合的杂蛋白则可通过清洗而流出,再用适当方法使这些生物大分子与配基分离而被洗脱下来,从而达到分离、纯化的目的。

2) 亲和色谱法载体的选择

用于亲和色谱法的理想载体应非特异性吸附要尽可能小,对其他大分子物质的作用很微弱;必须具有多孔的网状结构,能使大分子自由通过而增加配基的有效浓度;必须具有相当量的化学基团可供活化,并在温和条件下能与大量的配基连接;具有良好的机械性能;在较宽的pH 值、离子强度和变性剂浓度范围内具有化学和机械稳定性;高度亲水,使固相吸附剂易与水溶液中的生物高分子接近。亲和色谱法常用的载体有纤维素、琼脂糖凝胶、聚丙烯酰胺凝胶及聚乙烯凝胶等。

3) 亲和色谱法配基的选择

纯化的配基可以选小的有机分子,也可以选天然的生物高分子。它首先必须对欲纯化的大分子具有很高的亲和力;另外这些配基必须具备可修饰的基团,而且通过这些基团可与载体形成生物大分子共价键。这些共价键的形成不至于严重地影响配基与欲纯化蛋白质的亲和力。用于亲和色谱的配基有酶的底物、酶的辅助因子以及抗体(或抗原)等。

4) 亲和色谱法配基与载体的结合

配基要结合到载体上,首先要活化载体上的功能基团,再将配基连接到活化基团上。此偶联反应必须在温和条件下进行,不至于使配基和载体遭到破坏;且偶联后要反复洗涤载体,以除去残存的未偶联的配基,还要测定偶联的配基的量。

5) 亲和色谱法的条件

亲和色谱法一般采用柱色谱法,要达到好的分离效果,必须具备一定的操作条件。

(1) 吸附。亲和柱所用的平衡缓冲液的组成、pH 值和离子强度都应选择最有利于配基与生物大分子形成复合物。吸附时,一般在中性条件下,上柱样品液应与亲和柱平衡缓冲液一样,上柱的样品应对平衡缓冲液进行充分透析,以有利于络合物的形成。亲和吸附常在 4℃下进行,以防止生物大分子因受热变性而失活。上柱流速尽可能缓慢,流速控制在 1.5ml/min,流出及时检测,以判断亲和吸附效率。

(2) 洗涤。样品上柱后,用大量平衡缓冲液连续洗去无亲和力的杂蛋白,层析色谱上出现第一个蛋白峰和其他杂质峰。除了用平衡缓冲液,经常还使用各种不同的缓冲液或有机溶剂洗涤,这样可以进一步除去非专一性吸附的杂质,在柱上只保留专一性的亲和物。

(3) 洗脱。洗脱所选取的条件应该能减弱亲和对象与吸附剂之间的相互作用,使复合物完全解离。由于亲和色谱中亲和对象差异很大,洗脱剂很难统一标准,如果亲和双方吸附能力很强,大量的洗脱液往往只能获得平坦的亲和物洗脱峰。此时往往需要改变洗脱缓冲液的

pH 值,但这种改变不能使亲和物失去活性,大多数用 0.1mol/L 乙酸或 0.01mol/L 盐酸,有时也可用 pH 值为 10 左右的 0.1mol/L NaOH 溶液洗脱。

(4) 再生。当洗脱结束后,需要用大量洗脱剂彻底洗涤亲和柱,然后再用平衡缓冲液使亲和柱充分平衡,亲和柱可以再次加入试样,反复进行亲和色谱。暂不用的亲和柱可存放在防菌污染的冰箱或冷室(低于 4℃)中,以备下次使用。

4.3.6.2　常见真菌毒素的检测分析技术

1) 黄曲霉毒素的检测分析技术

黄曲霉毒素的检测方法包括薄层色谱法(TLC)、高效液相色谱法(HPLC)(液-液提取和固相提取)、微柱筛选法、酶联免疫吸附法(ELISA)、免疫亲和柱-荧光分光光度法、免疫亲和柱-HPLC 法等。TLC 虽然分析成本较低,但操作步骤多,灵敏度差;HPLC 虽然灵敏度高,但样品处理烦琐,操作复杂,仪器昂贵;ELISA 重复性差,试剂寿命短且需要低温保存。此外,这些方法都有以下共同的不足之处:(a)在操作过程中,需要使用剧毒的黄曲霉毒素作为标定标准物,对操作人员造成巨大的污染危险;(b)在对样品进行预处理过程中,需要使用多种有毒、具异味的有机溶剂,不仅毒害操作者,而且污染环境;(c)操作过程烦琐、时间长,劳动强度大;(d)仪器设备复杂、笨重,难以实现现场快速分析;(e)灵敏度较差,无法满足欧盟等国的标准要求。

(1) 免疫亲和柱法测定黄曲霉毒素总量和黄曲霉毒素 B1。黄曲霉毒素免疫亲和柱-荧光分光光度法是以单克隆免疫亲和柱为分离手段,用荧光计、紫外灯作为检测工具的快速分析方法。其原理为:试样中的黄曲霉毒素用一定比例的甲醇-水提取,提取液经过滤、稀释后,用免疫亲和柱净化,以甲醇将亲和柱上的黄曲霉毒素淋洗下来,在淋洗液中加入溴溶液衍生,以提高测定灵敏度,然后用荧光分光光度计进行定量。也可以将甲醇-黄曲霉毒素淋洗液的一部分注入 HPLC 中,对黄曲霉毒素 B1、黄曲霉毒素 B2、黄曲霉毒素 G1、黄曲霉毒素 G2 分别进行定量分析。免疫亲和柱是用大剂量的黄曲霉毒素单克隆抗体固化在水不溶性的载体上,然后装柱而成,该方法的测定范围为 0~300μg/kg。

黄曲霉毒素免疫亲和柱-高效液相色谱法比传统的 HPLC 法更加安全、可靠,灵敏度和准确度高。它采用单克隆抗体免疫技术,可以特效性地将黄曲霉毒素或其他真菌毒素分离出来,分离效率和回收率高。它克服了 TLC 和 HPLC 法在操作过程中使用剧毒的真菌毒素作为标定标准物和在样品预处理过程中使用多种有毒、具异味的有机溶剂,毒害操作人员和污染环境的缺点;同时黄曲霉毒素免疫亲和柱-荧光分光光度法分析速度快,一个样品只需 10~15min,比传统方法快几个小时甚至几天时间;仪器设备轻便容易携带,自动化程度高,操作简单,可直接读出测试结果,可以在小型实验室或现场使用;黄曲霉毒素总量的测定,检测限可达到 1μg/kg,达到黄曲霉毒素标准限量值以下,测定范围为 1~300μg/kg。

(2) 酶联免疫吸附间接法。酶联免疫吸附间接法的原理为:将已知抗原吸附在固态载体表面,洗除未吸附抗原,加入一定量抗体与待测样品(含有抗原)提取液的混合液,竞争培养后,在固相载体表面形成抗原-抗体复合物。洗除多余抗体成分,然后加入酶标记的抗球蛋白的第二抗体结合物,与吸附在固体表面的抗原-抗体复合物相结合,再加入酶的底物。在酶的催化作用下,底物发生降解反应,产生有色物质,通过酶标检测出酶底物的降解量,从而推知被测样品中的抗原量。

(3) 微柱筛选法。微柱筛选法可以用来半定量测定各种食品中黄曲霉毒素 B1、黄曲霉毒素 B2、黄曲霉毒素 G1 和黄曲霉毒素 G2 的总量。

其原理为:样品提取液中的黄曲霉毒素被微柱管硅镁型吸附剂吸附后,在波长 365nm 紫外光下显示蓝紫色荧光环,其荧光强度与黄曲霉毒素在一定的浓度范围内成正比关系。若硅镁型吸附剂层未出现蓝紫色荧光,则样品为阴性(该方法灵敏度为 5～10μg/kg)。由于在微柱上不能分离黄曲霉毒素 B1、黄曲霉毒素 B2、黄曲霉毒素 G1 和黄曲霉毒素 G2,所以测得结果为总的黄曲霉毒素含量。

2) 黄曲霉毒素 M1 快速测定技术

黄曲霉毒素 M1 是动物摄入黄曲霉毒素 B1 后在体内经羟基化代谢的产物。黄曲霉毒素 M1 的毒性和致癌性与黄曲霉毒素 B1 基本相似。

(1) 免疫亲和柱净化-荧光计快速测定法。免疫亲和柱净化-荧光计快速测定法的原理为:试样经离心、脱脂后过滤,滤液再经过有黄曲霉毒素 M1 在分离柱中的抗体上。用甲醇-水(10∶90)将免疫亲和柱上的杂质除去,以甲醇-水(80∶20)通过分离柱洗脱,加入溴溶液衍生,以提高测定灵敏度。衍生化后的洗脱液于荧光光度计中测定黄曲霉毒素 M1。

(2) 免疫亲和色谱法净化-高效液相色谱法。该方法对应于《奶粉中黄曲霉毒素 M1 免疫亲和色谱法净化、高效液相色谱法》。

①范围。该方法适用于测定牛奶、奶粉以及低脂牛奶、脱脂牛奶中黄曲霉毒素 M1 的含量。奶粉中的最低检测限是 0.08μg/kg,牛奶中的最低检测限是 0.008μg/kg。

②原理。当样品通过免疫亲和柱时,抗体选择性地与样品中的黄曲霉毒素 M1(抗原)键合,形成抗体-抗原复合体并保留在亲和柱上,用淋洗液将亲和柱上的黄曲霉毒素 M1 洗脱下来,收集洗脱液。用液相色谱仪(HPLC)测定洗脱液中黄曲霉毒素 M1 含量。

3) 赭曲霉毒素快速分析技术

赭曲霉毒素的检测方法包括酶联吸附免疫法、薄层色谱法、HPLC、免疫亲和柱-荧光分光光度法、免疫亲和柱-HPLC 法等。下面介绍酶联免疫吸附测定法。

用赭曲霉毒素 A 作为半抗原,与牛血清白蛋白(BSA)或人血球蛋白结合,制成复合抗原,免疫动物,产生特异性的抗血清或单克隆抗体,并建立了酶联免疫吸附测定法。Candlish 等人 1986 年首次报道了抗赭曲霉毒素 A 的单克隆抗体。我国卫生部食品卫生监督检验所也已制备出高特异性的抗赭曲霉毒素 A 单克隆抗体,建立了直接竞争性酶联免疫吸附测定法和间接竞争性酶联免疫吸附测定法。

(1) 直接法。直接法的原理是:将已知抗原吸附在固相载体表面,洗涂未吸附的抗原,加入一定量的酶标记抗体与样品(含抗原)提取液的混合物,在固相载体表面形成抗原-抗体-酶复合物。洗去多余部分,加入酶的底物。在酶的催化作用下,底物发生降解反应,产生有色物质。通过酶标检测仪,测出酶底物的降解量,从而推知被测样品中的抗原量。

(2) 间接法。间接法的原理是:将已知抗原吸附在固相载体表面,洗除未吸附抗原,加入一定量抗体与测样品(含抗原)提取液的混合液,在固相载体表面形成抗原-抗体复合物。洗去多余抗体成分,然后加入酶标记的抗球蛋白的第二抗体结合物,与吸附在固体表面的抗原-抗体复合物相结合,再加入酶的底物。在酶的催化作用下,底物发生降解反应,产生有色产物,通过酶标记检测仪,测出酶底物的降解量,从而推知被测样品中的抗原量。

4.4　病毒性污染对农产品安全的影响及检测

　　20 世纪 40 年代前,通过奶传播的小儿脊髓灰质炎病毒被认为是唯一的食源性感染病毒。近年来,甲型肝炎病毒、轮状病毒、诺如病毒引起的食源性疾病事件屡有报道,在世界各地病毒已成为一个引起食源性疾病的重要原因。有研究表明病毒性胃肠炎出现的频率仅次于普通感冒,居食源性病毒感染的第二位。任何农产品都可以作为病毒的传播工具,例如病毒性肝炎。由病毒引起的食源性疾病的诊断和控制及病原的分离鉴定等越来越受到重视。与细菌不同的是,病毒很难从污染食物中检测和分离,分离检测技术也研究不充分,因此确认农产品是否受到病毒污染并引起食源性疾病还存在很大困难。

4.4.1　病毒对农产品污染途径、特点

　　一般情况下,病毒只能在活的细胞中复制,不能在人工培养基中繁殖,因此,人和动物是病毒复制、传播的主要来源。引起小儿麻痹症的脊髓灰质炎病毒可在污泥和污水中存留 10 天以上,在这种环境中生长的蔬菜就可能带有该病毒。

　　来源于污染源的病毒的主要传播途径有:

　　(1) 通过粪便、尸体直接污染农产品原料和水源,如细小病毒、呼吸肠道病毒等。

　　(2) 带有病毒的农产品从业人员通过手、生产工具、生活用品等在食品加工、运输、销售等过程中对食品造成污染,如乙型肝炎病毒。

　　(3) 携带病毒的动物与健康动物相互接触后,使健康动物染毒,导致动物性食品被污染,如牛、羊肉中的口蹄疫病毒,禽肉和禽蛋中的禽流感病毒。

　　(4) 蚊、蝇、鼠、跳蚤等可作为某些病毒的传播媒介,造成食品污染,如乙肝病毒,流行性出血热病毒等。

　　(5) 污染食品的病毒被人和动物吸收,并在体内繁殖后,又可通过生活用品、粪便、唾液、尸体等对食品造成再污染.导致恶性循环。

4.4.2　农产品中常见的病毒

4.4.2.1　肝炎病毒

　　肝炎病毒(Hepatitis virus)引起传染性肝炎。引起病毒性肝炎的病毒有 7 种,即甲、乙、丙、丁、戊、己、庚型病毒。经食品传播的肝炎病毒有甲型肝炎病毒(Hepatitis A virus,HAV)和戊型肝炎病毒(Hepatitis E virus,HEV)。

　　1) 生物学特性

　　(1) 甲型肝炎病毒。甲型肝炎病毒属小 RNA 病毒科(Picornaviridae)肝病毒属(Hepatovirus),直径约 27nm,球形颗粒状,20 面体对称,无包膜,内含线形单股 RNA。甲型肝炎病毒比较耐热,60℃ 1h 不被灭活,对酸处理有抵抗力,置于 4℃、-20℃和-70℃条件下,不能改变其形态或破坏其传染性。但 100℃加热 5min 可将其杀死。人和多种灵长类动物(黑猩猩、猕猴

等)可被感染。

(2)戊型肝炎病毒。戊型肝炎病毒属杯状病毒科(Caliciviridae),呈球状,平均直径为32~34nm,无包膜。该病毒对高盐、氯仿等敏感。人和多种灵长类动物(如恒河猴、食蟹猴、非洲绿猴、绢毛猴及黑猩猩等)可被感染。

2)致病机理和临床症状

(1)甲型肝炎病毒。甲型肝炎病毒引起甲型肝炎或甲型病毒肝炎,潜伏期为15~50天,表现为突然发热、不适、恶心、食欲减退、腹部不适,数日后出现黄疸、肝肿大、肝区疼痛。感染剂量为10~100个病毒。甲型肝炎以秋冬天季节发生为主,也可在春季流行,通过摄食被病毒污染了的食品和饮水发生感染。病毒经口入侵人体后,在咽喉或唾液腺中早期增值,然后在肠黏膜与局部淋巴结中大量增值,并侵入血液形成毒血症,最终侵犯肝脏,该病经彻底治疗后,愈后良好。

(2)戊型肝炎病毒。戊型肝炎病毒主要经粪-口途径传播,潜伏期为10~60天,临床上表现为急性戊型肝炎(包括急性黄疸和无黄疸型)等,症状为食欲减退、腹痛、关节痛和发热。多数患者于发病后6周即好转并痊愈,不发展为慢性肝炎。多发生于少年到中年的年龄段,孕妇感染后病情常较重,尤以怀孕6~9个月最为严重,常发生流产或死胎,病死率达10%~20%。戊型肝炎病毒经胃肠道进入血液,在肝内复制,再经肝细胞释放到血液和胆汁中,然后经粪便排出体外。

3)相关农产品

甲型和戊型肝炎患者通过粪便排出病毒,摄入受其污染的水或农产品后引起发病。水果和果汁、奶和奶制品、蔬菜、贝壳类动物等都可传播疾病,其中水、贝壳类动物是最常见的传染源。

4)控制措施

甲型肝炎病毒和戊型肝炎病毒主要通过粪便污染食品和水源,并经口传播,因此加强饮食卫生、保护水源是预防污染的主要环节。对食品生产人员要定期进行体检,做到早发现、早诊断和早隔离;对病人的排泄物、血液、食具、用品等需进行严格消毒。严防饮用水被粪便污染。对餐饮业来说,从业人员要保持手的清洁卫生,养成良好的卫生习惯,对餐具要进行严格的消毒。对输血人员要进行严格体检,对医院使用的各种器械进行严格消毒。接种甲肝疫苗有良好的预防效果,向患者注射丙种球蛋白有减轻症状的作用。

4.4.2.2 轮状病毒

轮状病毒(Rotavirus)是导致人类、哺乳动物和鸟类腹泻的重要病原体,是病毒性胃肠炎的主要病原,也是导致婴幼儿死亡的主要原因之一。

1)生物学特性

轮状病毒呈球形,有双层衣壳,每层衣壳呈20面体对称。内衣壳的微粒沿着病毒体边缘呈放射状排列,形同车轮辐条。完整病毒大小约70~75nm,无外衣壳的粗糙型颗粒为50~60nm。具双层衣壳的病毒体有传染性。病毒基因组为双链RNA。轮状病毒在自然环境中相当稳定,在粪便中存活数天到数周,适应的pH值范围广(pH值3.5~10),55℃ 30min可不被灭活。

2）致死机理和临床症状

A 型轮状病毒最为常见，是引起 6 个月～2 岁婴幼儿严重胃肠炎的主要病原，年长儿童和成年人常呈无症状感染。传染源是病人和无症状带毒者从粪便排出的病毒，经粪—口途径传播。病毒侵入人体后在小肠黏膜绒毛细胞内增值，造成细胞溶解死亡，微绒毛萎缩、变短和脱落，腺窝细胞增生、分泌增多，导致感染者严重腹泻。病毒潜伏期为 24～48h，感染者突然发病，出现发热、腹泻、呕吐和脱水等症状，一般为自限性，可完全恢复。但当婴儿营养不良或已有脱水症状时，若不及时治疗，会导致婴儿的死亡。

B 型轮状病毒可在年长儿童和成年人中暴发流行；C 型病毒对人的致病性与 A 型类似，但发病率很低。由于该病毒具有抵抗蛋白分解酶和胃酸的作用，所以能通过胃到达小肠，引起急性胃肠炎。感染剂量约为 10～100 个感染性病毒颗粒，而患者在每毫升粪便中可排出 10^8～10^{10} 个病毒颗粒，因此通过被病毒污染的手、用品和餐具完全可以使食品中的轮状病毒达到感染剂量。

3）相关农产品

轮状病毒存在于肠道内，通过粪便排到外界环境，污染土壤、水源和农产品，经消化道途径传染给人群。在人群生活密集的地方，轮状病毒主要是通过带毒者的手造成食品污染而传播，在医院、幼儿园和家庭中均可暴发。

4）控制措施

对轮状病毒主要是控制传染源，切断其传播途径，严格消毒可能被污染的物品。具体措施首先是讲究个人卫生，饭前便后洗手，防止病毒污染食品和水源；其次，食用冷藏食品时尽量加热处理，对可疑的食品食用前一定要彻底加热；另外，可以接种疫苗提高人体的免疫力。

4.4.2.3 诺如病毒

诺如病毒(Norovirus)以往曾称为诺瓦克病毒(Norwalk viruses)。诺如病毒是 1972 年美国诺瓦克(Norwalk)一所小学流行性胃肠炎暴发的病原，因此而得名。它是世界上引起非细菌性胃肠炎暴发流行的重要病原体。

1）生物学特性

诺如病毒属杯状病毒科(Caliciviridae)，直径约为 26～35nm，无包膜，表面粗糙，球形，呈 20 面体对称。根据暴发地区不同，该类病毒有很多血清型。

2）致病机理和临床症状

诺如病毒引起病毒性胃肠炎或称为急性非细菌性胃肠炎。潜伏期通常为 24～48h，患者突然发生恶心、呕吐、腹泻、腹痛、腹绞痛，有时伴有低热、头痛、乏力及食欲减退，病程一般为 2～3 天。目前，病毒感染剂量还不清楚。所有人都可感染发病，但主要为大龄儿童和成年人。人体获得对诺如病毒的免疫力后，免疫作用维持时间比较短，这是人反复发生胃肠炎的主要原因之一。

3）相关食品

诺如病毒主要是通过污染水和食物经粪-口途径而传播，也有人和人之间相互传播的。水是引起疾病暴发的最常见传染源。

　4)控制措施

　避免食用受污染的食品。人食用诸如病毒污染的贝壳类、沙拉等食品均可导致发病。在易发地区,对易污染的食品更要注意其安全性。

4.4.2.4　其他病毒

　1)肠病毒

　肠病毒(Enterovirus)属于小 RNA 病毒科,病毒为 20 面体立体对称,无包膜。肠病毒包括脊髓灰质炎病毒(Polioviruses)、柯萨奇病毒 A 群(A coxsackieviruses)、柯萨奇病毒 B 群(B coxsackieviruses)、埃可病毒(Echoviruses)和肠病毒(Enteroviruses)。该病毒被命名为肠病毒是因为它们可以在肠道中繁殖。肠病毒对环境因素有较强的抵抗力,在一般环境中可以生存数周,因此食品一旦受到污染人就有患疾的危险。

　人肠道病毒分布广泛,主要通过粪-口途径传播,少数也经气溶胶传播。病毒可经感染者的粪便排出体外。肠病毒引起婴幼儿的多种疾病,最典型的症状是胃肠炎,感染的症状通常很轻微,多数无临床症状。然而,肠道中的病毒可能扩散到其他器官,引起严重的疾病,甚至是致命的脑膜炎和瘫痪。

　2)星状病毒

　星状病毒(Astrovirus)属于星状病毒科(Astroviridae),球形、无包膜,是引起儿童急性腹泻的主要原因,其症状通常比轮状病毒轻微,但常与轮状病毒和杯状病毒混合感染。冬季为流行季节。星状病毒通过食品和水经粪-口途径传播。

　3)哺乳动物腺病毒

　哺乳动物腺病毒(Mammalian Adenovirus)属于腺病毒科(Adenoviridae)。该病毒为无包膜的双链 DNA 病毒,正 20 面体。大部分腺病毒引起人的呼吸道感染,一部分腺病毒则引起人的胃肠炎。腺病毒主要经粪-口途径传播,约 10% 儿童胃肠炎由该病毒引起,四季均可发病,以夏季多见。该病毒可从污泥、海水和贝壳类食品中检出。

　4)口蹄疫病毒

　口蹄疫病毒(Aphthovirus)属于小 RNA 病毒科(Picornaviridae),病毒粒子无包膜。口蹄疫为人畜共患病,主要侵害偶蹄类动物,可以传播给人,但它克服种间障碍传播给人的概率较低,人发生口蹄疫感染是比较罕见的。口蹄疫病毒在新鲜、部分烹饪和腌制的肉以及未经巴氏消毒的奶中可存活相当长时间。摄入这些产品或与动物接触可引起人的感染。人与人之间的直接传染尚未见报道。人感染的潜伏期为 2~6 天,症状有身体不适、发热、呕吐、口腔溃疡等,有时手指、脚趾、鼻翼和面部皮肤出现小水泡。感染人的病毒多为 O 型,其次为 C 型和 A 型。

　5)朊病毒

　朊病毒(Prion)是动物组织的正常蛋白质,经错误折叠后变为传染性因子。当其处于非感染状态时,它们的作用可能是参与细胞间信息转导;其形态改变后变成具有传染性,与正常形态的蛋白质接触使其转变为非正常形态的蛋白质,从而导致疾病的发生。

　动物摄入朊病毒后,在消化过程中吸收进入机体,使机体内相应的正常蛋白质变为非正常蛋白质。但由于种间障碍,不同种属动物之间这种传染发生的可能性较低。

　朊病毒可以引起多种称为传染性海绵状脑病(Transmissible Spongiform Encephalopathies,TSE)。其中人的克-雅氏病(Creutzfelda-Jakoh Disaese,CJD)被疑为食源性疾病。人的

克-雅氏病和牛海绵状脑病(Bovine Spongiform Encephalopathies,BSE),也被称为疯牛病,似乎由相同的感染因子引起。其他由朊病毒引起的传染性海绵状脑病有鹿慢性消耗性疾病(Chronic Wasting Disease,CWD)和羊痒病(Scrapie),其朊病毒是否可以传染给人尚不清楚。人可能因食用 BSE 动物组织或肉而感染。

传染性海绵状脑病不出现急性临床症状,在经过数年的潜伏期后,出现不可逆的神经组织变性。其病理学特点是大脑皮质神经元退化,出现空泡,形成淀粉样斑块;临床上出现相应的痴呆、震颤等症状。

4.4.3　农产品中污染病毒的检验

未经烹调的肉、禽、蛋、鱼、贝以及蔬菜等如带有能使人感染的病毒,这些不安全的农产品往往给消费者健康带来潜在的危险,甚至爆发某种病毒病,因此应加强对进出口农产品或大宗农产品的病毒学检验,其重点应以经口感染的人类肠道病毒为主。目前已知肠道病毒有 70 多个血清型,其中包括脊髓灰质炎病毒 3 个型、柯赛奇 A 群 24 个型、柯赛奇 B 群 6 个型、埃可病毒 34 个型,有时口蹄疫、新城疫病等动物病毒也是重点检测的对象。

检测食品中的病毒一般有三个步骤:

(1) 样品采集和处理,包括采集、提取、净化,以及必要时进行浓缩。

(2) 病毒分离,包括接种敏感宿主(动物、鸡胚或培养细胞),如果一次未取得阳性结果,尚需盲目传代 2～3 次。

(3) 病毒鉴定。常规检测食品病毒时,只要证明分离到的确是病毒,不管分离到的是什么种或型,在食品中都不允许存在。但在流行病学追踪或其他需要时则应鉴定至种或型。

4.4.3.1　样品的采集和处理

1) 样品的采集和运送

样品采集要有足够数量,一般不少于 100g,以无菌样品瓶(袋)盛取,以免采样过程中发生污染或样品间的交叉污染。动物固有的病毒多存在于样品内部,加工过程中污染的病毒多附着于样品表面。采样时既要防止外来污染,又要防止遗漏食物中的病毒。样品应尽快低温运送至检验室,防止污染、变质或样品混淆。同时应附有采样登记卡和编号。

2) 样品的处理

(1) 酸沉淀法。酸沉淀法只限于对酸稳定的肠道病毒和能在 pH 值 4 以下出现絮状凝集的样品。将肉类样品匀浆化后调节 pH 值至 3.5 ± 0.1,搅拌 30min,以 2500g 离心 15min,去渣后在磁力搅拌下滴加 1mol/L HCl 使 pH 值降至 3.5 ± 0.1,继续搅拌 30min,再离心 15min,弃上清液(记录数量)。向沉渣中加入无菌的 0.15mol/L $Na_2HPO_4 \cdot 7H_2O$ 至原上清液体积的 1/20,使沉渣溶解,用 1mol/L HCl 或 NaOH 将 pH 值调节至 7.0～7.5,用高抗生素 MEM 稀释后即可进行病毒检测。

(2) 氯化高铁法。将样品匀浆去渣后,调 pH 值至 4.0 ± 0.1,按 1/200 量加入过滤除菌的 0.5mol/L $FeCl_3$,搅拌 15min,静置 30min。将上清吸出,将絮块倾入离心管以 1500r/min 离心 15min,弃去上清液,按原样品量的 1/25 加入 pH 值 9.0 的 0.1 mol/L 甘氨酸溶液,使絮块溶解,用 0.5mol/L HCl 将 pH 值调至中性,用高抗生素 MEM 稀释后即可进行病毒检测。

处理好的样品应放入 4℃冰箱保存;如果 8h 内不能进行病毒检测,应在－30℃以下保存。

4.4.3.2　病毒的分离

1) 单层细胞的制备

检测环境物体所含病毒,通常使用 Vero 或 BGM 等来源于绿猴或人的传代细胞系。以 Vero 或 BGM 细胞为例将单层细胞制备方法是:

倾去生长成熟且未衰老的单层细胞原有的培养液,加入适量 Versene 液或 Versene 与胰酶等量混合液,以将细胞单层全部覆盖为度。37℃消化数分钟,当显微镜下能看到细胞互相分离、浓缩时,立即翻转容器使细胞侧向上脱离消化液。随即小心倾去消化液,勿使细胞从管壁脱落。如细胞已有脱落则保留消化液,并立即加入 1/10 量的小牛血清和数滴无菌饱和氯化镁溶液,以中和胰酶和 Versene 液的消化作用,200g 离心 5～10min,收获细胞。用适当新鲜培养基将细胞作成悬液,用弯头细管小心吹打悬液使细胞充分分散。培养基用量约相当于倾出的原培养液的 2～3 倍,然后分注于 2～3 个无菌的新容器中。

设定培养温度为 35～37℃。方瓶培养时可水平放于温箱中,试管或小瓶培养时则要将管口稍微垫高约倾斜 5°。连续观察细胞生长情况,3～5 天后细胞便可连成一片形成细胞单层。临用时如发现细胞单层有缺损、细胞形态异常、培养液混浊、培养液变酸或变碱时,均不能用。

2) 病毒分离和检测

对肠道病毒感染细胞后,可直接用显微镜观察细胞的病变情况,也可以利用活体染色后,观察死亡细胞单层上形成的空斑,即可对病毒进行定性和定量分析。

(1) 细胞病变法。将单层细胞培养管中的培养液换成维持液,接种待检样后放入温箱,每日观察病变情况。对出现的病变应注意区别。通常接种后第二、第三天出现的病变可能不是病毒所引起酌;当样品病毒含量极低或病毒活性降低时,潜伏期可能延长甚至不出现病变。可通过传代的方法进行区别,如果病变不是病毒引起的,随着传代病变可减轻以至消失,反之病变可随传代次数的增加由无到有、由轻度逐渐变为典型病变。肠道病毒引起的病变表现为细胞膨大、圆缩、屈光增强、核浓缩、细胞脱落、坏死等。发生的病变一般分为 4 级,发生病变的细胞数量超过全单层面积 1/4 时记为＋,超过 1/2 时记为＋＋,超过 3/4 时记为＋＋＋,达到 4/4 时记为＋＋＋＋。病变程度达＋＋以上才能定为病毒阳性。

病毒初分离常常难以获得阳性结果,应最少盲传二代,如仍为阴性才可报告阴性。盲传前应将细胞管放入－30℃冻结,然后室温融化,反复冻融 3 次后,1 000r/min 离心 10min,取上清液接种于新的单层细胞管。

(2) 空斑法。空斑法专用于病毒定量。理论上一个病毒体即可产生一个空斑,但实际上无法排除两个以上病毒体共同产生的空斑,因此计数时称为空斑形成单位(PFU)。

取方瓶培养的单层细胞 10 瓶,每瓶接种样品或其连续 10 倍稀释液 0.2ml,将方瓶向前后左右倾斜使样品与单层细胞均匀接触,在 36℃温箱中孵育 1h,使病毒与细胞充分吸附。翻转方瓶使有细胞一侧向上,注入预先融化并保持在 47℃水浴中的覆盖琼脂培养基 8～10ml。塞好瓶塞,轻轻将方瓶翻转回来并作各种角度倾斜使琼脂均匀覆盖单层表面,然后在室温下静置 30min 使琼脂凝固。此时最好用黑纸将方瓶盖好,以免发生光敏效应使病毒灭活。再将方瓶琼脂侧向上,温箱培养 2 周,连续观察空斑形成及数量,并做记录。如果连续 48h 不再出现新的空斑,可以此数及样品浓度计算原食品中的病毒含量,公式如下:

$$100g \text{ 样品中的病毒量}(PFU) = \frac{\text{每瓶平均 PFU 数}}{\text{每瓶接种样品液量}(ml) \times \text{样品滤液总量}(ml)}$$

同时应记录空斑的形态(大小、形状、边缘整齐与否)是否相同,出现时间是否接近,对确定是否为病毒,以及是否由同一种病毒感染有很大参考价值。

3)病毒检定

病毒检定有两个方面含义,一是证明分离到的是否是病毒,因为一些毒性物质同样可导致细胞发生病变,而空斑中有时高达 80% 并不是由病毒所引起;二是对病毒的生物学类型进行鉴定。

(1)病毒的鉴定。通过空斑形成或细胞病变进行鉴别。传代能力强的是病毒,没有传代能力或只传 1~2 代后就传不下去的一般不认为是病毒。

①空斑形成的传代。为避免空斑间交叉污染,应选空斑密度适宜的方瓶(50ml 方瓶时,每瓶空斑数最好在 10~20 左右)和孤立的空斑(两个空斑间距离相当于空斑直径的两倍以上)。用记号笔在瓶壁空斑处画上标志。这些做法有助于病毒的克隆化,有利于种型鉴定。如果只要求证明空斑的传代能力,不是孤立的空斑也可以。操作中应避免交叉污染,以免把本来不是病毒引起的"空斑"认为是病毒引起的,对样品得出错误的结论,夸大污染程度。

将方瓶带琼脂侧向上,打开瓶塞,用无菌小铲小心地将空斑处琼脂轻轻剥下,使其直接落在无琼脂的瓶壁上,特别注意不要与其他空斑接触而造成交叉污染。露出细胞层后用另一支无菌小铲在空斑区擦取 1~2 下,将小铲送入含 0.5ml 生长培养基的小管中仔细刷洗,将刷洗液按前法接种于新的方瓶。培养后如再出现空斑即证明有传代能力。

②细胞病变效应的传代。细胞病变效应(CPE)是指病毒引起培养细胞病变的能力。若能证明 CPE 可以传代,就能说明致 CPE 因子有复制能力。浓度过高的非病毒、非生物污染物,虽然传代时毒物浓度逐渐被稀释,但其浓度在细胞的毒阈值以上时,仍有引起细胞病变的能力,但致病力是随稀释程度而逐渐减弱甚至消失;病毒的 CPE 则往往与之相反。

传代方法是将 CPE 处于高峰期的培养管,反复冻融 3 次,离心后取上清液接种新的培养管。培养后出现病变者,传代即告成功。

(2)病毒类型鉴定。农产品中的病毒类型不同于临床检验的病毒、常常有如大海捞针。但从流行病学资料和经验仍然可以获取某些信息,借以参考,缩小鉴定范围。病毒鉴定可根据需要进行到不同程度,从食品卫生角度看,一般揭示出病毒种型归属即可。

①血清中和试验。血清中和试验是利用超免疫抗病毒血清阻止病毒致病作用的血清学反应。这种方法特异性很高、操作相对简单,是常用的鉴定方法。如果有对该病毒中和效应的血清最大稀释度,则可以反映该病毒与制备该抗血清使用的病毒在抗原特性上的吻合程度。如能达到要求的血清效价,即说明两者完全一致;达不到血清效价但有一定中和能力者说明两者抗原性有部分交叉;完全没有中和作用者说明相互无关。

②补体结合反应。补体结合试验是利用抗原抗体复合物可与补体结合,而单独的抗原或抗体不能结合补体的特点,以溶血系统为指示剂,用已知抗原(或抗体)来检测未知抗体(或抗原)。补体结合反应的优点是比中和试验快并可用于鉴定不产生空斑甚至没有 CPE 的病毒。

4)酶联免疫吸附试验

酶联免疫吸附试验(简称 ELISA)是利用免疫反应的高度特异性和酶促反应的高度敏感性,对抗原或抗体进行定性和定量检测的一种的综合性技术。酶联免疫检测方法具有微量、特异、高效、经济、方便和安全等特点,目前已成为一类较成熟的检测技术,广泛应用于生物学和医学的许多领域。酶联免疫吸附试验方法很多,其中的竞争法(又称为竞争性抑制法)主要用于测定小分子抗原。

　　5)其他检测技术

　　从19世纪建立了经典免疫学后,随着现代生物学的不断发展,免疫学的研究进入了崭新的时代。除上述一些经典和现代免疫学技术外,各种新的免疫学检测方法不断被建立和应用,如放射免疫检测、荧光和化学免疫检测技术、免疫组织化学技术、原位杂交免疫组织化学和免疫PCR技术、免疫微球技术等。新的免疫学技术已被广泛应用于包括病毒在内的各种微生物的检测之中。这些新的检测方法具有特异性强、灵敏度高、快速方便等优点,能够检测出样品中的微量病毒和其他微生物。

4.5　害虫对农产品的影响及检测

　　我国《食品卫生法》明文规定禁止销售"生虫、污秽不洁、混有异物"的农产品。农产品害虫(Food Pest)是指能引起食源性疾病、毁坏农产品和造成农产品腐败变质的各种害虫。农产品害虫属于节肢动物门、昆虫纲和蛛形纲,它们在自然界中广泛分布,种类很多,主要为害储藏的农产品,也是农产品的生物性污染中重要的污染源之一。

　　农产品害虫往往抵抗力强,具有耐干燥、耐热、耐寒、耐饥饿、食性复杂、适应力和繁殖力强等特点,而且虫体小,易隐蔽,有些有翅,能进行远距离飞行和传播。因此,农产品害虫极易在农产品中生长繁殖,尤其是粮食和油料被害虫侵害比较普遍,干果、干菜、鱼干、腌腊制品、奶酪等食品中也有害虫孳生。害虫分解农产品中蛋白质、脂类、淀粉和维生素,使其品质、营养价值和加工性能降低。害虫侵蚀农产品,遗留有分泌物、虫尸、粪便、蜕皮和农产品碎屑,使农产品更易受害虫和微生物污染。害虫大量孳生时,产生热量和水分,引起微生物增殖,导致农产品发热、发霉、变味、变色和结块。影响农产品安全质量的主要是鞘翅目、鳞翅目、双翅目和蜚蠊目。广泛存在于粮食和其他贮藏农产品中的昆虫主要有玉米象、谷蠹、谷斑皮蠹、锯谷盗、赤拟谷盗、杂拟谷盗、大谷盗、麦蛾、印度谷螟、粉斑螟等,其中玉米象、谷蠹和麦蛾为我国三大仓虫。国内主要检疫害虫有谷象、蚕豆象、豌豆象和谷斑皮蠹等。据FAO报道,每年世界不同国家谷物和及其制品在贮藏期间的损失率为9%~50%,平均为20%,主要由鞘翅目和鳞翅目昆虫为害所致。

　　害虫不仅导致对农产品的恶性感官刺激,而且其中某些病媒昆虫,如苍蝇、蟑螂和螨类等,还可通过污染农产品传播疾病,损害人体健康。病媒昆虫通过农产品使人致病的作用有多种。除作为病原体和中间寄主外,多数昆虫有翅膀,可飞翔,在传播疾病中更有其独特的作用。主要的病媒昆虫介绍如下。

4.5.1　蝇类

　　防蝇是食品卫生中的老问题和普遍存在的问题,但并未引起人们足够的重视。蝇的种类很多,家蝇(*Musca domestica*)、大头金蝇和山蝇是传播疾病的主要蝇类。蝇的幼虫(蛆)以腐败物质为食,而成蝇具有吮吸式口器,特别是家蝇,其食物包括人的各种食物及人兽排泄物。

蝇的口器适于舔食液体和易溶解固体,当它舔食固体时,将唾液和所吸的液体呕出,用口孔周围的齿磨成乳剂,然后吸入。此外,蝇常排屎滴,边吃边拉,其多毛而有黏液的肢体易于携带病原体,其体内外的病原体都有可能传给人类。

当蝇类与食物接触时,它们可用携带的病原体和其呕吐物污染食物,通过人类摄食而将病原体传播给人类。蝇的幼虫若食入病原体,经过蛹羽化成蝇后,病原体仍可生存,通过成蝇进行传播。蝇对所有的病原体,如病毒、细菌、霉菌、寄生虫都可以传播。据调查,在卫生条件较差的地方,每头蝇平均带菌数为300万之多,且体内比体外要多数倍。

除了家蝇可通过食品传播多种疾病外,皮蝇属(*Hypoderma*)中的牛皮蝇(*H. bovis*)和纹皮蝇(*H. lineatum*)的幼虫寄生于黄牛、牦牛、水牛和人的皮下组织,可引起人兽共患的蝇蛆病,其幼虫在人体内移动,可引起皮肤、食道、背部皮下组织产生等症状。

4.5.2　蟑螂

昆虫中的蜚蠊目,俗称蟑螂,体小至中等,2～100mm,黄、褐、红或黑色,头小而斜,口器咀嚼式,体扁平,不善飞翔,多数生活于地面,亦有生活在土中及蚁巢中,极少数种类为水生。杂食性,可取食植物。一般昼伏夜出。

蟑螂喜边取食边排泄,同时分泌出一种臭味,经蟑螂爬过的食物会留下难闻的气味。近十几年来,我国许多地区蟑螂的数量增加,每到夏秋季,很多家庭,特别是厨房受蟑螂侵袭,对食物、食具、饮料均会造成污染。此外,它们也能以毛皮、纸张、衣布等作为食物,使之遭受破坏。

在家庭中,因为厨房有食物,所以,蟑螂以厨房为主要栖息活动场所,不仅污染食品留有臭味,更重要的是传播疾病。研究人员发现蟑螂可携带志贺氏菌、伤寒杆菌、霍乱弧菌、沙门氏菌、变形杆菌、结核菌、麻风菌、白喉菌、脊髓灰质炎病毒和其他引起食物中毒和人类疾病的病原菌等50多种微生物以及蛔虫卵、钩虫卵、挠虫卵以及阿米巴虫等。如果人吃了被蟑螂污染的食物,就有可能被这些病原菌感染,危害身体健康,甚至产生严重后果。此外,蟑螂还带有某些致过敏的物质,人接触它们后会发生哮喘和过敏性鼻炎等。

4.5.3　蚤

蚤目的昆虫一般称为跳蚤,是一类小型外寄生性吸血昆虫。虫体扁平、无翅、善跳,体长1～3mm,深褐色或黄褐色,体表有较厚的几丁质外皮,以吸食人、哺乳动物和禽类的血液为生。由于蚤的活动性强,对寄主的选择性广泛,所以是某些重要疾病的传播者,如猫、犬疾病常由蚤传给人类。蚤的种类很多,有近千种。其中与人类关系密切的为蠕形蚤科(Vermipsyllidae)中的若干蚤类。

除传播疾病外,蚤还可作为某些寄生虫的寄主。如复孔绦虫病是由犬复孔绦虫引起的犬、猫、人的疾病。其虫卵随终宿主的粪便排出后被蚤的幼虫吃下,当幼蚤发育为成虫时,其体内绦虫的幼虫亦逐渐成熟。犬、猫因舔食身上含有绦虫的蚤而被感染。被蚤污染的人可患病。其主要症状为食欲不振、消化不良、腹痛、腹泻、肛门瘙痒及烦躁不安等。

蚤作为某些疾病的媒介,主要引起黑热病,又称内脏利什曼病,是由杜氏利什曼原虫引起的一种慢性地方性人兽共患原虫病。此病的潜伏期一般为3～6个月,缓慢发病,长期不规则发热,伴有消瘦、疲乏、皮肤色素增深症状等,有贫血与营养不良表现,肝脏肿大,淋巴结肿大,齿龈出血,在颌面、颈部、四肢及胸背部皮肤上有丘疹或结节,白细胞减少,淋巴细胞相对数增多(但绝对数减少),红细胞减少,病情发展有间歇性。

4.5.4 螨

螨属于蛛形纲的蜱螨目(Acarina),大小约为 0.5mm,繁殖快,数量多,分布广,遍及地下、地上、高山、水中及生物体内。螨的种类很多。在食品中有粉螨、肉食螨和革螨,它们大多数为卵生,适宜温度 25℃左右,相对湿度 80% 以上。在阴暗潮湿的地方,无论是动物性食品,还是植物性食品均可能被螨侵袭。

在家庭贮藏的食品中,食糖、蜜饯、糕点、奶粉、干果及粮食等都可能受螨污染。我国有关部门曾对市售红砂糖进行检查发现,1kg 的糖内检出 3 万只螨虫。这种螨类嗜食糖,糖在运输、销售,特别是贮存中,如不注意卫生管理,最易受到螨虫污染。甜果螨是人类胃肠病的一种诱因;腐食酪螨可大量生存于脂肪和蛋白质含量高的食品中;茶叶中的螨类曾影响我国的茶叶出口。另外,还有引起皮肤病的疥螨等。

当人食用被螨污染的白糖或其他食品后,螨虫侵入人体肠道,可损害肠黏膜而形成溃疡,引起腹痛、腹泻、肛门烧灼等症状,即为肠螨病。螨虫侵入肺部可引起肺螨病,致肺毛细管破裂而咯血,还可诱发过敏性哮喘。如螨虫侵袭泌尿系统,则可引起尿路感染,发生尿频、尿急、尿痛或血尿等症状。

预防螨虫污染的有效措施是保持食品干燥。有些螨类,如粉尘螨,喜欢栖息在尘埃中,所以保持室内卫生、经常开窗通风、常晒被褥可防止室内螨类的生长。螨虫不耐热,70℃3min 即可死亡。所以,如贮存过久的白糖用作饮料或凉拌菜时,应先加热处理,尤其是喂给婴幼儿的食品更应注意,谨防螨虫病的发生。

4.6 动植物中天然毒素对农产品的影响及检测

自然界中有毒的动植物种类繁多,所含的有毒成分复杂。常见的有毒动植物种类有河豚、含氰苷植物、发芽马铃薯等。动物和植物中毒是指一些动植物本身含有某种天然有毒成分,由于食用方法不当,或由于贮存条件不当形成某种有毒物质被人食用后引起的中毒。

有毒动植物食物中毒的特征主要有:

(1) 季节性和地区性较明显,这与有毒动物和植物的分布、生长成熟、采摘捕捉、饮食习惯等有关。

(2) 散布性发生,偶然性大。

(3) 潜伏期较短,大多数在数十分钟至十多个小时,少数超过 1 天。

(4) 发病率和病死率较高,但因有毒动植物种类的不同而有所差异。最常见的植物性食物中毒为菜豆中毒、毒蘑菇中毒。动植物食物中毒多数没有特殊疗法,对一些能引起死亡的严重中毒,尽早排出毒物对中毒者的预后非常重要。

动、植物中毒一旦发生,来势比较急剧、凶险,而且有不同的发病特点,症状比较复杂。中毒者一般都有胃肠症状,如恶心、呕吐、腹泻、腹痛,有时甚至便血、肠坏死等;也有些中毒者以神经系统症状为主,如头痛、头昏、眼睛视物模糊、口舌麻木、手脚运动不便、语言障碍,有的甚至肌肉痉挛、惊厥、昏迷;还有的发生溶血反应,肝肾损害;若内脏被毒物腐蚀坏死,则会出现全身中毒症状,严重者很快会心跳、呼吸停止而死亡。所以,对严重的急性动植物中毒患者应迅速送往就近的医疗机构进行抢救。

自然界里有毒的动植物种类很多,所含的有毒成分也较复杂,目前还只能就一些常见的动植物中毒进行预防。

4.6.1 动物肝脏中的毒素

4.6.1.1 毒素来源

动物肝脏含有丰富的蛋白质、维生素、微量元素等营养物质,是人们喜爱的美味食品。动物肝脏还被加工成肝精、肝粉、肝组织液等,用于治疗肝病、贫血、营养不良等。但是,肝脏是动物的最大解毒器官,动物体内的各种毒素,大多要经过肝脏来处理、转化、结合和排泄;进入动物体内的细菌、寄生虫往往在肝脏生长、繁殖,如肝吸虫、包虫等;动物本身可能患有肝炎、肝癌、肝硬化等疾病。因此,动物肝脏中可能存在着机体本身代谢产生的毒素和病原体带来的有毒物质,对动物肝类食品的安全性构成了潜在的威胁。

4.6.1.2 毒性与危害

动物肝中主要的毒素是胆酸、牛磺胆酸和脱氧胆酸。它们是中枢神经系统的抑制剂,其中牛磺胆酸的毒性最强,脱氧胆酸次之。许多试验研究还发现,脱氧胆酸对结肠癌、直肠癌的发生有促进作用。猪肝脏中的胆酸含量较少,一般不会产生明显的毒性作用,但食用过多或食用时处理不当也会给人体健康带来一定的危害。

各种动物的肝脏中维生素 A 的含量都较高,尤其以鱼类肝脏含量最多。维生素 A 可提高人体的免疫功能,并对动物上皮组织的生长和发育具有十分重要的影响。人类缺乏维生素 A 可引起夜盲症及鼻、喉和眼等上皮组织的疾病,婴幼儿缺乏维生素 A 会影响骨骼的正常生长。尽管维生素 A 是机体所必需的生物活性物质,维生素 A 在人体血液中的正常水平为 5～15IU/L。但当人摄入量超过 200～500 万 IU 时,就可发生中毒。如视力模糊、失明和肝脏损害。一些鱼肝如鳘鱼、比目鱼肝脏中维生素 A 的含量很高,分别为 10 000 IU/g 和 100 000IU/g。成人一次摄入 200g 的鳘鱼肝可发生急性中毒,表现为前额和眼睛疼痛、眩晕、困倦、恶心、呕吐以及皮肤发红、出现红斑、脱皮等症状。

4.6.1.3 防止动物肝脏毒素中毒的措施

预防动物肝脏毒素中毒的主要措施是:
(1) 食用健康动物的新鲜肝脏。
(2) 肝脏食用前要彻底消除肝内毒物。
(3) 一次食入的肝脏不能太多。

4.6.2　河豚毒素

4.6.2.1　河豚

河豚又称链鲀鱼,是一种味道鲜美却又含剧毒的鱼类,属暖水性海洋底栖鱼类。河豚在大多数沿海和大江河口均有分布,全球有 200 种左右,我国有 70 多种,广泛分布于各海区,有些种类也可生活于淡水中,以热带和亚热带为最多。河豚以鲀科圆鲀(东方鲀)属为主,同时还可见兔头鲀属、宽吻鲀属、凹鼻鲀属、插鼻鲀属等。不同种类的河豚的外形不尽相同,但共同特征是:身体浑圆,头胸部大,腹尾部小,背上有鲜艳的斑纹或色彩,体表无鳞,光滑或有细刺,有明显的上下两枚门牙。河豚中毒是世界上最严重的动物性食物中毒。据统计,日本每年由于食用河豚导致中毒的人数多达 50 人。我国沿海居民也有食用河豚的习惯,因此每年发生河豚的中毒事件较多,北方则少见。鱼体内的毒素是河豚毒素,有剧毒,其毒性比氰化钠高1 000倍,因此食用后很容易引起中毒,甚至导致死亡。为此,我国《水产品卫生管理办法》中严禁餐馆将河豚作为菜肴经营,河豚也不得流入市场销售。

4.6.2.2　河豚毒素的性质在河豚体内的分布

河豚体内的有毒化学成分为河豚毒素,又名河豚毒素酐-4-河豚毒素鞘,或河豚酸,分子式为$C_{10}H_{17}N_3O_8$,相对分子质量为 317。河豚毒素呈无色针状结晶,微溶于水,易溶于稀乙酸,对热稳定,于 100℃温度下处理 24h 或 120℃下处理 20～60min 方可使毒素完全受到破坏;盐腌、热晒均不被破坏。但对碱不稳定,在 4%NaOH 溶液中 20min 可完全破坏,降解成为喹唑啉化合物。河豚毒素有许多衍生物,其衍生物的毒性强弱取决于其 C4 取代基的不同(见表4.3)。

河豚毒素在河豚体内的分布较广,以内脏为主。毒性大小随着季节、品种及生长水域而不同。河豚的肝、脾、胃、卵巢、卵子、睾丸、皮肤以及血液均含有毒素,其中以卵和卵巢的毒性最大,肝脏次之。多数河豚鱼肉的毒性较低,但双斑圆鲀、虫纹圆鲀、铅点圆鲀鱼肉的毒性较强。

表 4.3　河豚毒素衍生物的相对毒性

毒素名称	C4 位的取代基	相对毒性	毒素名称	C4 位的取代基	相对毒性
河豚毒素	-OH	1.000	甲氧基河豚素	-OCH$_3$	0.024
无水河豚素	-O-	0.001	乙氧基河豚素	-OC$_2$H$_5$	0.012
氨基河豚素	-NH$_2$	0.010	脱氧河豚素	-H$_2$	0.079

4.6.2.3　河豚毒素的毒性

河豚毒素是一种毒性很强的神经毒素,它对神经细胞膜的 Na$^+$ 通道有专一性作用,能阻断神经冲动的传导,使神经末梢和中枢神经发生麻痹。

造成中毒的原因主要是误食或摄入未将毒素去除干净的河豚。中毒初期表现为感觉神经麻痹,全身不适,继而恶心、呕吐、腹痛,口唇、舌尖及指尖刺疼发麻,同时引起外周血管扩张,使血压急剧下降,最后出现语言障碍,瞳孔散大。中毒者常因呼吸和血管运动中枢麻痹而死亡,死亡率高达50%。大约1~2mg河豚毒素结晶即可使一个成人致死。

4.6.2.4　防止河豚毒素中毒的措施

防止河豚毒素中毒的主要措施是:

(1) 做好宣传教育,提高识别能力。掌握河豚的特征,学会识别方法,不食用河豚。

(2) 加强管理,禁止擅自经营和加工河豚。

(3) 发现中毒者要及时采取措施,以催吐、洗胃和导泻为主,尽快使食入的有毒食物及时排出体外,同时还要结合具体症状进行对症治疗。

4.6.2.5　河豚毒素的检测

1) 定性检验

(1) 生物试验。取怀疑含有河豚毒素的样品,制备河豚毒素提取液。取适量注入小白鼠腹腔内,在15~30min内观察。小鼠最初出现不安,突然旋动,继之步履蹒跚,呼吸加快,最后突然跳起,翻身,四肢痉挛而死亡。

(2) 化学鉴定法。将生物试验所得提取物溶于浓硫酸中,加入少量重铬酸钾后呈现美丽的绿色,则说明鱼肉中有河豚毒素存在。

2) 定量检验

河豚毒素的毒力用1g样品毒死小白鼠的质量(g)为单位,以M. U. 来表示。测定方法如下:选择体重15~20g健康小白鼠,每组3只以上。将样品提取液以水稀释成各种浓度,每只小白鼠腹腔注射0.5ml,测定小白鼠呈现河豚毒素特有症状的时间。

4.6.3　贝类毒素

贝类是人类动物性蛋白食品的来源之一。世界上可作为食品的贝类约有28种,已知的大多数贝类均含有一定数量的有毒物质。目前认为贝类含有毒性与贝类吸食浮游藻类有关。毒物在贝类体内蓄积和代谢,人类食用这些贝类后可发生食物中毒。常见的中毒贝类有蛤类、螺类、鲍类等。

4.6.3.1　贝类毒素的毒性与危害

1) 岩蛤毒素和膝沟藻毒素

蛤类型杂、种类多,是贝类中经济价值较高的一类海产品。它们两壳相等,质地坚厚,其中少数种类含有毒物质,如文蛤、石房蛤等。一些膝沟藻科的藻类,如涡鞭毛藻等,常常含有岩蛤毒素和膝沟藻毒素等。在水域中,当此种藻类大量繁殖时,可形成“赤潮”,此时每毫升海水中藻的数量可达2万个,人吸入一点水滴也可发生中毒。海洋软体动物,包括蛤类,摄食了这类海藻后,毒素可在中肠腺中大量蓄积。其摄入的毒素含量决定于海水中该藻的数量和经蛤类滤过的海水数量。蛤类摄入此种毒素对其本身并无危害,因毒素在其体内处于结合状态。但当人食用蛤肉后,毒素则迅速被释放,引起中毒。中毒的主要发生在食后15min到2~3h,出现口唇、手、足和面部的神经麻痹,接着出现行走困难、呕吐和昏迷,严重者常在 2~12h 内死亡。死亡率一般为 5%~18%。1mg 岩蛤毒素即可使人中度中毒,岩蛤毒素对人的最小经口致死剂量为 14~4.0mg/kg 体重。岩蛤毒素不能经水洗消除,对热有一定的耐受性。据测定,经 116℃加热的罐头,仍有 50%以上的毒素未被去除。日前,对麻痹性蛤类中毒尚无有效的解毒剂。

目前,从甲藻和软体功物中已经分离出 7 种麻痹性贝类毒素,主要有岩蛤毒素、膝沟藻毒素和新岩蛤毒素等。防止此类毒素中毒的有效的方法是加强卫生防疫部门的监督和管理。所以,许多国家规定,从 5 月到 10 月进行定期检查,如有毒藻类大量存在.说明食用此时的贝类食品是不安全的,有发生中毒的危险,应对贝类作毒素含量测定,若超过规定标准,则禁止食用。

2) 螺类毒素

已知螺的种类有 8 万多种,分布很广,与人类关系密切。其中绝大部分具有较大的经济价值。螺类作为食品其安全性较高,但少数种类含有有毒物质,如接缝香螺、间肋香螺和油螺等,其有毒部位分别在螺的肝脏或鳃、唾液腺内,主要成分是四甲胺。四甲胺为箭毒样神经毒,中毒后的主要症状是头痛、眩晕、平衡失调、眼痛、呕吐和荨麻疹,通常几小时后可恢复正常。一般香螺的唾液腺体中每克腺体含 7~9mg 四甲胺。我国常引起中毒的螺按中毒症状可分为两种类型:一是含有麻痹型神经毒素的螺类,如节棘骨螺、蛎敌荔枝螺、红带织纹螺等;二是能使食用者发生皮炎的螺类,如泥螺等。

3) 鲍鱼毒素和蟹类毒素

(1) 鲍鱼毒素。鲍鱼的体外包被着较厚的石灰质贝壳,其种类较少。我国已知的只有数种,但其经济价值较高。鲍鱼壳可作为名贵药材,有平肝明目的功效,在医学上又称石决明。鲍鱼肉质鲜美,具有海珍品之称,自古以来人们就喜欢食用。但有些鲍含有毒物质,如杂色鲍、皱纹盘饱和耳鲍等。

杂色鲍壳质厚,呈长卵圆状,需要栖息在潮流畅通、水清、海藻繁茂的环境中。从鲍的肝及其他内脏中可提取出一种不定型的色素毒素,为海草叶绿素的衍生物,是一种光敏剂。人食用杂色鲍后,再受日光暴晒,这种毒素即可促使人体内产生组氨酸、酪氨酸和丝氨酸等胺化合物,从而引起毒性反应。中毒的主要症状为脸和手出现红肿等,但不会致死。

(2) 蟹类毒素。世界上可供食用的蟹类已超过 20 种,所有的蟹或多或少都含有有毒物质。其毒素产生的机理至今还不清楚,但是,人们已经知道受"红潮"影响的海域出产的沙滩蟹是有毒的。

4) 海兔类毒素

海兔又名海珠,常生活在浅海潮流较畅通、海水清澈的海湾,以及低潮线附近的海藻丛间,以各种海藻为食。其身体的颜色和花纹与栖息环境中的海藻相似。当它们食用某种海藻之后,身体就能很快变为这种海藻的颜色,以此来保护自己。海兔种类很多,其卵中含有丰富的营养,是我国东南沿海人民所喜爱的食品,还可入药。常见的海兔种类有蓝斑背肛海兔和黑指纹海兔。海兔体内的毒腺又叫蛋白腺,能分泌一种略带酸性的乳状液体,对神经系统有麻痹作用。人如误食其有毒部位,或皮肤有伤口时接触海兔,都会发生中毒。

4.6.3.2 防止贝类毒素中毒的措施

预防贝类毒素中毒的措施有：

（1）定期对海水进行监测，及时掌握藻类和贝类的活动情况。当海水中大量存在有毒的藻类时，应同时监测当时捕捞的贝类所含的毒素量。

（2）食用贝类食品时，要反复清洗、浸泡，并采取适当的烹调方法去除毒素。

（3）制定该类毒素在食品中限量标准。

（4）发现中毒者，应及时采取措施对症治疗，尽早排除其体内毒素。

4.6.4 组胺

4.6.4.1 来源与性质

组胺又名组织胺，分子式为 $C_5H_9N_3$，相对分子质量为 111，化学名为 2-咪唑基乙胺，是一种生物碱，无色针状晶体，有吸湿性，熔点 83～84℃，沸点 209～210℃，溶于水和乙醇。

组胺是鱼体中的游离组氨酸，在组氨酸脱羧酶催化下，发生脱羧反应而形成的一种胺类。这一过程受很多因素的影响。鱼类在存放过程中，产生自溶作用，由组织蛋白酶将组胺酸释放出来，然后由微生物产生的组胺酸脱羧酶将组胺酸脱去羧基，形成组胺。组氨酸脱羧酶的来源是污染鱼类的微生物，如链球菌、沙门菌、摩氏摩根菌等。来自污染鱼类微生物的蛋白质分解酶也可将游离组氨酸由蛋白质中释放出来，但鱼类肌肉本身的蛋白酶的作用更为重要。

容易形成组胺并含较多组胺的鱼类有鲭科的鲐鱼、鲹科的蓝圆鲹和竹荚鱼、金枪鱼科的金枪鱼以及鲱科的沙丁鱼等。这些鱼类在 7℃放置 96h 可能产生的组胺大约为 1.6～3.2mg/g。一般情况下，在温度 15～37℃、有氧、弱酸性（pH 值 6.0～6.2）和渗透压不高（盐分含量 3%～5%）的条件下，适合组胺酸分解形成组胺。

组胺中毒大多是由于食用不新鲜或腐败变质的鱼类而引起的，国内外均有报告。美国在 1968～1980 年间，共发生 103 起，中毒人数为 827 人；同期在日本发生 342 起，中毒人数达4 122 人。

4.6.4.2 毒性与危害

组胺可使鸡和豚鼠等动物中毒。豚鼠腹腔注射 4.0～4.5mg/kg 即可死亡；经口给予的致死量为 150～200mg/kg。

组胺中毒的特点是发病快、症状轻、恢复快，潜伏期仅数分钟至数小时。其主要症状为：面部、胸部及全身皮肤潮红，眼结膜充血，并伴有头疼、头晕、胸闷、心跳呼吸加快、血压下降，有时出现荨麻疹，咽部有烧灼感，个别患者出现哮喘。一般体温正常，1～2 天内均能恢复健康。

4.6.4.3 预防组胺中毒的措施

预防组胺中毒的措施有：

（1）加强市场管理，严禁出售腐败变质的鱼类。

（2）鱼类食品必须在冷冻条件下贮藏和运输，防止组胺产生。

（3）不新鲜或腐败变质的鱼类食品都是不安全的，应避免食用，防止中毒。

（4）采用科学的加工处理方法，减少鱼类食品中的组胺。据报道，易产生组胺的鲐巴鱼等青皮红肉鱼烹饪时，加入适量的雪里红或红果，可使组胺降低 65%。

4.6.4.4　组胺的检测

1）定性检验

取已去骨、去皮、大内脏的鱼肉样品，加 9 倍的水，用玻璃棒打碎，加入等量 5% 三氯乙酸溶液，搅拌均匀，过滤。取滤液 2ml，滴加 0.5% 氢氧化钠溶液中和，加入 1ml 4% 碳酸钠溶液，移入冰箱中冷却 5min。加入 1ml 重氮试剂，在冰箱中放 5min，加入乙酸乙酯 10 ml，剧烈振摇 0.5min。静置，观察结果。如乙酸乙酯层呈现红色，则表示鱼肉中存在组胺。

2）定量检验

鱼体中的组胺经正戊醇提取后，与偶氮试剂在弱碱性溶液中进行偶氮反应，产生棕色化合物，可与标准比较后定量。

4.6.5　斑蝥素

4.6.5.1　毒素来源和理化性质

斑蝥系鞘翅目地胆科甲虫，又名斑猫、盘毛虫、鸡公虫等，是一种黄、黑横纹的甲壳虫，一般多野生于黄豆田内。芫菁系鞘翅目甲虫，又名青娘子或青娘虫，其虫体至蓝紫色或青紫色，有金属光泽，一般生活于芫花及蚕豆田内。

斑蝥和芫菁体内的毒性成分均为斑蝥素，又称斑蝥酸酐，分子式为 $C_{10}H_{12}O_4$。纯斑蝥素为无色有光泽的斜方小片结晶，熔点 218℃。能升华，升华点为 110℃。不溶于冷水，难溶于石油醚，微溶于醇、热水，能溶于丙酮(1:40)、氯仿(1:65)、乙醚，易溶于油脂类。斑蝥素加碱处理，即可成为可溶性斑蛮酸盐，但其溶液如经酸化，斑蝥素即可重新析出。

4.6.5.2　毒性与危害

斑蝥素毒性剧烈。斑蝥中毒剂量约为 1g，致死量为 3g；食入 0.6 g 斑蝥粉可中毒，1.5g 能致死；纯斑蝥素 0.03g 即可引起死亡。

人摄入斑蝥素后可发生食物中毒。首先引起消化道病变，黏膜坏死；毒素被吸收后可引起肾小球变性、肾小管出血、心肌出血、肝脏轻度脂肪变性；对毛细血管也可产生毒害作用，还可引起神经系统损害和功能障碍。中毒的主要症状为口腔咽喉有烧灼感、口麻、口腔黏膜产生水泡及溃疡、头晕视物不清、四肢远端麻木、恶心、呕吐、呕血、腹痛、便血、食管黏膜坏死，可导致孕妇流产。严重者可出现高热、双下肢瘫痪、昏迷和休克甚至死亡。

4.6.5.3　斑蝥素中毒的控制措施

斑蝥素中毒的控制措施主要有：

（1）斑蝥素污染的食品是不安全的，极易引起中毒。如果误食，可摄入乳、蛋清，或口服 5～10ml 10% 氢氧化铝凝胶，以保护胃肠黏膜。

（2）口服活性炭或盐类泻剂，以减轻毒素吸收。

（3）采用静脉输液，以维持水和电解质平衡。

（4）采取适当措施，进行对症治疗，防止内脏损害和休克的发生。

4.6.5.4　斑蝥素的检验

取可疑样品粉碎、酸化后，用乙醚或氯仿提取斑蝥素，挥去乙醚或氯仿后，残留物用无水丙酮 $10\sim20$ ml 溶解，置冰箱中冷却，如有油脂析出可滤去，挥发去丙酮，残留物用 5ml 石油醚洗涤后备用。可用下列两种方法检验：

（1）取残渣少许，放在白瓷皿中，加（1∶1，体积比）硫酸 2 滴，于小火上温热溶解，趁热加入 $1\sim2$ 滴对二甲氨基苯甲醛试剂，如有斑蝥素存在，即呈现紫红色。阿托品同样有此反应，且比斑蝥素更灵敏，需加以注意。

（2）取残留物少许，放入试管中，加浓硫酸数滴，加热溶解后，加数滴邻硝基苯甲醛试剂，再在酒精灯上加热至沸，如有斑蝥素存在，即呈现棕色，在紫外线灯下观察，有鹅黄色荧光。

4.6.6　其他毒素

4.6.6.1　甲状腺素

在牲畜腺体中，以甲状腺中毒较为多见。甲状腺所分泌的激素叫甲状腺素，对维持机体正常的新陈代谢具有重要作用。人一旦误食动物甲状腺，因过量甲状腺素的干扰，人体正常的内分泌活动发生紊乱，并可严重影响下丘脑的功能，而造成一系列神经精神症状。体内甲状腺激素增加，使组织细胞氧化速率增高，分解代谢加快，产热增加，各器官系统活动平衡失调。

动物甲状腺素中毒的潜伏期一般为 $10\sim24$h，中毒症状主要为头疼、乏力、恶心、呕吐、胸闷、烦躁、肌肉关节痛、抽搐、多汗、便秘或腹泻、心悸等。少数患者下肢和面部水肿、肝区疼痛、手指震颤、脱发或全身脱皮，严重者出现高烧、脱水的症状。有的患者可转为慢性，孕妇流产。

防止甲状腺素中毒的有效措施，首先要做好屠宰捡疫检验工作，摘除牲畜的甲状腺。如果误食动物性食品中的甲状腺，应及时采取措施，进行催吐、洗胃和导泻，以清除摄入的有毒食物。对于已经出现中毒症状者，应在对症治疗的基础上，采取综合治疗措施，以控制其毒性危害。

4.6.6.2　肾上腺分泌的激素

肾上腺皮质能分泌多种重要的脂溶性激素，现在已知的有 20 多种。这些激素能促进体内蛋白质或葡萄糖代谢，维持体内电解质的平衡，对调节机体多个系统的功能活动都有重要作用。

当屠宰牲畜时未摘除，被人误食后，会因其中残留的肾上腺素而中毒。中毒者多在食后 $15\sim30$min 发病，主要症状为心窝处有痛感、恶心、呕吐、腹泻、头晕、手足麻木、心悸、面色苍白、瞳孔散大、寒战等。

控制肾上腺中毒主要是在牲畜屠宰时及时摘除肾上腺，并要防止腺体破损流失。对误食者要进行催吐、洗胃和导泻处理，以清除有毒食物。对于已经出现中毒症状者，可采取对症治疗,以控制其毒性危害。

4.6.6.3 病变淋巴腺

人和动物体内的淋巴腺是免疫组织,分布于全身各部,为弥散型或灰白色如豆粒至蚕豆大小的结节。当病原菌侵入机体后,淋巴腺产生相应的免疫作用,甚至出现不同程度的病理变化,如充血、出血、肿胀、化脓、坏死等。这种病变淋巴腺含有大量的病原菌,可引起各种疾病,对人体健康有害。正常的淋巴腺,虽然引起相应疾病的可能性较小,但各种毒素仍无法从外部形态判断。所以,为了食用安全,无论对有无病变的淋巴腺,均应废弃。

4.6.6.4 胆囊毒素

我国民间有食用鱼胆、蛇胆、鸡鸭及其他动物胆囊如熊胆、虎胆等来治疗疾病的习惯。因胆囊中富含胆汁酸、脱氧胆酸和鹅胆酸等毒素,所以发生中毒的事件屡见不鲜。如食用方法不当,胆囊毒素可严重损伤人体的肝、肾等组织,可出现肝组织变性、坏死,肾小管受损,肾小管阻塞,肾小球滤过作用减弱,尿液排出受阻,在短期内导致肝、肾衰竭;也能损伤脑细胞和心肌,造成神经系统和心血管系统的病变。

胆囊毒素中毒的预防措施是:在对动物性食品食用前应充分用清水洗涤、浸泡,以去除残留毒素。对中毒者应及时进行催吐、洗胃和导泻等处理,以尽快使摄入的毒素排出,并可结合对症治疗等方法,减少毒素的危害。

4.6.6.5 海参毒素

海参属于棘皮动物门的海参纲。它们生活在海水中的岩礁底、沙泥底、珊瑚礁和珊瑚沙泥底,活动缓慢,其活动范围很小,主要食物为混在泥沙或珊瑚泥沙里的有机质和微小的动植物。

海参是珍贵的滋补食品,有的还具有药用价值。但有少数海参含有毒物质,人食用后可中毒。目前已知有毒海参有 30 多种,我国有近 20 种,较常见的有紫轮参、荡皮海参及刺参等。

海参体内含有海参毒素。大部分毒素集中在与泄殖腔相连的细管状的居维叶氏器内。有的海参,如荡皮海参的体壁中也含有高浓度的海参毒素。海参毒素经水解后,可产生海参毒素苷。经光谱分析发现,海参毒素苷是一种属于萜烯系的三羟基内酯二烯。

海参毒素具有很强的溶血作用,人可因误食有毒海参而发生中毒。但在一般的海参体内,海参毒素很少,即使食入少量的海参毒素,也能被胃酸水解为无毒的产物,所以,一般常吃的食用海参是安全的。

4.6.6.6 蟾蜍毒素

蟾蜍也叫癞蛤蟆,其背部为灰黄色、土灰色、灰绿色或黑色,全身有点状突起。蟾蜍的耳后腺及皮肤腺能分泌具有毒性的白色浆液。人多因为将其当做青蛙食用而中毒;当用于治疗疾病而食用过量鲜蟾蜍或蟾蜍焙干粉末时,也可引起中毒。

蟾蜍分泌的毒液成分较复杂,大约有 30 多种,主要的是蟾蜍毒素对心脏的毒理作用,类似洋地黄配糖体,其作用机理是通过迷走神经中枢或末梢,或直接作用于心肌。蟾蜍中毒一般在食后 0.5~4h 发病,中毒者主要表现为呕吐、流涎、头昏头痛、胸部胀闷、心悸、脉缓、心房颤动、惊厥、唇舌或四肢麻木,重者发绀、抽搐、不能言语和昏迷、休克,可在短时间内因心跳剧烈、呼吸停止而死亡。

预防蟾蜍毒素中毒的措施是不食用蟾蜍;如因治疗需要,必须在医生的指导下使用,且摄入量不宜过大。

4.6.7　植物类天然毒素

4.6.7.1　硫代葡萄糖苷

1) 分布与性质

现已鉴定出的天然硫代葡萄糖苷至少有 100 多种,主要分布在油菜、甘蓝、芥菜、萝卜等十字花科植物中,农产品中重要的代表是芥属的黑介子硫苷,含量为 2～5mg/g。通常黑介子硫苷与一种酶或多种酶共存。当植物组织被破坏时,如压碎、烧熟等,黑介子硫苷在这些酶的作用下可发生分子重排,产生吲哚-3-甲醇、异硫氰酸酯、二甲基二疏醚和 5-乙烯基噁唑硫酮(OZT)等。据估计,一般人每天通过食用蔬菜可摄入约 200mg 的这类化合物。

2) 毒性与危害

(1) 毒性。硫代葡萄糖苷的降解产物可抑制甲状腺素的合成和对碘的吸收。5-乙烯基噁唑硫酮(OZT)是一种致甲状腺肿素,可使实验动物的甲状腺肿大和碘吸收水平下降。其活性随物种的不同而有所不同,对人而言,其活性约为抗甲状腺素药物——丙基硫尿嘧啶的 1.33 倍。甲状腺激素的释放及浓度的变化对氧的消耗、心血管功能、胆固醇代谢、神经肌肉运动和大脑功能具有很重要的影响。甲状腺素缺乏会严重影响生长和发育。

硫代葡萄糖苷裂解可产生硫氰酸盐,硫氰酸盐可抑制甲状腺对碘的吸收,降低甲状腺素过氧化物酶(将碘氧化的酶类)的活性,并阻碍需要游离碘的反应。碘缺乏反过来又会增强硫氰酸盐对甲状腺肿大的作用,从而造成甲状腺肿大。当组织中的碘源耗尽时,甲状腺素的分泌会因为缺乏再合成物质而减慢。这时,甲状腺释放激素的分泌水平增高,刺激垂体合成、分泌促甲状腺素,引起甲状腺增生。

油菜和甘蓝在全世界广泛栽培。除作为人类食用外,相当部分作为牲畜的饲料。近年来,国内外有关以菜籽饼作饲料引起家畜油菜、甘蓝中毒的事故时有报道。榨油后的菜籽饼,其蛋白质含量高达 26%～38%,营养价值与大豆饼相近。但由于菜籽饼中含有硫代葡萄糖苷及其裂解产物异硫氰酸盐和噁唑烷硫酮等,可使牲畜甲状腺肿大,导致代谢作用紊乱,出现各种中毒症状,甚至死亡。

(2) 防止中毒的措施。截至目前,仍没有一个理想的方法去除这些食品中硫代葡萄糖苷。对作为饲料的菜籽饼,采用高温(140～150℃)破坏其中芥子酶的活性,或采用发酵中和法将已产生的有毒物质除去,就可以较安全地使用。从提高人类食品的安全性角度考虑,选育出不含或仅含微量硫化葡萄糖苷的油菜品种是预防该类物质中毒的理想途径。

(3) 油菜籽中硫代葡萄糖苷的快速测定。硫代葡萄糖苷在芥子酶作用下水解,产生葡萄糖,用 3,5-二硝基水杨酸法测定所产生的葡萄糖量,计算出硫代葡萄糖苷的含量。此法样品不需脱脂处理,方法简便、准确、灵敏度高,试剂简单。

4.6.7.2　氰苷

1）来源与分布

氰苷是由氰醇衍生物的羟基和 D-葡萄糖缩合形成的糖苷,其结构中有氰基,水解后产生氢氰酸(HCN),从而对人体造成危害。

氰苷广泛存在于豆科、蔷薇科、禾木科约 1000 余种植物中。含有氰苷的食源性植物有木薯和豆类及一些果树的种子如杏仁、桃仁、枇杷仁、亚麻仁等。另外,一些鱼类,如青鱼、草鱼、鲢鱼等的胆中也含有氰苷。氰苷常有苦杏仁苷(苯甲醛氰醇葡萄糖苷)、蜀黍氰苷(对羟基苯甲醛氰醇葡萄糖苷)和亚麻苦苷(丙酮氰醇葡萄糖苷)三种。苦杏仁苷主要存在于苦杏仁和其他果仁中,以苦杏仁和苦桃仁中的苦杏仁苷含量最高,约 3%,甜杏仁约 0.1%,枇杷仁约为 0.4%～0.7%;蜀黍氰苷主要存在于高粱和有关草类中;亚麻苦苷主要存在于豆类、木薯和亚麻仁中。

2）毒性与危害

氰苷的毒性甚强,对人的致死量为 18mg/kg。氰苷的毒性主要是氰氢酸和醛类化合物产生的。氰氢酸被吸收后,随血液循环进入全身组织细胞,透过细胞膜进入线粒体,氰化物通过与线粒体中细胞色素氧化酶的铁离子结合,导致细胞的呼吸链中断。适量氰苷有镇咳作用,但过量则可引起中毒。氰苷的急性中毒症状主要为心率失常、肌肉麻痹和呼吸急促,严重者可导致呼吸麻痹而死亡。

苦杏仁苷中毒的潜伏期为 0.5～5h,主要症状为口苦涩、流涎、头痛、恶心、呕吐、心悸、脉频等,重者昏迷,继而意识丧失,可因呼吸麻痹或心跳停止而死亡。

3）控制中毒的措施

(1) 不直接食用各种生果仁。对杏仁、桃仁等果仁及豆类在食用前要反复用清水浸泡,再充分加热,以去除或破坏其中的氰苷。如用苦杏仁治疗疾病,应在医生指导下进行。

(2) 在习惯食用木薯的地方,要注意饮食卫生,严格禁止生食木薯。食用前去掉木薯表皮,用清水浸泡薯肉,使氰苷溶解出来。据报道,生木薯用清水浸泡 6 天,可除去 70%以上的氰苷。充分加热煮熟后再食用,且每次不宜食用过多,否则有中毒的危险。

(3) 发生氰苷类食品中毒时,应立刻给病人口服亚硝酸盐或亚硝酸酯(如业硝酸异戊酯),使血液中的血红蛋白(Fe^{2+})转变为高铁血红蛋白(Fe^{3+})。高铁血红蛋白的加速循环可将氰化物从细胞色素氧化酶中脱离出来,使细胞继续进行呼吸作用。再给中毒者服用一定量的硫代硫酸钠进行解毒,被吸收的氰化物可转化成硫氰化物而随尿排出。

4）氰化物的测定

(1) 定性检验。氰化物在酸性条件下生成氰化氢气体,它与苦味酸试纸作用,生成红色的异氰紫酸钠,可作定性鉴定。

(2) 定量检验。氰化物在酸性溶液中蒸出后被吸收于碱性溶液中。在 pH 值 7.0 溶液中,用氯胺 T 将氰化物转变为氯化氰,再与异烟酸-吡唑酮作用生成蓝色染料,与标准系列比较进行定量。

4.6.7.3　红细胞凝集素

1）来源与分布

红细胞凝集素又称外源凝集素,是多种植物合成的一类对红细胞有凝聚作用的蛋白质。大部分红细胞凝集素是糖蛋白,含碳水化合物 4%～10%,可专一性结合碳水化合物。红细胞凝集素广泛存在于多种植物的种子和荚果中,其中有许多种是人类重要的食物原料,豆、菜豆、刀豆、豌豆、小扁豆、蚕豆和花生等。红细胞凝集素是由结合多个糖分子的蛋白质亚基组成,分子质量为 91 000～130 000u,比较耐热,80℃数小时不能使之失活;但 100℃经过 1h 可破坏其活性。

2) 毒性与危害

红细胞凝集素是天然的红细胞抗原。当红细胞凝集素结合人肠道上皮细胞的碳水化合物时,可导致消化道对营养成分的吸收能力下降,引起营养不良,导致腹痛、腹泻等症状。红细胞凝集素对实验动物有较高的毒性。用纯化的红细胞凝集素给动物饲喂或注射时,可致其死亡。毒性较大的红细胞凝集素是从蓖麻籽中分离出来的蓖麻凝集素,小鼠经腹腔注射的 LD_{50} 为 0.05mg/kg。大豆和菜豆凝集素的毒性大约是蓖麻凝集素的千分之一。

3) 预防措施

(1) 近年来,因食用未加工熟的菜豆而引起的食物中毒事故时有发生。因此在食用新鲜豆角类食品时,首先要用清水浸泡去毒,烹煮时一定更加热熟透,以防中毒。

(2) 蓖麻凝集素的毒性非常高,所以用蓖麻做动物饲料时,必须严格加热。

4.6.7.4　生物碱

生物碱是一类含氮的有机化合物,绝大多数存在于植物中,有类似碱的性质,可与酸结合成盐。它们大多具有复杂的环状结构,且氮素包含在环内。生物碱的种类很多,已知的有 2 000 种以上,分布于 100 多个科的植物中,如罂粟科、茄科、毛茛科、豆科、夹竹桃科等。存在于食用植物中的生物碱主要是龙葵碱、秋水仙碱、咖啡碱及吡咯烷生物碱等。

1) 常见生物碱的毒性与危害

(1) 龙葵碱。龙葵碱又名茄碱、龙葵毒素、马铃薯毒素,是由葡萄糖残基和茄啶组成的一种弱碱性糖苷,不溶于水、乙醚、氯仿,能溶于乙醇,与稀酸共热生成茄啶及一些糖类。茄啶能溶于苯和氯仿。

龙葵碱广泛存在于马铃薯、番茄及茄子等茄科植物中。马铃薯中龙葵碱的含量随品种和季节的不同而有所不同,一般为 0.005%～0.01%,在贮藏过程中含量逐渐增加。马铃薯发芽后,其幼芽和芽眼部分的龙葵碱含量高达 0.3%～0.5%。龙葵碱主要是通过抑制胆碱酯酶的活性造成乙酰胆碱不能被清除而引起中毒的。龙葵碱并不是影响发芽马铃薯安全性的唯一因素,引起中毒可能是与其他成分共同作用的结果,其毒理学作用机理还需要进一步研究。

龙葵碱对胃肠道黏膜有较强的刺激性和腐蚀性,对中枢神经有麻痹作用,尤其对呼吸和运动中枢作用显著;对红细胞有溶血作用,可引起急性脑水肿、胃肠炎等。中毒的主要症状为胃痛加剧,恶心、呕吐,呼吸困难、急促,伴随全身虚弱和衰竭,严重者可导致死亡。

预防中毒的措施首先是将马铃薯贮存在低温、无直射阳光照射的地方,防止其发芽;不吃生芽过多、有黑绿色皮的马铃薯。轻度发芽的马铃薯在食用时应彻底挖去芽和芽眼,并充分削去芽眼周围的表皮,以免食入毒素而引起中毒。

(2) 吡咯烷生物碱。吡咯烷生物碱广泛分布于植物界,在很多属中均能发现,如千里光属、猪屎豆属、天芥菜属等。已经分离鉴定出结构的约有 200 种。吡咯烷生物碱可通过茶、蜂蜜及农田的污染物进入人体。

吡咯烷生物碱可引起肝脏静脉闭塞及肺部中毒。1972 年,在美国,马和牛因食用含吡咯烷生物碱的植物而大量中毒死亡,经济损失巨大。在非洲和阿富汗也发生过大规模的吡咯烷生物碱中毒事件。动物实验表明,许多种吡咯烷生物碱具有致癌作用。

吡咯烷生物碱的致癌性和诱变性取决于其形成最终致癌物的形式。吡咯烷核中的双键是其致癌活性所必需的,该位置是形成致癌环氧化物的关键。除环氧化物可发生亲核反应外,在双键位置上产生脱氢反应生成的吡咯环同样也可发生亲核反应,从而造成遗传物质 DNA 的损伤和癌的发生。

(3)咖啡碱。咖啡碱是一类腺嘌呤类生物碱,广泛存在于咖啡豆、茶叶和可可豆等食物中。一杯咖啡中约含有 75～155mg 的咖啡因,一杯茶中的咖啡因为 40～100mg。咖啡碱可在胃肠道中被迅速吸收并分布到全身,引起多种生理反应。咖啡碱对人的神经中枢、心脏和血管运动中枢均有兴奋作用,并可扩张冠状和末梢血管,利尿,松弛平滑肌,增加胃酸分泌。咖啡碱虽然可快速消除疲劳,但过度摄入可导致神经紧张和心律不齐。

成人摄入的咖啡碱一般可在几小时内从血中代谢和排出,但孕妇和婴儿的清除速率显著降低。咖啡碱的 LD_{50} 为 200mg/kg,属中等毒性范围。动物实验表明咖啡碱有致突变和致癌作用,但在人体中并未发现有以上任何结果,唯一明确的是咖啡碱对胎儿有致畸作用。因此孕妇最好不要食用含咖啡碱的食品。

(4)秋水仙碱。秋水仙碱是鲜黄花菜中的一种化学物质,它本身并无毒性,但是,当它进入人体并在组织中被氧化后,会迅速生成 B 秋水仙碱。B 秋水仙碱是一种剧毒物质,对人体胃肠道、泌尿系统具有毒性并产生强烈的刺激作用,对神经系统有抑制作用。成年人如果一次食入 0.1～0.2mg B 秋水仙碱,即可发生中毒;一次摄入 3～20mg,可导致死亡。秋水仙碱引起的中毒,发病时间短者 12～30min,长者 4～8h,主要症状是头痛、头晕、嗓子发干、恶心、心慌胸闷、呕吐及腹痛、腹泻,重者还会出现血尿、血便、尿闭与昏迷等。

食用鲜黄花菜时一定要浸泡后,再经过高温烹饪。

2)生物碱的检测

样品中的生物碱,在弱碱性或碱性条件下,用有机溶剂提取后,提取物用各种沉淀剂及显水剂试验,呈各种颜色反应,可据此作为各种生物碱的一般定性。

3)龙葵碱(马铃薯毒素)的测定

(1)定性检验:适量样品捣碎后榨汁,放入烧杯中,残渣用水洗涤,将洗液与汁液合并,取上清液用氨水碱化,蒸发至干。残渣用 95％热乙醇溶液提取 2 次,过滤,滤液再用氨水碱化使马铃薯毒素沉淀,过滤得残渣。

取少量残渣加入 1ml 硒酸铵溶液,呈现黄色,以后逐渐转变为橙红、紫、蓝、绿色,最后颜色消失。取少量残渣加入 1ml 硒酸钠溶液,温热,冷却后呈紫红色,后转为橙红、黄橙色,最后颜色消失。将马铃薯发芽部位切开,如在出芽部位分别滴加浓硝酸和浓硫酸,呈瑰红色者则综合鉴定为龙葵碱。

(2)定量分析:龙葵碱在稀硫酸中与甲醛溶液作用生成橙红色化合物,在一定范围内深浅与龙葵碱苷含量成正比。可用分光光度计在波长 520nm 处测定。

4.6.7.5 毒蘑菇

1)毒蘑菇及其毒素

蘑菇含有多种氨基酸、糖和维生素,而且味道鲜美,是人们喜食的一种食物。但由于毒蘑菇与可食蘑菇在外观上较难区别,因此容易造成误食而引起中毒。毒蘑菇又称为毒蕈,据文献记载,我国毒蘑菇有 180 多种,能威胁人生命的有 20 多种,其中极毒和剧毒者仅有 10 种。毒蘑菇所含的有毒成分十分复杂,往往一种毒素可在多种毒蘑菇中检出,而一种毒蘑菇又可能含有多种毒素。就其化学性质而言,可分为生物碱类、肽类(毒环肽)及其他化合物(如有机酸等)。由于化学成分复杂,毒蘑菇引起的中毒症状也不一样,根据中毒时出现的临床症状不同,可将这些毒素分为胃肠毒素、神经精神毒素、血液毒素、原浆毒素和其他毒素五类。

(1)胃肠毒素。含有胃肠毒素的毒蘑菇很多,可引起严重中毒、甚至死亡的有:毒粉褶菌、变黑蜡伞、稀褶黑菇、毒红菇、虎斑菇、橙红毒伞、簇生黄韧伞、发光侧耳等;能引起严重中毒,但不死亡的有褐盖粉褶菌、臭黄菇等;能引起轻微中毒的有毛头乳菇、红褐乳菇、环纹苦乳菇等。另外,伞菌属、牛肝菌属中的某些种类及月光菌、毒光伞等也可引起胃肠型中毒。

这些毒蘑菇含有树脂、酚、甲酚类等对胃肠道有刺激作用的物质,能引起胃肠型中毒。误食含胃肠毒素的毒蘑菇,可引起以胃肠炎为主的中毒症状。潜伏期大多为 0.5~2h,一般表现为恶心、呕吐、腹痛、腹泻等,严重者可出现剧烈腹痛、呕吐,导致脱水、电解质紊乱、血压下降、虚脱,甚至休克、死亡。

(2)神经精神毒素。具有神经精神毒素的毒蘑菇大约有几十种,如毒蝇伞、褐黄牛肝菌,引起神经精神型中毒。目前已经研究清楚的神经精神毒素有四类:

① 毒蝇碱。又叫蝇毒碱,是一种无色、无味,易溶于水、醇,微溶于氯仿、乙醚、丙酮的生物碱。毒蝇碱毒性很大,小鼠经静脉的 LD_{50} 为 0.23mg/kg,口服 0.5mg 可致人死亡。具有拮抗阿托品的作用。经消化道吸收后,可兴奋副交感神经系统,降低血压,减低心率,促进胃肠平滑肌的蠕动,引起腹痛、腹泻、呕吐,能使汗腺、唾液腺、胆汁等分泌增加,瞳孔缩小,呼吸困难等。

② 异噁唑衍生物。研究发现,毒蝇伞的毒性物质是作用于神经系统的异噁唑衍生物,有毒蝇母和蜡子树酸、毒蝇宗等。异噁唑衍生物与毒蝇碱有拮抗作用。据报道人体摄入 15mg 纯品毒蝇母,可引起意识模糊、幻觉、视觉紊乱、疲劳和嗜睡等。

③ 吲哚胺类化合物。吲哚胺类化合物主要有蟾蜍毒素和光盖伞素。蟾蜍毒素的主要作用是产生对色的幻视,静脉注射 8mg 可引起轻度头痛、皮肤潮红、出汗、恶心、瞳孔散大、幻觉、轻度呼吸障碍等症状;光盖伞素是二甲基色胺衍生物,可引起幻视、听觉和味觉紊乱、情绪不稳、瞳孔散大、心跳加快、血压上升等交感神经兴奋性升高的症状。

④ 致幻素。裸伞属中的橘黄裸伞含有的致幻素引起的食物中毒主要表现为:手舞足蹈、狂笑、幻觉、意识障碍、平衡失调等;牛肝菌属中的某些种类也含有致幻素,中毒后主要表现为幻觉、精神失常等症状。

(3)血液毒素。这类毒素主要是由鹿花菌、纹缘鹅膏、白毒伞、鬼笔鹅膏等毒蘑菇产生的马鞍菌素,可破坏红细胞,引起溶血。马鞍菌素可溶于酒精与乙醚,对碱不稳定,低温易挥发,不耐热,60℃和干燥都能使其溶血作用遭到破坏。

另外,还有一种毒素叫毒蕈溶血素,也可破坏红细胞,引起急性溶血,导致溶血型中毒。毒蕈溶血素在 70℃和弱酸、弱碱、胃蛋白酶、胰液等作用下,均能失去溶血作用。

食入这类毒蘑菇发生中毒后,由于红细胞被破坏,患者可出现贫血、虚弱,重者有烦躁、气促等症状。由于红细胞大量破坏,血红蛋白分解,胆红素过多,超过肝脏转化能力,因而临床可见到溶血性黄疸、血红蛋白尿。由于血红蛋白堵塞肾小管,使肾小球囊内压升高,滤过压降低,尿量减少,若再进一步发展,可出现尿毒症。此种中毒类型的特点是,1~2 天内人体中大量红细胞被破坏,重者可继发肝脏损害甚至发生尿毒症而死亡。

(4) 原浆毒素。原浆毒素主要有两类环形毒肽,一类是毒伞毒素,统称毒伞肽,另一类是鬼笔毒素,统称毒肽。每 100g 新鲜毒伞含这两种毒素可达 10~15mg,一只 50g 的鲜毒伞足以致人死亡,且引起中毒死亡的比例占所有毒蘑菇中毒死亡的 95% 以上。白毒伞、褐鲜环柄菇等可产生该类毒素。

① 毒肽。毒肽的化学结构为环七肽,包括一羟毒肽、二羟毒肽、三羟毒肽、羧基毒肽和苄基毒肽等化学结构不同的毒素,能溶于水、吡啶和醇类,耐高温,耐干燥,一般烹任方法不能破坏。毒肽属剧毒物质。作用于肝细胞内质网,对肝脏产生毒性损害,作用快,剂量大时,1~2h 即可引起死亡。

② 毒伞肽。其化学结构为环十肽,包括 α-毒伞肽、β-毒伞肽、r-毒伞肽、ε-毒伞肽、三羟毒伞肽等。理化性质与毒肽相似,也是剧毒物质,作用于肝细胞核,使肝细胞核萎缩、病变,同时也可导致肾、脑、心肌等发生不同程度的退行性变化或充血水肿。作用较慢,潜伏期可达 3~14 天,其毒性比毒肽大 20 倍,

2) 蘑菇毒素的检验

(1) 毒蝇碱的检验。取适量样品,用 1∶19(体积比)氨水和乙醇溶液提取,氨水可使毒蝇碱的氯化物转变成为毒蝇碱的氢氧化物,经减压浓缩后,使其与四硫氰基二氨铬酸铵生成沉淀而与杂质分离,沉淀经洗净后,溶解在丙酮中,加入硫酸银和氯化钡溶液,使氯化毒蝇碱转入溶液。溶液再减压浓缩,成为点样液。在 pH 值 4.5 条件下,于层析纸上点样,以正丁醇∶甲醇∶水(10∶3∶20,体积比)作为展开剂,展开 2h,取出层析纸晾干,用碱式碳酸铋、碘化钾和冰乙酸混合液作为显色剂,喷于层析纸上。如在 Rf 值 0.28 附近出现暗橙色斑点,则表示有毒蝇碱存在。

(2) 毒肽的检验。称取适量样品于烧杯中,加入一定量甲醇并加热,不断用玻棒搅拌、过滤,尽量压出样品中溶剂,于蒸汽浴上蒸干。用几滴甲醇将残渣溶解,此样即为待检液。将待检液点样于层析纸上,然后以丁酮∶丙酮∶水∶正丁酮(20∶6∶5∶1,体积比)作为展开剂,展开 40min,取出层析纸于空气中挥干,将层析纸条以浓盐酸熏 5~10min,然后取出纸条观察,若有一个或几个紫色或蓝色斑点出现,则表示有毒肽类化合物存在;若出现橙色、黄色或粉红色斑点,则认为是阴性。

(3) 毒伞肽的检验。称取适量的样品于研钵中,加入一定量甲醇磨浆,过滤,收集滤液,浓缩滤液至 1ml。将浓缩液点于硅胶 G 薄层板上,然后以甲醇∶丁酮(1∶1,体积比)作为展开剂展开,将展开后的薄层板晾干,用 1% 肉挂酸甲醇溶液喷洒,室温晾干后,用浓盐酸熏 10min,毒伞肽呈现紫色斑点。α-毒伞肽的 Rf 值为 0.46,β-毒伞肽的 Rf 值为 0.23。

4.6.7.6 麦角毒素

1) 来源与毒性

麦角是麦角菌侵入谷壳内形成的黑色和轻微弯曲的菌核,菌核是麦角菌的休眠体。通常多寄生于黑麦上,大麦、小麦、大米、小米、玉米、高粱和燕麦等也可被侵害。当真菌孢子从土壤中随尘土落入花蕊的子房以后,即在子房中继续繁殖发育形成菌丝,经 2~3 周后在麦穗上形成坚硬的紫黑色菌组织,多呈三棱形,长 2~4cm,稍弯曲,是带紫黑色无光泽的瘤状物,形状有点像动物的角,故称为麦角。当面粉中混入超过 7% 的麦角时,可能会引起急件中毒。

麦角毒素是麦角中的主要活性有毒成分,主要是以麦角酸为基本结构的一系列生物碱衍

生物,如麦角胺、麦角新碱和麦角毒碱等。麦角胺类和麦角毒碱类均不溶于水,只有麦角新碱类易溶于水。麦角生物碱都是麦角酸或异麦角酸和酰胺类的衍生物,均为吲哚的衍生物,故可产生吲哚基的颜色反应,遇对二氨基苯甲醛产生深蓝色。麦角生物碱可在有氨水的碱性条件下,溶于氯仿。麦角红为麦角外皮中的色素,可代表麦角的外观特征。麦角红不溶于水,可溶于无水乙醇和冰醋酸。在酒石酸镕液中可转溶于醚。麦角红与酸类相似,故可溶入碱性溶液中(如氢氧化钠、氨水、碳酸氢钠、碳酸钠溶液等)。

麦角的毒性非常稳定,可保存数年之久而不受影响,在焙烤时也不会被破坏。氨基酸麦角碱类可直接作用于血管而使其收缩,导致血压升高,并通过压力感受器反射性地兴奋迷走神经中枢,而引起心动过缓;大剂量氨基酸麦角碱能损害毛细血管内皮细胞,导致血管栓塞和坏死,并能阻滞肾上腺素的受体,使肾上腺素的升压作用反转;麦角碱还能兴奋子宫平滑肌,使之节律性收缩,大剂量可引起子宫强直性收缩,其中以麦角新碱的作用最强,麦角胺次之。成人口服麦角的最小致死量为1g。人误食被麦角污染的食品后会引起麦角中毒症。据医学统计分析结果表明,食用含1%以上麦角的粮食即可引起中毒,麦角含量达7%即可引起致命性中毒。

麦角中毒的表现分为3种类型,即痉挛型、坏疽型及混合型。

(1) 痉挛型。痉挛型流行于北欧及前苏联,主要表现为胃肠道及神经系统的症状,感觉疲劳、头昏、周身刺痛感、手脚麻木、四肢无力、胸闷和胸痛,有时出现腹泻,伴有或不伴有呕吐,常持续数周,继而出现疼痛性抽搐和肢体痉挛。发作常持续几分钟到几小时不等。中毒患者病死率达10%～20%,幸存者多留有智力障碍等神经系统后退症。

(2) 坏疽型。坏疽型主要发生于法国及地中海一带,因食用被麦角污染的黑麦面包引起中毒。中毒初期四肢忽冷忽热,发热时伴有灼烧般疼痛。此后患者四肢麻木,温度感、痛觉、触觉消失,皮肤发黑、皱缩、干瘪变硬。严重者病情进展快,坏疽部分往往从关节部位自行脱落,指趾甚至整条肢体或内脏均可出现坏疽。坏疽型麦角中毒如发生在孕妇身上,除出现肢体坏疽外还可引起流产。

(3) 混合型。混合型中毒的临床表现兼有痉挛型和坏疽型麦角中毒的特点。

2) 麦角碱的检验

在氨碱性条件下,麦角生物碱能被氯仿萃取,提取物与对二甲氨基苯甲醛反应,液层面呈蓝紫色环。另外,麦角碱乙醇溶液在365nm紫外光照射下,有强烈的蓝紫色荧光反应。

思考题

1. 农产品中的细菌性污染的特点是什么?

2. 引起细菌性食物中毒的常见致病菌有哪些?

3. 简述影响农产品安全的真菌种类及特点。

4. 真菌性污染的检测方法有哪些?

5. 简述影响农产品安全的病毒种类及特点。

6. 农产品中病毒污染的检测方法有哪些?

7. 动植物中天然毒素有哪些?

8. 简述天然毒素的检测方法。

5 滥用物对农产品安全性的影响及检测

【学习重点】

了解食品添加剂的概念及其分类,重点学习硝酸盐和亚硝酸盐、漂白剂和合成色素对农产品安全性的影响及检测方法。

随着现代食品工业的兴起,食品添加剂的地位日益突出,世界各国批准使用的食品添加剂品种也越来越多。我国《食品卫生法》规定:食品添加剂是指为改善食品品质和色、香、味,以及为防腐和加工工艺的需要而加入食品中的化学物质或天然物质。一般来说,食品添加剂按其来源可分为天然和化学合成两大类。天然食品添加剂是指利用动植物或微生物的代谢产物为原料,经提取所获得的天然物质;化学合成的食品添加剂是指采用化学手段,使元素或化合物通过氧化、还原、缩合、聚合、成盐等合成反应而得到的物质。食品添加剂不是食物,也不一定有营养价值,但必须不影响食品的营养价值,具有防止食品腐败变质、增强食品感官性状或提高食品质量的作用。

近年来,随着食品添加剂的广泛应用,市场上一些农产品也被检出使用了大量的添加剂。这是因为农产品在加工过程中,为了在一定时期内保持品质不变,也需要添加食品添加剂。

食品添加剂对于食物来说,最重要的是其安全性。我国对食品添加剂的使用有着严格的规定,允许使用的食品添加剂都是经过严格的毒理学实验之后批准使用的,并且规定了允许添加或使用的范围和剂量等。我国迄今为止已批准的食品添加剂有 22 个大类近 1 500 个品种。但食品添加剂绝大多数是化学合成物质,具有一定的毒性,少数品种还能引起变态反应和蓄积毒性,如果在农产品中随意添加就可能引起急性、慢性中毒,因此对于食品添加剂的许可使用、使用范围和最大剂量,我国均制订了严格的标准加以规定。

食品添加剂的滥用是指能够在食品中使用但是超量、超范围使用食品添加剂或将一些不属于食品添加剂范围的化学物质在食品中使用的行为。这些超量超范围用于农产品的化学物质就被称为滥用物。过量食用添加剂在短期内一般不会使人体产生很明显的症状,但反复食用和长期累积,可能会影响人体健康,甚至还会对下一代的健康产生危害,造成胎儿畸形和基因突变等。随着人类生活水平的提高,人们对这类物质的关注度也在日益提高,食品的化学污染问题越来越引起人们的关注。本章所介绍的添加剂是指直接有意加入食品中的物质,不包括间接的添加物,如农药残留、兽药残留或者包装材料等。

5.1　硝酸盐、亚硝酸盐对农产品安全性的影响及检测

硝酸盐和亚硝酸盐是广泛存在于自然环境中的化学物质。在细菌的作用下硝酸盐可转变成亚硝酸盐。腌制食品如鱼和肉中含有亚硝酸盐,许多天然的农副产品含有亚硝酸盐,并且在食品加工过程中也会产生亚硝酸盐。

硝酸盐和亚硝酸盐在食品生产中常被用作发色剂和防腐剂,允许用于肉及肉制品的生产加工中,其作用是使肉与肉制品呈现良好的色泽。此外,硝酸盐和亚硝酸盐还有一定的防腐作用,能抑制肉毒杆菌的生长。

5.1.1　农产品中硝酸盐、亚硝酸盐的来源

农产品中硝酸盐和亚硝酸盐的来源可以分为两大类:一类是许多天然的农副产品本身就含有不同含量的硝酸盐和亚硝酸。许多蔬菜都会从土壤中富集硝酸盐,尤其是种植在盐碱地,或施用在土壤中能转化成硝酸盐的氮肥,或生长在缺少钼元素土壤中的蔬菜,都会增加对硝酸盐的富集,如大白菜、芹菜、韭菜、萝卜和菠菜等,植物的根系从土壤中吸收养分的同时也吸收了硝酸盐。浇菜用的深层地下水或井水中,如果硝酸盐含量高也会造成蔬菜中硝酸盐含量高。在适宜的条件下,如温度较高时,蔬菜中的硝酸盐会在硝酸盐还原菌的作用下被还原成亚硝酸盐,特别是当蔬菜放置时间较长、已经开始腐烂时,亚硝酸盐的含量会急剧升高。另一类是在食品加工过程中作为食品添加剂而加入的硝酸盐和亚硝酸盐。如在腌制蔬菜时,在腌制最初的 $2\sim4$ 天里,亚硝酸盐逐渐升高;$7\sim8$ 天时,腌制菜中的亚硝酸盐含量最高;第 9 天时亚硝酸盐含量开始下降。如果食盐的浓度低于 15%,初腌时,蔬菜中的亚硝酸盐含量会更高。而在肉制品加工过程中,由于亚硝酸盐与肌肉中乳酸作用生成游离的亚硝酸,亚硝酸分解后产生一氧化氮,它再与肌红蛋白结合,产生红色的亚硝基肌红蛋白,使肉制品呈现鲜艳的红色,且不容易褪色,因此硝酸盐和亚硝酸盐作为发色剂可以保持和固定肉的鲜红色。另外硝酸盐和亚硝酸盐还有防腐和杀菌的作用,可以杀死肉毒梭状芽孢杆菌,提高食品的贮藏期,增加食品的风味。通常加了硝酸盐和亚硝酸盐的红肠的风味明显地好于未加硝酸盐和亚硝酸盐的红肠。

5.1.2　硝酸盐、亚硝酸盐对人体的危害

我国的食品标准对不同食品的亚硝酸盐含量有不同的规定,食品中所含亚硝酸盐如果超过了国家标准,会对人体的健康产生威胁和危害。

硝酸盐本身的毒性并不大,但可以转变成毒性较强的亚硝酸盐。转化的条件是:在细菌的作用下转化成亚硝酸盐;当胃肠中的酸液浓度降低时,胃肠中的硝酸盐还原菌大量繁殖,将硝酸盐还原成亚硝酸盐。此时如果一次性食用大量陈腐变质的含有硝酸盐和一定量亚硝酸盐的蔬菜,或喝了含有过量硝酸盐或亚硝酸盐的井水,就可能引起亚硝酸盐中毒。

人体内的亚硝酸盐(NO_2^-)主要来源于摄入的硝酸盐(NO_3^-)在体内的转变。硝酸盐(NO_3^-)在体内可通过肠道微生物及唾液等的作用转变为亚硝酸盐(NO_2^-),亚硝酸盐一方面可与体内蛋白质分解产生的胺形成亚硝胺,另一方面亚硝酸盐可使血液中的 Fe^{2+} 氧化为 Fe^{3+},

从而使正常的血红蛋白转变为高铁血红蛋白而失去携氧能力,引起高铁血红蛋白症,并对周围血管有扩张作用,严重时可致死。硝酸盐与亚硝酸盐的毒性主要表现在两个方面:

5.1.2.1 急性中毒

急性亚硝酸盐中毒多见于把亚硝酸盐当做食盐误服。中毒的主要特点是由于组织缺氧引起的发绀现象,如口唇、舌尖、指尖青紫;重者眼结膜、面部及全身皮肤青紫,头晕头疼、乏力、心跳加速、嗜睡或烦躁、呼吸困难、恶心呕吐、腹痛腹泻;严重者昏迷、惊厥、大小便失禁,可因呼吸衰竭而死亡。一般人体摄入 0.3~0.5g 的亚硝酸盐可引起中毒,超过 3g 则可致死。婴儿的胃酸浓度比成人低,更有利于硝酸盐还原菌的大量繁殖,所以婴儿对硝酸盐类物质更为敏感。

5.1.2.2 亚硝酸盐的致癌性及致畸性

亚硝酸盐的危害还不只是使人中毒,它还有致癌作用。亚硝酸盐可以与食物或胃中的仲胺类物质作用转化为亚硝胺。亚硝胺具有强烈的致癌作用,主要引起食管癌、胃癌、肝癌和大肠癌等。另外,亚硝酸盐能够透过胎盘屏障进入胎儿体内,对胎儿有致畸作用。据研究表明,五岁以下儿童发生脑癌的相对危险度增高与母体经食物摄入亚硝酸盐的量有关。此外,亚硝酸盐还可通过乳汁进入婴儿体内,造成婴儿机体组织缺氧、皮肤黏膜出现青紫斑。

目前我国各地已经开始实行食品的市场准入制,控制硝酸盐不超标将是取得市场"准入证"的重要条件之一。尤其要注意对叶菜类、根茎菜类采取控硝措施。不同类型的蔬菜积累硝酸盐的敏感性不同,叶菜类为极敏感型,根茎菜类为敏感型,花菜类为不太敏感型,果菜类为不敏感型。对于菠菜、苋菜、空心菜、白菜、芹菜等叶菜类,以及胡萝卜、萝卜等根茎菜类,尤其要采取控硝措施。

5.1.3 硝酸盐、亚硝酸盐的测定

国内外有多种检测硝酸盐、亚硝酸盐的方法,主要包括分光光度法、色谱法、生物传感器法、示波极谱法等。随着科技得发展,也不断出现新的检测技术。

5.1.3.1 分光光度法

1) 催光光度法

催光光度法检测硝酸盐、亚硝酸盐的原理是某褪色反应在酸性或碱性的条件下能被 NO_2^- 催化,从而显示出退色或退色速度加快的变化,而这种变化值与 NO_2^- 的浓度在某一范围内呈现线性关系,可用分光光度计进行定量测定。如,利用 NO_2^- 在硫酸介质中过氧化氮-中性红的催化光度法,该方法测定的 NO_2^- 线形范围为 0~24ug/L,检出线为 4.3×10^{-10} g/ml。催光光度法具有灵敏度高、检出限低等特点,但稳定性较差。

2) 可见分光光度法

(1) 直接显色法。选取某种可与 NO_2^- 直接发生显色的试剂,利用分光光度仪对 NO_2^- 进行定量测定。在 0.16mol/L 的硫酸介质中,亚硝酸盐氮与番红 T 体系的分光光度测定,线性范围为 0~0.32g/L,实际检测结果与经典的盐酸萘乙二胺比色法基本一致。但此方法精确度不高,应用范围小。

（2）重氮偶合显色法。此法为伯芳胺在酸性溶液中与 NO_2^- 作用生成重氮盐,再与偶联剂反应发生颜色变化,其变化程度与 NO_2^- 浓度呈相关性。例如,国标盐酸萘乙二胺法(GB/T5009.33—1996)是重氮偶合显色法测定亚硝酸盐的典型方法。

5.1.3.2　色谱法

目前已用于硝酸盐、亚硝酸盐检测的有气相色谱、高效液相色谱、离子色谱、气-质联用等方法。高效液相色谱法可用于硝酸根和亚硝酸根的单个测定,而且检测限低,线性范围宽,准确有效。紫外检测-离子色谱法测定食品中的硝酸盐和亚硝酸盐,适用于测定肉制品、奶粉、蔬菜中的硝酸盐和亚硝酸盐。虽然色谱法灵敏度较高,但需要相应的仪器,不适于现场速检。

离子色谱法是液相色谱法的一种,如用离子色谱/电导检测法测定苹果汁中的亚硝酸盐、硝酸盐和硫酸盐的含量。采用 IonPac AS11-HC 阴离子交换分离柱、30 mg/L 氢氧化钾作流动相,自动再生抑制型电导检测器 ASRS-4 mm。该方法有良好的线性和重复性,相关系数为0.9996,相对偏差小于3%,回收率为97.0%。

5.1.3.3　生物传感器法

用硝酸盐还原酶还原-比色测定硝酸盐、亚硝酸盐法是利用硝酸盐还原酶将硝酸盐还原成亚硝酸盐,后者发生重氮化偶合反应。该法还原率高,无需除蛋白,反应时间短。目前,用纯化的硝酸盐还原酶或微生物细胞酸含有的硝酸盐还原酶的方法来快速测定食品中亚硝酸盐的含量是国内外研究热点。

5.1.3.4　示波极谱法

示波极谱分析法是指在特殊条件下进行电解分析以测定电解过程中所得到的电流-电压曲线来做定量定性分析的电化学方法。示波极谱法是新的极谱技术之一,该方法的优点是灵敏度高、适用范围广、检出限低和测量误差小等。示波极谱法的原理是将样品经沉淀蛋白质、去除脂肪后,在弱酸条件下亚硝酸盐与对氨基苯磺酸重氮化后,在弱碱性条件下再与8-羟基喹啉偶合成染料,该偶合染料在汞电极上还原产生电流,电流与亚硝酸盐浓度呈线性关系,可与标准曲线定量。在示波极谱仪上采用三电极体系,即以滴汞电极为工作电极,饱和甘汞电极为参比电极,铂电极为辅助电极进行测定。测定时要注意显色条件的严格控制、8-羟基喹啉溶液的配制及样品的前处理。采用单扫描示波极谱法测定香肠中的亚硝酸盐的含量,测定结果与分光光度法测定的结果基本一致。该法的检测限为 3×10^{-9} g/ml。

5.1.3.5　速测盒法

速测盒法作为一种快速的现场检测方法,其特点是操作简单、携带方便、价格便宜、检测快捷,并具有一定的选择性、准确性和灵敏度,对指导生产及控制市场流通质量、保障食品安全具有一定的实际意义,同时也具有广泛的应用价值和市场开发前景。其原理是将试剂帛作成药片。亚硝酸盐与药片中的对氨基苯磺酰胺重氮化后,再与药片中的盐酸 N-(1-萘基)乙二胺偶合,形成玫瑰红色偶氮染料,颜色的深度与亚硝酸盐的浓度成正比,与标准色卡比较定量。该方法可用于肉制品、腌菜及酱腌菜中硝酸盐的检测。

5.2 漂白剂对农产品安全性的影响及检测

漂白剂是指可使食品中的有色物质经化学作用分解转变为无色物质,或使其褪色的一类食品添加剂。漂白剂的作用是抑制或破坏食品中的各种发色因素,使色素褪色或使有色物质分解为无色物质,或使食品免于褐变,以提高食品品质。漂白剂可分为还原型和氧化型两类。氧化漂白剂是通过其本身强烈的氧化作用使着色物质被氧化破坏,从而达到漂白的目的。氧化型漂白剂在食品中实际应用较少。还原型漂白剂大多是亚硫酸及其盐类,如亚硫酸钠、次亚硫酸钠、焦亚硫酸钠等。它们通过二氧化硫的还原作用可使果蔬褪色(对花色素苷作用明显,类胡萝卜素次之,而叶绿素则几乎不褪色),还有抑菌及抗氧化等作用。目前,我国使用的大都是以亚硫酸盐类化合物为主的还原型漂白剂,具有一定的还原能力,用亚硫酸盐漂白的植物性食品,由于 SO_2 消失后可发生变色,抑菌作用也消失,而且在加工过程中往往在食品中残留过量的 SO_2,过高的 SO_2 残留量使食品带有臭味,导致食品又发生变色,影响质量。我国从古到今所用的"熏硫漂白",亦是利用其所产生的 SO_2 的作用。

由于漂白剂具有一定的毒性,用量过多还会破坏食品中的营养成分,故应严格控制其残留量。

我国《食品添加使用卫生标准》(GB2760-1996)规定:亚硫酸用于葡萄酒、果酒时的用量为 0.25g/kg,残留量(以 SO_2 计)不超过 0.5g/kg。在蜜饯、葡萄糖、食糖、冰糖、糖果、液体葡萄糖、竹笋、蘑菇及其罐头的最大使用量为 0.4~0.6g/kg,薯类淀粉为 0.20g/kg;残留量(以 SO_2 计)竹笋、蘑菇及其罐头不超过 0.04g/kg,液体葡萄糖不超过 0.2g/kg,蜜饯、葡萄糖不超过 0.05g/kg,薯类淀粉不超过 0.03g/kg。

SO_2 及其各种亚硫酸制剂在允许限量下是安全的,但过量使用亚硫酸盐制剂可在一些对亚硫酸盐敏感人群中引起威胁生命的反应。

5.2.1 农产品中漂白剂的来源(亚硫酸类)

食品工业中应用亚硫酸盐历史悠久,其使用也日益广泛。亚硫酸盐类在农产品初级加工中应用主要是果蔬副食类,主要是起漂白、防褐变作用,防腐是次要的。在农产品加工贮存过程中,亚硫酸盐类漂白剂的应用主要有以下几个方面:

5.2.1.1 作为食品添加剂的外源性添加

亚硫酸盐类主要应用于食糖、冰糖、蜜饯类、葡萄糖等的加工,特别是制作果干、果脯时,亚硫酸的还原作用可破坏使植物类食品褐变的氧化酶的氧化系统,阻止氧化作用,使果实中的单宁物质不被氧化而变成褐色。

亚硫酸盐能抑制果蔬的呼吸作用,降低呼吸强度,抑制呼吸高峰出现,其作用机理是 SO_2 与水结合生成亚硫酸,亚硫酸是强还原剂,可以消耗组织中的氧,同时使细胞内多种氧化酶失活,包括细胞色素酶,从而阻碍了呼吸电子传递链的正常运转。

亚硫酸盐可使果实中的生长素和赤霉素含量增加,促衰老激素脱落酸及乙烯的含量降低,从而抑制衰老;亚硫酸盐还可使超氧化物歧化酶、过氧化物酶、过氧化氢酶活性升高,提高了果实的抗氧化能力。SO_2 还能与水解酶的醛基结合,破坏水解酶的活性,从而使微生物和果蔬自身的水解作用受到抑制。因此,亚硫酸盐对果蔬保鲜有很好的作用,提高好果率。

在淀粉类食品的加工过程中,亚硫酸盐可起到调节面团黏性的作用。淀粉中有含硫氨基酸,这些含硫氨基酸间依靠二硫键相互连接,使不同蛋白质分子间相互结合形成网络,面团的黏度提高,面筋大量形成,不利于下一步操作。此时,添加的亚硫酸盐可以切断分子间的二硫键,使面团容易调制且成型性好。

亚硫酸盐也出现在许多水产食品加工中,如烤鱼片、冷冻虾、鱼干、鱿鱼丝。在烤鱼片的加工过程中,二氧化硫可以起到漂白、增色的作用;而在冷冻虾中,加入适量二氧化硫,可有效防止冻虾的褐变。

$$\left\{ \begin{array}{l} [HgCl_2SO_3]^{2-}+HCHO+2H^+ \rightarrow HgCl_2+HO—CH_2—SO_3H \\ HgCl_2+2NaCl \rightarrow Na_2HgCl_4 \\ Na_2HgCl_4+SO_2+H_2O \rightarrow [HgCl_2SO_3]^{2-}+2H^++2NaCl \end{array} \right.$$

5.2.1.2　食品内源性生成

食品自身产生的二氧化硫不容忽视。研究发现,某些食品在发酵过程中也会产生亚硫酸盐,如葡萄酒和果酒类发酵过程中自然产生的亚硫酸盐含量最高可达到 300mg/kg,即使在一般情况下也会达到 40mg/kg,这一指标远远超出了美国 FDA(食品及药物管理局)规定的食品中亚硫酸盐含量的安全范围要求。也有研究表明,香菇在采后由于自身代谢也会产生二氧化硫,并且严重超出了许多国家规定的残留标准,这是导致其出口严重受阻的重要原因之一。另外,植物在生长过程中,大气中的二氧化硫可以通过植物体的叶面气孔进入植物体内,而其他土壤或水中结合态的二氧化硫也可以通过植物的吸收作用进入到植物体内。动物在生长过程中,摄入植物,体内也会积累一定量的二氧化硫。所以动物和植物食品都含有一定量的天然来源的二氧化硫。

5.2.2　亚硫酸盐对人体的危害

从 1664 年开始,亚硫酸盐就被广泛使用。早期的资料研究显示亚硫酸盐是无害的。到 1880 年人们才开始认识到它们并非完全无毒无害,并随着研究的逐步深入,亚硫酸盐的毒性日益受到人们的关注。但至今亚硫酸盐仍被广泛使用,有人将它们与吊白块(甲醛)、亚硝酸盐、双氧水等一起合称为食品的四大杀手。亚硫酸盐对人体的危害组要表现在:(a)大量使用亚硫酸盐类食品添加剂会破坏食品的营养素。亚硫酸盐能与氨基酸、蛋白质等反应生成双硫键化合物;能与多种维生素如 B1、B12、C、K 结合,特别是与 B1 的反应为不可逆亲核反应,结果使维生素 B1 裂解为其他产物而损失。美国 FDA 规定亚硫酸盐不得用于作为维生素 B1 源的食品。(b)亚硫酸盐能够使细胞产生变异;会诱导不饱和脂肪酸的氧化。人类食用过量的亚硫酸盐会导致头痛、恶心、晕眩、气喘等过敏反应。哮喘者对亚硫酸盐更是格外敏感,因其肺部不具有代谢亚硫酸盐的能力。(c)动物长期食用含亚硫酸盐的饲料会出现神经炎、骨髓萎缩等症状并出现成长障碍。研究发现,大白鼠经 1～2 年服用含 0.1% 的亚硫酸盐饲料后,出现神经炎、骨髓萎缩症状,生长发育缓慢。

5.2.3　亚硫酸盐的检测

食品中亚硫酸盐的检测一般是将它转化为二氧化硫后用碘量法或碱滴定法或比色法测定。由于食品种类不同,检测方法也不同。美国 FDA 采用 Monier-Williams 法,日本采用通氮蒸馏-滴定法和盐酸副玫瑰苯胺比色法、AOAC 法,我国标准 GB/T5009.34 规定用盐酸副玫瑰苯胺比色法。

5.2.3.1　亚硫酸盐的常规检测方法

1）滴定法

常见的滴定法有直接滴定碘量法、蒸馏-碘量法、蒸馏-碱滴定法。直接滴定碘量法的原理是氧化还原滴定,检测对象为游离态亚硫酸盐及亚硫酸盐总量;蒸馏-碘量法的原理是蒸馏并吸收氧化还原滴定,检测对象为亚硫酸盐总量;蒸馏-碱滴定法的原理是蒸馏并吸收酸碱滴定,检测对象为亚硫酸盐总量。

直接滴定碘量法操作简便、快速,特别适用于测定葡萄酒中的亚硫酸盐。脱水大蒜、姜制品等含有较多挥发性芳香物质的样品,滴定终点的颜色不稳定,易褪色,不能保持 30 s 不消失,因此终点难以判定。

蒸馏-碘量法需要的时间较长,一般蒸馏一份样品大约需 1 个多小时,不适合大批量样品检测。蒸馏-碱滴定法取样量可从 10g 至 100g 灵活掌握,检测范围宽,可以避免样品中因亚硫酸盐分布不均所致结果重复性差的现象。此法蒸馏时间短,终点易判断,但需要专门的全玻璃蒸馏装置。操作中需用脱气的水、高纯度的氮气;由于有机酸含量高的样品,产生挥发性有机酸,测定时会产生误差,氮气流量应严格控制在 0.5～0.6 ml/min 之间,过低则回收率低,过高则样品中有机酸的影响较大,致使二氧化硫检测结果偏高。

2）比色法

常见的比色法有盐酸副玫瑰苯胺法、蒸馏-比色法。盐酸玫瑰苯胺法的原理是亚硫酸盐与四氯汞钠吸收液形成络合物在显色体系中产生显色反应,检测对象为亚硫酸盐总量。蒸馏-比色法原理是蒸馏吸收并在显色体系中产生显色反应,检测对象为亚硫酸盐总量。盐酸副玫瑰苯胺法是我国国家标准规定的方法,也是二氧化硫测定通常采用的方法,操作简单、灵敏度高、再现性好。但由于在操作过程使用了有毒的四氯汞钠溶液,易对环境造成汞污染,且检测时间长,对于某些种类的样品,可能存在干扰物质,干扰络合反应产生假阳性;红色或玫瑰红色的样品如葡萄酒等,则在 550 nm 处测定波长时会产生干扰,并且因偏差无规律可循,无法扣除干扰。蒸馏-比色法适用于蒸馏-碱滴定法难于检出的样品,即用浓度为 0.01 mol/L 标准碱溶液,滴定体积小于 0.1 ml 的样品。但因检测对象含量低,所以对试剂要求严格,并且也有颜色干扰。

5.2.3.2　亚硫酸盐的新检测方法

随着分析科学新方法和新技术的不断发展,食品中亚硫酸盐的检测方法已多样化,除滴定法和分光光度法外,新的检测方法有荧光法、化学发光法、电化学法和酶法等,同时一些新的分离检测技术,如气体扩散膜分离、流动注射、离子色谱、毛细管电泳和各类传感器等的发展也十分迅速。

1）电化学法及传感器

将涂有石墨/环氧树脂/固化剂的铜或金电极浸泡在饱和 4-甲基哌啶二硫代氨基甲酸钾水溶液和饱和硝酸汞水溶液中各 1 h，然后用此电极来测定 SO_3^{2-}，其线性范围为 $5 \times 10^{-6} \sim$ 0.1mol/L；用恒流库仑计产生的碘来氧化 SO_3^{2-}，通过检测过量的碘来测定 SO_3^{2-}，其线性范围为 0.015～25mg/L。

二氧化硫传感器主要采用电化学方法，此外还有用压电晶体传感器同时测定 SO_2 及相对湿度、用表面声波传感器测定 SO_2 等。电化学传感器具有灵敏度高、使用方便等优点。

2）色谱法

可用高效液相色谱法测定 SO_2。将 20g 均质化食品置于 70ml 水及 3ml 37％盐酸中蒸馏 10 min，用 0.5 ml 1mol/L NaOH＋4.5 ml H_2O 吸收 SO_2，然后加入 H_2O_2 氧化，再使它通过用 5ml 甲醇、5ml H_2O 预处理过的 Sep-PakC$_{18}$柱净化。以 pH 值为 8.5 的硼酸钠/葡萄糖酸盐为流动相，聚甲基丙烯酸酯阴离子交换柱进行离子色谱分析，流速为 1 ml/min，线性范围为 0.5～100μg/ml。用 5μL 溴化十六烷基吡啶嗡涂渍的 ODS 柱、pH 值为 8.5 的邻苯二甲酸盐-三乙醇胺-甲醇为流动相，于 265 nm 光度检测 SO_3^{2-}、SO_4^{2-}，线性范围分别为 0.02～400μg/ml、0.04～350μg/ml。色谱法可消除其他共存物质的干扰，是一种有效的分离检测方法。

3）化学发光法

SO_2 的化学发光分析早有报道。有研究提出了 SO_3^{2-} 化学发光反应机制，并认为从中间体 SO_3^{2-} 产生的三线态$^3SO_2$* 可产生发光，用干涉镜测得了$^3SO_2$* 的发射光谱（450～600 nm），因此化学发光法用于亚硫酸盐的测定。在酸性介质中，某些氧化剂可氧化 SO_3^{2-} 产生发光。当某些化合物存在时可使化学发光增强。采用流动注射分析，核黄素和亮硫黄素增强 KMnO$_4$ 氧化 SO_3^{2-} 的化学发光反应，可测定 0.9～35 ng 的 SO_3^{2-}，检出限分别为 0.9 和1.8ng。化学发光法灵敏度和准确度较高、线性范围宽，但需用试剂较多、操作难度大、价格昂贵。

4）速测试剂盒法

现已研制出了食品中 SO_2 快速检测试剂盒。它采用国标 GB/T5009.34－2003《盐酸副玫瑰苯胺法》改进的半定量检测试剂盒，根据颜色的变化目测半定量分析出的样品有无 SO_2 残留及是否超标。此种试剂盒虽携带方便，但操作过程中使用试剂较多且使用有毒的四氯汞钠溶液，操作人员有一定的危险性且污染环境，并且对于某些种类样品，可能存在干扰物质，干扰络合反应而产生假阳性；本身是红色或玫瑰红色的样品如葡萄酒等会被干扰且因偏差无规律可循，使干扰无法扣除。

5.3　合成色素对农产品安全性的影响及检测

5.3.1　合成色素及在食品中的应用

色泽是食品最重要的感观性状之一，某些天然食品虽固有颜色，可在一定程度上满足人们的视觉需要，但因天然食品的颜色受光、热、氧以及加工处理过程的影响，有时会失去其天然色泽，不仅使人们产生食品变质的错觉，而且还降低了商品价值。因此，为了使食品的外观色泽均匀一致,就必须利用各种食用色素来改善食品的感观性状,提高产品的商品性。

食用色素是用于食品着色的一类食品添加剂,这类添加剂可以使食品呈现出一定的色泽,诱发人的食欲。食品色素是食品添加剂的重要组成部分。按照来源,食品色素分为天然色素和化学合成色素两大类。天然色素来源于动物和植物,一般比较安全。但是,天然色素价格高,在食品加工、贮存过程中容易褪色和变色,其应用受到限制。因此,在添加色素的食品中,使用天然色素的不足 20%,其余均为合成色素。合成色素即人工合成的色素。合成色素具有色泽鲜艳、色调多、性能稳定、着色力强、容易调色、使用方便和成本低廉等优点,因而得到广泛应用。尤其是在稳定性及着色强度方面,合成色素在食品工业中仍然有着天然色素无可比拟的明显优势。

我国 1982 年公布了《食品添加剂使用卫生标准》,其中规定只能使用 5 种合成色素,即苋菜红、胭脂红、柠檬黄、日落黄和靛蓝。

5.3.1.1 苋菜红

苋菜红也叫酸性红、杨梅红、鸡冠花红、蓝光酸性红等,为紫红色至暗红色粉末,无臭,易溶于水。0.01%水溶液呈红紫色,溶于甘油和丙二醇,稍溶于乙醇,不溶于油脂,易被细菌分解,对光、热、盐均较稳定,耐酸性,对柠檬酸和酒石酸等均很稳定。在碱性溶液中则变为暗红色。由于对氧化-还原作用敏感,故不适用于发酵食品。苋菜红色素适用于果味水、果味粉、果子露、汽水、配制酒、浓缩果汁等。最大使用量为 0.05g/kg。若与其他色素混合使用,则应根据最大使用比例折算。一般使用时先用水溶化后再加入配料中混合均匀。

5.3.1.2 胭脂红

胭脂红为红至暗红色颗粒或粉末,无臭,溶于水呈红色;可溶于甘油,微溶于乙醇,不溶于油脂;对光及碱尚稳定,但对热稳定性及耐还原性较差,耐细菌性也较差,遇碱变为棕褐色。一般在配制酒、果子露、果汁中使用较多。由于耐光性较差,制作的成品如汽水、果汁等在阳光下暴露时间过长易褪色。最大使用量为 0.05g/kg。

5.3.1.3 柠檬黄

柠檬黄又叫酒石黄、酸性淡黄、肼黄等。柠檬黄为橙黄色颗粒或粉末,耐热性、耐酸性、耐光性、耐盐性均好,对柠檬酸、酒石酸稳定,遇碱则增红,还原时褐色。在饮料中最大使用量为 0.1g/kg。

5.3.1.4 日落黄

日落黄又叫夕阳黄、橘黄、晚霞黄。日落黄为橙红色颗粒或粉末,无臭,可溶于水和甘油,难溶于乙醇,不溶于油脂,在水中 0℃时的溶解度为 6.9%。耐光性、耐热性强,在柠檬酸、酒石酸中稳定,遇碱变成棕色或褐红色,还原时褐色。可单独或与其他色素混合使用。

合成色素禁止用于下列食品:肉类及其加工品(包括内脏加工品)、鱼类及其加工品、水果及其制品(包括果汁、果脯、果酱、果子冻和酿造果酒)、调味品、婴幼儿食品、饼干等。

5.3.2 合成色素对食品安全性的影响

合成色素虽然廉价且着色效果强于天然色素,但它有一个大缺点,即具有毒性,包括毒性、致泻性和致癌性。这些毒性源于合成色素中的砷、铅、铜、苯酚、苯胺、乙醚、氯化物和硫酸盐,它们对人体均可造成不同程度的危害。从安全角度来说,色素只要在国家许可范围和标准内使用,就不会对健康造成危害。但目前的问题是,食品中添加色素的行为过于普遍,即使某一种食品中色素含量是合格的,但消费者在生活中食用多种含有同样色素的食品,仍然有可能导致摄入的色素总量超标,从而给消费者的健康带来危害。大量的研究报告指出,几乎所有的合成色素都不能向人体提供营养物质;相反,某些合成色素明显会损害人体健康。前苏联在1968~1970年曾对苋菜红合成食用色素进行了长期动物试验,结果发现致癌率高达22%。美、英等国的科学家在做过相关的研究后也发现,不仅是苋菜红,许多其他的合成色素也对人体有伤害作用,可能导致生育力下降、畸胎等,有些色素在人体内可能转换成致癌物质。科学家称,合成色素危害人体是由原料煤焦油的特点决定的,煤焦色素或苯胺色素对人体的显著危害有一般毒性、致泻性、致突性(基因突变)与致癌作用。

5.3.3 合成色素的检测

当前用于检测食用合成色素的方法较多,主要有高效液相色谱法、薄层色谱法、分光光度法、微柱法和紫外吸收光谱法等

5.3.3.1 高效液相色谱法(HPLC)

高效液相色谱法为食品中合成色素检测国家标准方法中的第一法,也是目前用于食品中合成色素检测的常用方法之一。该法是在酸性条件下,用聚酰胺粉将样品中的食用合成色素吸附,并用甲醇-甲酸溶液将天然色素洗去后,使用乙醇-氨水-水溶液作为洗脱液,将食用合成色素洗脱并收集。洗脱液经浓缩、调节 pH 值、过滤后,经高效液相色谱仪进行分离检测。采用高效液相色谱法进行合成色素的分离检测时,国标方法采用梯度洗脱单波长(254nm)检测。当前,采用该方法检测食品中的合成色素时,样品的前处理过程除按照国标方法进行之外,通常有以下几种:

1) 液态食品

碳酸饮料通常经加热或超声震荡,除去其中的二氧化碳;酒类食品先于水浴上加热,除去乙醇;含乳饮料,将蛋白质离心沉淀后除去。然后,调节待测液的 pH 值,经 $0.45\mu m$ 滤膜过滤后待测。

2) 肉制品

含水量较多的肉制品,先于水浴上将过多的水分蒸出,经石油醚将肉制品中脂肪除去,再采用乙醇-氨水-水溶液进行合成色素提取,提取液经亚铁氰化钾和乙酸锌溶液沉淀蛋白,离心除去蛋白质后,将提取液于水浴上浓缩后再定容至一定体积,经 $0.45\mu m$ 滤膜过滤后待测。

3) 糕点类食品

糕点类食品经乙醇-氨水溶液提取色素后,旋转蒸发除去其中所含乙醇,经甲醇溶液洗去

样品中所含的天然色素后,经氨水的甲醇溶液洗脱并收集合成色素,经 $0.45\mu m$ 滤膜过滤后待测。

利用二极管阵列检测器对肉制品中食用合成色素柠檬黄、苋菜红、胭脂红和日落黄进行光谱扫描,由光谱图确定了不同食用合成色素的最大吸收波长,结合在梯度洗脱条件下不同食用合成色素的出峰顺序,在不同时间段分别采用相应食用合成色素的最佳检测波长进行检测,样品中的食用合成色素得到了很好的分离,且相比于使用单一波长检测灵敏度有较大提高,同时克服了 254nm 下梯度洗脱时造成的基线漂移,减少共存物的干扰。4 种食用合成色素回收率为 91.5%～99.3%,相对标准偏差小于 1.5%。该类方法所用仪器设备比较昂贵,工作条件要求比较高,在一些基层单位不容易普及推广,但 HPLC 法对色素分析具有干扰小、测定快速、准确、简便的特点,是现代分析仪器分析测定色素的发展趋势。

5.3.3.2 薄层色谱法

薄层色谱法是在酸性条件下,采用聚酰胺粉吸附样品中的水溶性酸性合成色素,再在碱性条件下解吸附,通过薄层色谱法进行分离后,由分光光度计进行吸光度检测,与标准比较进行定性定量。通过自制硅胶板,用薄层色谱法将辣椒酱中的苏丹红Ⅰ分离,刮下斑点溶解后再利用分光光度法测定,所得的波长和吸光度的谱图与标准溶液的谱图进行对照,从而确定辣椒样品中存在苏丹红Ⅰ。该方法简便快捷、现象明显、经济实用、结果可靠,尤其适合于基层检测机构及小工厂的有关食品检验。但该方法的检出量为 $50\mu g$,灵敏度较低,仅适用于含有大量合成色素的样品的分析检测。

5.3.3.3 分光光度法

分光光度法用于测定食用合成色素是利用物质对光的吸收具有选择性,且在一定浓度范围内,峰高与样品中食用合成色素的含量成正比,故将不同的合成色素的吸收谱图同标准谱图对照,即可进行快速定性,同时根据标准曲线进行定量。该类方法简便、快速、易于操作、所需仪器试剂简单,可广泛应用于基层。

5.3.3.4 微柱法

采用聚酰胺-硅胶填充的微柱法,测定食用合成混合色素,可同时检出肉制品中的柠檬黄、赤藓红苋菜红和胭脂红 4 种混合色素,方法回收率为 93.7%,相对标准偏差为 2.3%,最低检出限为 20mg/kg。由于天然色素红曲米的广泛使用,给许多分析测定带来干扰问题,故微柱法的优点是不受天然色素红曲米的干扰,不需特定的实验条件,使用的仪器设备简单。

5.3.3.5 极谱法

食用合成色素分子中含有 N＝N 双键或 C＝C 双键,这些基团具有电活性,在滴汞电极上,可以还原产生还原波,在不同底液中,各种色素的还原电位不同,以此进行定性分析。根据还原电位峰高与其浓度呈线性关系,可以进行定量分析。极谱法测定混合色素的最大优点在于样品处理无特殊的要求,较其他方法简单,只要选择好测定介质,则结果准确度高,检出限低,干扰少,适宜于食品中混合色素的分析。但如果操作处理不当,测定所用汞会给环境带来很大的污染问题,是该方法的不足之处。

5.3.3.6 紫外吸收光谱法

根据物质对光的吸收具有选择性,应用紫外吸收光度计进行光谱扫描,发现胭脂红、苋菜红、柠檬黄、日落黄、亮蓝、诱惑红、酒石黄、偶氮玉红、赤藓红等不同食用合成色素具有不同的吸收谱图,与标准谱图对照,即可直观、快速定性,在一定浓度下吸收峰高与样品中所含色素量成正比,可以定量检测,从而建立了紫外吸收光谱法测定食用合成色素。该方法的优点是测定线性范围宽,灵敏度高,操作简便、快速、准确,易普及推广。但如果存在多组分共存时,有些吸收峰可能存在叠加现象,对测定造成很大的误差。

思考题

1. 农产品中硝酸盐、亚硝酸盐的积累机制?
2. 硝酸盐和亚硝酸盐对人体的危害有哪些?
3. 农产品中亚硝酸盐的测定方法原理和步骤?
4. 什么是食品添加剂,其来源?
5. 什么是漂白剂,其在农产品中的作用及危害?
6. 什么是合成着色剂? 其检测方法有哪些?

6 转基因农产品安全与检测技术

【学习重点】

了解转基因生物和转基因农产品的基本概念、转基因农产品的生物安全性以及转基因农产品的风险,重点学习转基因农产品的检测技术。

6.1 转基因农产品的安全性

6.1.1 转基因生物和转基因农产品

转基因生物(Genetically Modified Organism,GMO),又称基因修饰生物,一般是指用遗传工程的方法将一种生物的基因转入到另一生物体内,从而使接受外来基因的生物获得它本身所不具有的新特性,这种获得外源基因的生物称之为转基因生物。根据我国国务院发布的《农业转基因生物安全管理条例》规定,转基因生物指利用基因技术改变基因组构成的动物、植物及微生物。转基因食品,虽然没有统一的定义,但可以理解为含有转基因生物成分或者利用转基因生物如转基因植物、动物或微生物生产加工的食品。当前转基因食品主要来源于转基因植物。

按照功能,转基因产品可以大致分为以下几类:

(1)增产型,主要指利用转移或修饰相关基因,改变农作物生长分化、肥料利用、抗逆和抗虫害等性状,从而达到增产的效果;

(2)控熟型,这种转基因农产品着重于耐贮性,通过转移或修饰与控制成熟期有关的基因,从而使转基因生物成熟期延迟或提前;

(3)高营养型,此类农产品以转基因玉米、土豆和菜豆为代表,从改造种子贮藏蛋白质基因入手,使其表达的蛋白质具有合理的氨基酸组成;

(4)保健型,主要是通过转移病原体抗原基因或毒素基因至粮食作物或其他农作物中,为食用者提供预防疾病的物质。由于产品对象的不同,转基因技术在食品工业应用中的发展程度也不一样。转基因植物的发展水平最高的主要是应用于生产糖类以及工业用酶和脂肪上的植物。

此外,利用转基因植物生产食用疫苗是当前食品生物技术研究的热点之一。2002年,我国农业科学院生物技术研究所已通过重组 DNA 技术选育出具有抗肝炎功能的番茄。在动物方面,转基因技术在鱼类和畜产品中的应用已经有了一定的成果。近年来,在鱼类产品中,激素基因和抗冻蛋白基因的转移、珠蛋白基因的转移以及用精子载体法转基因技术、光敏生物素标记探针检测以及 PCR 检测转基因鱼技术等方面都取得了较大进展。而在畜产品中,我国已经成功的通过转基因技术使羊乳汁中含有人类的凝血因子,同时具有食用和药用价值。转基因微生物相对应用涉及面也较广,比较典型的是在发酵食品工业和食品添加剂工业的应用。

6.1.2　转基因农产品的发展现状

转基因生物和转基因产品的开发已有近 30 年的历史。1983 年世界首例转基因植物——抗病毒转基因烟草在美国华盛顿大学培育成功,标志着人类利用转基因技术改良农作物的开始。1986 年美国首次批准转基因农作物进行环境释放试验和田间试验。1994 年美国 Calgene 公司培育的延熟保鲜转基因番茄被美国农业部和食品与药物管理局批准商品化生产,这是被批准上市的世界第一例转基因作物。1996 年,转基因抗虫棉花和耐除草剂大豆在美国获批大规模种植,种植面积为 170 万 hm^2。此后全球转基因作物的种植面积每年以两位数的速度增长。到 2001 年,问世的转基因动物有转基因猪、转基因羊、转基因鱼等,微生物类转基因产品也很多,主要有转基因酵母和酶、改造的增产有益微生物等。自 1986 年首例转基因作物被批准进行田间试验以来,20 余年间转基因作物完成了由实验室研究到商业化应用的质的飞跃。转基因作物以其抗虫、抗除草剂、抗逆境等性状,在农作物品种的品质改良、生长发育调控、产量提高等方面具有独特的优势,创造了巨大的经济效益。目前,已有 30 多个国家批准 3 000 多例转基因植物进入田间试验,并且在美国、加拿大、中国等 25 个国家成功进行了转基因作物的商品化。

我国是全球最早研究与开发转基因作物的国家之一。1992 年,我国成为世界上第一个实现转基因作物在大田规模释放的国家,开始大规模种植转基因抗病毒烟草和黄瓜花叶病毒双抗的转基因烟草,河南省当年转基因烟草种植面积就达到 8 600 km^2。1998 年 5 月～2007 年底,我国农业部共批准转基因生物中间试验 648 项,环境释放 374 项,生产性试验 225 项,发放安全证书 1 109 项,涉及的转基因作物品种包括水稻、玉米、小麦、大豆、油菜、棉花、牧草等,转基因特性涉及抗病虫、耐除草剂、品质改良、抗逆等。但大多数农业转基因生物还处于研究阶段,获准商业化种植的转基因植物只有 6 种,分别为耐储存番茄、转查尔酮合酶(CHS)基因矮牵牛、抗黄瓜花叶病毒甜椒、抗黄瓜花叶病毒番茄、抗虫棉等。转基因抗虫棉是我国转基因植物开发应用的成功范例,也是我国目前唯一大面积种植并初步实现产业化的转基因农作物。1996 年,国际种业巨头美国孟山都公司与河北农业厅下属的河北省种子站以及岱字棉公司合作成立第一个生物技术合资企业,第一次将转基因抗虫棉花引入中国市场。孟山都的转基因抗虫棉一度占据了中国 70% 的市场,但随着国产转基因抗虫棉技术的日趋成熟,截至 2008 年年底,全国累计推广国产抗虫棉 3.15 亿亩,新增产值超过 440 亿元,国产转基因抗虫棉的种植面积已占全国抗虫棉种植面积的 93%,占全国棉花种植面积的 69%,其中,河北、山东、河南、安徽等棉花主产省的转基因抗虫棉种植率达到了 100%,彻底打破了美国孟山都公司对抗虫棉的垄断地位,而且已经出口印度。2008 年 7 月 9 日,国务院常务会议审议并原则通过转基因生物新品种培育科技重大专项。根据《国家中长期科学和技术发展规划纲要》,到 2020 年,中国将投入 200 亿元(约 35 亿美元)作为转基因生物新品种培育科技重大专项的资金支持,其中,转基因棉花、水稻、玉米、大豆等新品种培育是重点资助发展的方向。

在转基因生物安全性问题的提出过程中,有两次里程碑性的会议。一次是 1973 年在美国新罕布什尔州举行的 Gorden 会议上,在讨论核酸的问题时,许多生物学家对即将到来的大量基因工程操作的安全极为担忧,建议成立专门的委员会来管理重组 DNA 的研究,并制定指定性法规。这次会议的讨论导致了另一次具重大影响的会议的召开,即 1975 年 2 月 24~27 日在美国加利福尼亚州的 Asilomar 举行的一次国际会议。Asilomar 会议是一次在生物安全领域极为重要的国际会议,是世界上第一次提出转基因生物安全性的会议,它标志着人类开始正式关注转基因生物的安全性问题。Asilomar 次会议后,转基因生物安全性就成为基因工程发展中必须考虑的重要问题。

6.1.3　转基因农作物的生物安全性

从理论上说,转基因技术和常规杂交育种都是通过优良基因的重组获得新品种的,但常规育种的安全性并未受到人们的质疑。其主要原因是因为常规育种是自然界可以发生的,而且常规育种的基因来源于同一物种或者是近缘种,并且在长期的育种实践中并未发现灾难性的结果。而转基因产品则不同,这种人工制造的产品含有其他生物甚至人工合成的基因,而且这种形式的基因重组在自然界是不可能发生的,所以人们无法预测将基因转入一个新的遗传背景中会产生什么样的作用,故而对其后果存在疑虑。

6.1.4　转基因农产品的安全性

转基因农产品在给人类生活和社会进步带来巨大利益的同时,也可能对生态安全和人类健康造成一定的风险隐患。

6.1.4.1　生物安全方面

转基因农产品在生物安全方面可能产生以下几方面的影响:

(1) 关于生存竞争力,即转基因作物通过传粉将基因转移给野生近缘种或杂草,使杂草等获得转基因生物体的抗逆性状,比非转基因作物在农田生态系统中更具竞争优势,从而产生超级杂草等,威胁其他作物的正常生长和生存。

(2) 破坏生物多样性和原生态环境。农田生态系统是一个各类生物相互依存并达成平衡的系统,当一种或一类生物种群突然消失或增加,会引起其他生物物种群落的变化,造成生物多样性下降。转基因作物通过基因漂移,如通过花粉等途径在植物种群之间进行扩散,破坏了野生和野生近缘种的遗传多样性。

(3) 关于抗性问题。如果连年大面积种植同一种抗虫转基因作物,可能会产生抗性种群,造成抗虫性降低,从而增加农用化学品的使用,严重危害生态环境。

6.1.4.2　食用安全方面

转基因农产品在食用安全方面主要存在以下问题:

（1）关于转基因农产品关键性营养成分,包括主要营养成分和微量营养成分因利用转基因技术而发生变化或破坏,影响膳食营养平衡等。

（2）产生毒素或增加有毒物质含量。

（3）关于过敏性、毒理性等问题。转基因农产品中存在的外源基因及其表达物质是否可导致过敏反应或免疫缺陷。作物引入基因后,会因为带上新的遗传密码而产生一种新的蛋白质,有些可能是致敏原,一些人可能会因食用含有这些蛋白质的食物引起过敏反应,甚至死亡。

（4）关于外源基因的安全性、稳定性问题。当前,细菌抗药性的产生主要是因为滥用和误用抗生素引起的。

由于对转基因生物出现的新组合和性状在不同遗传背景下的表达以及对环境和人类的影响还缺乏认识,有些甚至一无所知,因此消费者从自身健康与生态环境安全考虑,提出转基因产品安全问题是非常自然的。转基因产品的安全性问题,已引发全球性争论,世界各国人们都在呼吁对其进行科学的评估。因此,对转基因产品这一新生事物做好安全性检测和评估是非常必要的。

6.1.5　转基因农产品安全性所引发的问题

6.1.5.1　国际贸易之争

国际转基因作物争论的实质并不纯粹是科学问题,而是经济和贸易问题。现在转基因作物的安全性已经成了国际贸易的技术壁垒。由于某些媒体的炒作,对消费者的心理和转基因作物的产业化已经产生了很大的负面影响。转基因食品的争论对国际贸易有切实的影响,在WTO成员国中,对转基因食品的长期影响持怀疑态度的国家不签发转基因食品的许可证,采取贸易壁垒措施阻止已签发许可证的国家的转基因食品的进入,这必然会引起争执。由于无法科学判断其长期影响,在短期内就很难判断这些贸易壁垒措施是否违反世贸组织规则,转基因农产品技术可以大幅提高劳动生产率,那些抢先采用此技术的厂商就会由此获利。该技术的垄断性又可使厂商享有较长时间的垄断优势。在转基因农产品市场,美国目前已控制了相当大份额,进而可操纵价格,这更使得一些国家拒绝签发转基因农产品进口许可证。1998年,我国出口到欧美国家的烟草被检出含有少量转基因成分,当年即被取消了7亿美元的订购合同,并被退回了数千万美元的货物。与此同时,美加等转基因作物种植大国却以近乎倾销的方式向包括我国在内的许多发展中国家销售转基因产品。在新的形式面前,利用技术措施保护国家利益是检验检疫机构面临的重要课题。

6.1.5.2　美国法律的漏洞使人们担心粮食作物可能会被药品污染

专家们认为美国政府现在制定的针对经过遗传修饰产生药用产品的农作物在田地中生长试验的法规不够严格,无法有效防止其对粮食作物的污染。这些法规是建立在有缺陷的科学基础上,存在的漏洞使它们很容易被绕过,有关公司甚至都不必公开加入了什么基因。而一旦药物修饰过的植物与其他农作物或野生品种杂交,可能导致严重的环境后果。

目前制定的法规要求"药物化了的"植物要在时间和空间上与其他农作物分开。类似的控制法规也适用于其他已被基因工程化来制造药物的植物,包括大麦、小米、水稻以及甘蔗。但对于收获后产品的分离,该法规的限定措施很模糊,仅仅提到要适当地识别、包装和隔离。举例来说,它规定生产转基因作物的隔离距离仅仅为 400m,其制定基础是假定这个距离将使基因污染的可能性降至 0.1%,但是并没有证据表明基因污染时风险会随隔离距离加大而降低。另一个严重问题是只集中考虑某种农作物产品的预定用途而忽略它可能存在的其他作用,例如,以德克萨斯为基地的公司申请种植一种能产生抗生物素蛋白的鸡蛋蛋白质玉米,而该蛋白已知可以杀死或伤害 26 种昆虫,但抗生物素蛋白并没有被分类为一种药物,那么该种作物就不受有关药物化农作物法规的限制,而该作物的种植目的并不是为了杀死昆虫,因此美国农业部也不会考虑该玉米对环境造成的影响。

6.1.5.3　商业的驱动使得安全检测被忽视

商业利益的驱动,使得转基因农产品的生产者重视制造技术,忽略安全检测。2000 年,全世界的转基因农产品市场已达 30 亿美元以上,在 2000 年以前的 3 年中,与转基因种子、农用化学品和研究项目有关的公司交易就超过了 150 亿美元。美国的 Delta and PineLand 公司发明了"终止子"技术并申请了专利。"终止子"技术使种子失去繁殖能力,农户每年都需要购买新种子。这种技术以商业利益为目标,为了保障自己利润,使农民无法留种,对遗传多样性有负面作用,影响农业的可持续发展,并可能通过花粉非故意的传播造成生态风险。虽然转基因作物生产不育种子可能在解决转基因逃逸带来的生态风险上有益处,但"终止子"技术更可能给全球食品保障带来严重的危机。从许多其他的资料也可以看出,那些大公司把制造和销售转基因作物放在首位,并不重视安全检测技术的研究。

6.1.5.4　转基因知情权的维护

2001 年 1 月,包括中国在内的 113 个国家在加拿大共同签署了联合国《生物安全议定书》。该公约明确规定,转基因产品越境转移时,消费者有对转基因产品的知情权,进口国可以对其实施安全评价与标识管理。据农业部公布的信息显示:2001 年,中国进口油菜籽 172.4万吨,绝大部分来自于加拿大、澳大利亚,而加拿大是世界上转基因油菜籽种植面积超过 2/3的国家。

6.2　转基因农产品的检测概述

转基因农产品给人们带来巨大的经济利益和实惠,但其可能对人类健康和生态环境安全带来风险,因而转基因农产品的检测技术迅速发展,快速、准确、高通量的转基因产品检测方法被开发出来。美国、欧盟、日本、俄罗斯、中国等相继据此制定了转基因产品政策和法规,推进转基因植物及其产品标签制度实施,以确保转基因农产品安全,消弭人们的担忧。生物技术领域目前正在探索或使用的转基因农产品主要检测技术分为外源蛋白质检测法和核酸检测法两大类,每种技术又有一些分支,这些具体技术各有优劣。

6.2.1　外源蛋白质检测法

以抗原、抗体为基础的免疫学方法可通过检测外源基因表达的蛋白来定性、定量检测转基因产品。这些检测方法通常需要将外源结构基因表达的蛋白产物制备特异性的单克隆或多克隆抗体,建立蛋白质印迹法、酶联免疫法和试纸条法等。

6.2.1.1   蛋白质印迹法

蛋白质印迹(Western Blot)是根据抗原抗体的特异性结合检测复杂样品中某种蛋白的方法。该法将蛋白质电泳、印迹、免疫测定融为一体,是一种特异蛋白质检测方法。其原理是:生物中含有一定量的目的蛋白,先从生物细胞中提取总蛋白或目的蛋白,将蛋白质样品溶解于含有去污剂和还原剂的溶液中,经 SDS-PAGE 电泳将蛋白质按分子量大小分离,再把分离的各蛋白质条带原位转移到固相膜(硝酸纤维素膜或尼龙膜)上,接着将膜浸泡在高浓度的蛋白质溶液中温育,以封闭其非特异性位点。然后加入特异抗性体(一抗),膜上的目的蛋白(抗原)与一抗结合后,再加入能与一抗专一性结合的带标记的二抗(通常一抗用兔来源的抗体时,二抗常用羊抗兔免疫球蛋白抗体),最后通过二抗上带标记化合物(一般为辣根过氧化物酶或碱性磷酸酶)的特异性反应进行检测。根据检测结果,从而可得知被检生物(植物)细胞内目的蛋白的表达与否、表达量及分子量等情况。

Western 杂交技术是一种蛋白质的固定和分析技术,是将已用聚丙烯酰胺凝胶或其他凝胶或电泳分离的蛋白质转移到硝酸纤维滤膜上,固定在滤膜上的蛋白质成分仍保留抗原活性及与其他大分子特异性结合的能力,所以能与特异性抗体或核酸结合,其程序 Southern Blot 相似,故称为 Western Blot。第一抗体与膜上特异抗原结合后,再用标记的二抗(同位素或非同位素的酶)来检测,此方法可检测 1ng 抗原蛋白。Western 杂交方法灵敏度高,通常可从植物总蛋白中检测出 50ng 的特异性的目的蛋白,尤其适用难溶或不溶性蛋白的分析。但该方法不能进行定量分析,操作繁琐且费用较高,不适合高通量检测。

6.2.1.2   酶联免疫吸附试验法(ELISA)

ELISA 法具备酶反应的高灵敏度和抗原抗体反应的特异性,检测灵敏度通常可以达到 0.1%,且具有简便、快速,费用低等特点。但该方法也存在一些问题:一是农产品的复杂基质对测定有一定的干扰,如表面活性剂(皂角苷)酚化物、脂肪酸、内源磷酸酯酶均可以抑制特异的抗原-抗体相互作用;二是某些导入蛋白质并不是在植物的所有组织中均有表达,例如在玉米中一些蛋白质大部分表达在叶子中,而不在谷粒中;三是在加工过程中蛋白质会发生降解,因此这种技术只适合未加工原材料的检测;四是如果导入的 DNA 的蛋白质没有表达,则不能应用这种技术。

6.2.1.3   免疫试纸条法

试纸条检测蛋白也是根据抗原抗体特异性结合的原理,不同之处是以硝化纤维代替聚苯乙烯反应板为固相载体,对外源蛋白特异结合的抗体上联结了显色剂,被固定在试纸条内,当试纸条一端被放入含有外源蛋白的植物组织提取液中时,另一端吸水垫的毛细管作用使提取液向上流动,当特异抗体与外源蛋白相结合时,呈现颜色反应。该方法操作简单易于操作,一般 5~10min 就可以获得检测结果。但一种免疫试纸条只能检测一种目的蛋白质,不能区分具体的转基因品系,且检测灵敏度较低。

6.2.2　核酸检测法

核酸的检测技术主要有4种：一种是核酸印迹法(Southern blot)；另一种是聚合酶链式反应(PCR)方法，包括定性 PCR 方法、复合 PCR 方法、竞争性定量 PCR 方法、荧光定量 PCR 方法；还有基因芯片技术和 PCR-ELISA 法；另外有多重连接依赖的探针扩增(MLPA)方法等。

6.2.2.1　核酸印迹法

利用核酸印迹法，不仅能检测外源 DNA，而且能确定外源基因在植物基因组中的排列情况、拷贝数及转基因植株后代外源基因的稳定性等。此法可清除操作过程中的污染及转化中的质粒残留所引起的假阳性信号。但该法将目的 DNA 进行原位杂交，没有扩增、放大的过程，所以检测的灵敏度要比 PCR 检测方法低得多，而且操作复杂费时。

6.2.2.2　PCR 检测方法

在转基因 PCR 检测过程中，由于不完全一致的检测原理和检测结果形式，PCR 检测方法可以分为定性 PCR 检测、竞争性定量 PCR 检测和荧光定量 PCR 检测等。PCR 方法由于具有很高的灵敏度，在转基因领域使用非常广泛。与蛋白质具有组织特异性相比，PCR 技术不受材料的限制。另外核酸的性质比蛋白质稳定，变性之后复性也更为容易。

1) 定性 PCR 检测方法

PCR 技术的基本原理类似于 DNA 的天然复制过程，其特异性依赖于与靶序列两端互补的寡核苷酸引物，PCR 由变性—退火—延伸3个基本反应步骤构成。主要过程是将提取的样品 DNA 作模板，以 20nt 左右的寡核苷酸链作引物，引物能与外源基因 DNA 特定序列互补配对，通过聚合酶的作用，在体外快速特异地扩增目的基因片段，使微量特定的目标 DNA 片段在几个小时内迅速扩增到百万倍。扩增产物经琼脂糖凝胶电泳，溴化乙啶染色后很容易观察，不通过杂交分析就可以鉴定出基因组中的特定核苷酸序列。PCR 是一种快速、灵敏的核酸检测方法，灵敏度一般为 0.01%，在转基因产品检测上已得到广泛应用。转基因产品检测过程中，一般是先检测样品的来源，通过检测常用植物的内标准基因实现，然后检测转基因产品中普遍存在的3种通用元件：启动子、终止子、标记基因。如果结果为阳性则进一步检测外源结构基因。目前我国已经形成了以定性 PCR 检测方法为主的转基因产品方法，并出台了相关行业和国家技术标准。针对全球商业化转基因农产品(大豆、油菜、玉米、棉花和番茄等)的定性 PCR 检测方法研究很多，且相应的转基因特异性检测试剂盒也已经研发成功。例如，通过对 35s 启动子、NOs 终止子的检测，实现了对抗草甘膦大豆 Roundup-Ready 转基因成分的筛选检测。Matsuoka 等通过对7种转基因玉米转入的外源基因的序列分析，设计了14对引物对一些转基因和非转基因农产品进行了 PCR 扩增检测，结果表明该方法能够快速有效地检测一些转基因农产品品种。Vollenhofer 等设计了针对 35s 启动子、NOs 终止子、NPTⅡ基因检测的特异性引物，利用 PCR 方法检测了转基因大豆 Roundup-Ready、抗虫 Bt、玉米种子及深加工食品，并采用 Southern blot 杂交和限制性内切酶酶切对实验结果进行了确证。

2) 竞争性定量 PCR(QC-PCR)检测

定量竞争 PCR 法的实验原理是采用构建的竞争 DNA 与样品 DNA 中相互竞争相同底物

和引物,并根据电泳结果绘制工作曲线图,从而得到可靠的定量分析结果。1998 年欧盟的 12 个实验室共同对竞争 PCR 法进行了研究,结果表明竞争 PCR 法与定性 PCR 法相比大大降低了实验室间的实验误差,竞争 PCR 法完全可以对转基因农产品的转基因含量进行检测。此方法对实验仪器的要求不高,不足之处是需要利用基因重组技术构建标准竞争 DNA,且每次检测需要作多个标准样品的对照,不太适合高通量的样品检测。

Hardegger 等建立了 CaMV35s 启动子和 NOs 终止子的竞争性定量 PCR 分析体系。Zimmermann 等利用该方法建立了转基因 Bt11 玉米的定量 PCR 分析体系。Van den Eede G 等建立了转基因大豆、转基因玉米 Bt176 的定量分析体系。Studer E 和 Hardegger M 等人成功利用该方法对转基因大豆、玉米的转基因含量进行了定量分析。

3) 实时荧光定量 PCR(Real-time PCR)检测

RT-PCR 技术是一种在 PCR 反应体系中加入荧光基团,利用荧光信号积累实时检测整个 PCR 进程,最后通过标准曲线对未知模板进行定量分析的方法。该技术不仅实现了对 DNA 模板的定量,而且具有灵敏度高、特异性强、准确可靠、能实现多重反应、自动化程度高、无污染、实时性好等特点。其基本原理是随着 PCR 反应的进行,PCR 反应产物不断累计,荧光信号强度也等比例增加。每经过一个循环,收集一个荧光强度信号,这样我们就可以通过荧光强度变化监测产物量的变化,从而得到一条荧光扩增曲线图。在荧光定量 PCR 方法发展过程中,由于采用的荧光基团发光原理的不同,该方法又可以分为很多种,例如 SYBR Green I 荧光染料、FRET 技术 TaqMan 探针、Molecular Beacon sunrise scorpion Self-quenched 技术和 UT-PCR 等。目前已有很多利用上述探针建立的转基因产品 PCR 检测方法的报道,其中 TaqMan 荧光定量 PCR 方法由于其探针的简单和高度特异性得到最广泛的应用。

6.2.2.3　基因芯片法

目前应用于转基因食品检测的前沿技术是基因芯片技术,其实质就是高度集成化的反向斑点杂交技术。探针分子固定在载体上,待测基因经过 PCR 末端标记等操作,成为标记有荧光染料或同位素的核酸分子,然后与固定的探针杂交。依据标记方法的不同,通过放射自显影、激光共聚焦显微镜或 CCD 相机读出每个斑点信号的强度,计算机对杂交信号进行处理,得到杂交谱。基因芯片能解决大数量基因检测问题,具有灵敏度高、效率高、成本低、自动化、结果明确等优点。但由于其应用需要的相应设备造价高而应用范围窄,而且目前没有形成任何标准,使得基因芯片检测法未能普及。

6.2.2.4　PCR-ELISA 检测法

传统的 PCR 产物是利用琼脂糖凝胶电泳法分析,不能鉴别产物的特异性,在常规 PCR 检测中易出现非特异性、假阳性等问题。而 PCR-ELISA 是用免疫学方法检测 PCR 产物,将 PCR 的高效性和 ELISA 的高特异性结合在一起。此方法用一种特殊的管(也可用 PCR 管代替)经过处理后共价交联结合诱捕分子,诱捕分子是与需扩增的目的 DNA 分子互补的一段寡聚核苷酸分子,以诱捕到的目标 DNA 为模板进行 PCR 扩增,其中大部分扩增 DNA 分子以共价键固定在管上,经变性去掉互补链,清洗后只有互补目标分子保留在管上,用生物素或地高辛标记的探针进行杂交,用碱性磷酸酯酶标记的抗生物素或抗地高辛进行 ELISA 检测,颜色反应通过酶标仪读数。液相的 PCR 产物可通过凝胶电泳进行检测,也可进行杂交检测,常规的 PCR-ELISA 法只是定性实验；若加入内标，作出标准曲线，也可实现半定量的检测目的。

与常规 PCR 相比，PCR-ELISA 增加了杂交步骤来检测 PCR 产物的特异性，用酶联反应来放大信号提高了检测的准确性、灵敏度及自动化程度，比常规 PCR 的灵敏度大大提高；杂交检测可自动化，适于大批样品检测；包被管可长时间保存，使用时不需临时包被，是适合推广的一种转基因产品检测方法。

6.2.2.5　多重连接依赖的探针扩增（MLPA）法

MLPA 方法是针对不同检测序列设计多组专一的探针组，对探针组进行扩增的检测方法。每组探针组总长度不同，可与目标序列杂交黏合。所有探针的 5′端都有通用引物结合区 PBS(Primer Binding Sites)，3′端都有与待扩增目标序列结合区，在 PBS 区与目标序列结合区之间插入不同长度的寡核苷酸，由此形成长度不一的探针组。如果目标序列缺失，产生突变或是由于不同探针组的配对，则这组探针无法成功连接，也没有相应的扩增反应。如果这组探针可与目标序列完全黏合，则连接酶会将这组理论探针连接成为一个片段，并通过标记的通用引物对此连接在一起的探针组进行扩增，最终经过毛细管电泳和激光诱导的荧光来检测扩增产物。Francisco、Moreano 等应用此方法检测了标准的转基因大豆和玉米，并经过特异性和敏感性实验验证了 MLPA 在转基因检测中的可行性。实验表明，当探针与目标序列结合的片段长度越长，检测的敏感性就增加，并且根据转基因序列扩增强度与内参基因扩增强度的比值和转基因含量之间的线性关系，可以对待检样品进行定量分析。

思考题

1. 什么是转基因食品？
2. 转基因食品有哪些安全性问题？
3. 转基因食品的主要检测方法？
4. 酶联免疫吸附试验法的基本原理？
5. 转基因农产品的 PCR 检测方法有哪些？

7 实验方法评价与数据处理

【学习重点】

了解实验方法的常用评价指标,掌握显著性检验的检验方法,并运用合适的分析方法提高实验结果的准确度。

随着食品分析方法不断地更新,分析方法的标准也不断地完善。无论是食品加工、食品安全还是食品检验,都离不开科学实验。进行实验首先应该确定实验方法,即实验设计;其次实验结束后得到的一系列实验数据,这些实验数据就反映了实验方法是否得当。

7.1 实验方法评价

7.1.1 评价指标

7.1.1.1 准确度

准确度(Accuracy)是指多次测定的平均值(x)接近真实值(μ)的程度。实验结果与真实值之间差异越小,证明其准确度越高。因此,可以用准确度的高低可以用误差来衡量。

误差可用绝对误差 Ea 和相对误差 Er 表示:

$$Ea = x - \mu \tag{7.1}$$

$$Er = \frac{Ea}{\mu} \times 100\% \tag{7.2}$$

7.1.1.2 精密度

精密度(Precision)是指一组平行测定结果之间的离散程度。平行测定结果越接近,精密度越高。

精密度的高低用偏差来表示。

$$绝对偏差\ d = x - \bar{x} \tag{7.3}$$

$$相对偏差\ RD = \frac{d}{x} \times 100\% \tag{7.4}$$

7.1.1.3　准确度与精密度的关系

在试验过程中,真实值往往是未知的,因此,通常根据精密度来评价试验结果,精密度高,不代表准确度高,但准确度高一定要求精密度高。精密度高的试验结果才可能达到准确度高。

7.1.1.4　实验方法检出限(MDL)

实验方法检出限指某种检测方法所能检测的最小浓度,也即方法的最小检测浓度。通常用外推法可求得方法的检测下限,其方法如下:在标准溶液低浓度范围内,选择 3 个浓度,每一个浓度水平上分别重复测定,求出每个浓度水平的标准偏差 S_1、S_2、S_3。用线性回归法作出回归线,然后把回归线延长,外推至与终坐标相交,求得 S_0,定义 $3S_0$ 为方法的检出限,其中,S_0 为浓度为零时的空白样品的标准偏差。

7.1.2　显著性检验

7.1.2.1　t 检验法

1) 平均值和标准值的比较

为了检验试验结果是否有较大的误差,有必要对标准试样进行若干次分析,利用 t 检验法对试验结果的平均值与标准试样的标准值进行比较,看两者之间是否有显著性差异。

$$t = \frac{|\bar{x} - \mu|}{s} \sqrt{n} \tag{7.5}$$

若 t 值大于表 7.1 中的 $t_{\alpha, f}$ 值,则有显著性差异;否则没有显著性差异。

表 7.1　$t_{\alpha, f}$ 值表(双边)

f	显著性水平 α,置信概率 p		
	$\alpha = 0.10$ $p = 0.90$	$\alpha = 0.05$ $p = 0.95$	$\alpha = 0.01$ $p = 0.99$
1	6.31	12.71	63.66
2	2.92	4.30	9.92
3	2.35	3.18	5.84
4	2.13	2.78	4.60
5	2.02	2.57	4.03
6	1.94	2.45	3.71
7	1.90	2.36	3.50
8	1.86	2.31	3.36
9	1.83	2.26	3.25
10	1.81	2.23	3.17
20	1.72	2.09	2.84
∞	1.64	1.96	2.58

2) 两组平均值的比较

相同实验员采用不同的试验方法,或不同的实验员采用同一试验方法得到的实验结果,所得到的平均值往往是不同的。判断这样的两组或两组以上的实验结果是否有显著性差异,可以采用 t 检验法。

首先判断各组实验结果的精密度是否有显著性差异,如果有显著性差异,则无需进行进一步的检验;如果无显著性差异,应先计算出各组之间的标准差之和,用 $s_合$ 表示。

7.1.2.2　F 检验法

F 检验法是比较两组实验数据的方差,以确定它们的精密度是否有显著性差异的一种检验方法。

$$F = \frac{S_大^2}{S_小^2} \tag{7.6}$$

式中:

$S_大^2$ 为两组数据中方差较大的一组;

$S_小^2$ 为两组数据中方差较小的一组。

将计算所得的 F 值与表 7.2 中相应的 F 值进行比较。在一定置信概率及自由度时,若 F 值大于表中值,则认为两者之间存在显著性差异;否则不存在显著性差异。

表 7.2　置信概率 95% 时 F 值表 (单边,置信概率为 95%,显著性水平为 5%。)

f_2	f_1									
	2	3	4	5	6	7	8	9	10	∞
2	19.00	19.16	19.25	19.30	19.33	19.36	19.37	19.38	19.39	19.50
3	9.55	9.28	9.12	9.01	8.94	8.88	8.84	8.81	8.78	8.53
4	6.94	6.59	6.39	6.26	6.16	6.09	6.04	6.00	5.96	5.63
5	5.79	5.41	5.19	5.05	4.95	4.88	4.82	4.78	4.74	4.36
6	5.14	4.76	4.53	4.39	4.28	4.21	4.15	4.10	4.06	3.67
7	4.74	4.35	4.12	3.97	3.87	3.79	3.73	3.68	6.63	3.23
8	4.46	4.07	3.84	3.69	3.58	3.50	3.44	3.39	3.34	2.93
9	4.26	3.86	3.63	3.48	3.37	3.29	3.23	3.18	3.13	2.71
10	4.10	3.71	3.48	3.33	3.22	3.14	3.07	3.02	2.97	2.54
∞	3.00	2.60	2.37	2.21	2.10	2.01	1.94	1.88	1.83	1.00

7.2　实验数据处理

7.2.1　分析结果的表示

在食品分析过程中,实验结果表达的不仅是数值的大小,同时也反映了分析结果的准确度。

7.2.1.1　有效数字

有效数字是能测量到的数字,是从第一位不为零的数字算起。除了最后一位为估读的外,其余的数字都是准确可靠的。如:样品质量 10g,2 位有效数字;样品质量 10.00g,4 位有效数字。

7.2.1.2　有效数字计算规则

(1) 数据相加或相减时,结果的有效数字位数以小数点后位数最少的数据为依据。如:0.26+0.135＝0.40。

(2) 数据相乘除时,结果的有效数字位数以有效数字位数最小的数据为依据。

(3) 乘方或开放,有效数字位数不变。

(4) 对数的尾数应与真数的有效数字位数相同。

(5) 误差或偏差一般取两位或两位以下有效数字。

(6) 不是实验所得的倍数、比值等,在计算过程中按所需位数保留。

(7) 对于计算含量的,含量大于 10％,保留 4 位有效数字;含量小于 10％的,保留 3 位有效数字;含量小于 1％的,保留两位有效数字。

(8) 在计算过程中,通常保留比最终结果多一位的有效数字,最后再对结果进行修约。

7.2.1.3　数字修约规则

所有的分析检测数据中,往往所有的数据的有效数字位数不是一致的,那么就需要按照一定的规则来对有效数字进行修约。

有效数字的修约通常采用"四舍六入五成双"的规则,被修约数字等于或小于 4 时,将该数字舍去;被修约数字等于或大于 6 时,则进一位;被修约数字等于 5 时,如果其后面仍然有数字,则进一位,如果没有数字,则仅为后末尾数字为偶数时进一位,末尾数字为奇数时舍去。

7.2.2　实验数据的处理

7.2.2.1　置信概率与显著性水平

根据表 7.1 所示,p 为置信概率(置信区间),它表示了在 t 值固定时,测定时在 $(\mu \pm ts)$ 范围内的概率;α 为显著性水平,$p=1-\alpha$。置信区间长度 Δ 越小,估计的精确度越高;置信度 $1-\alpha$ 越大,置信区间的可靠性越高。

7.2.2.2　可疑值的取舍

在食品分析过程中所得到多次平行测定结果,有时会发现其中个别结果与其他测定结果相差较远,这样的结果为可疑结果,也称作离群值。对于这样的可疑值,应按照一定的方法进行处理,否则将影响分析结果的准确性。统计学中有多种处理可疑值的方法,本节重点介绍两种食品分析中常用的检验方法:Q 检验法和格鲁布斯检验法。

1) Q 检验法

Q 检验法适用于平行结果较少时使用。其检测步骤如下：

（1）将测定值按照从小到大的顺序排列：$a_1, a_2, a_3, \cdots a_n$

（2）用可疑值与邻近值之差的绝对值除以最大值和最小值之差，得到的值即为 Q 值。Q 值越大说明可疑值离群越远。

（3）将计算所得的 Q 值与表 7.3 中的 Q 值进行比较，如果计算值大于查表值，则可疑值应舍弃，否则可保留。

表 7.3　Q 值表

测定次数 n		3	4	5	6	7	8	9	10
置信度	90%（Q0.90）	0.94	0.76	0.64	0.56	0.51	0.47	0.44	0.41
	96%（Q0.96）	0.98	0.85	0.73	0.64	0.59	0.54	0.51	0.48
	99%（Q0.99）	0.99	0.93	0.82	0.74	0.68	0.63	0.60	0.57

2）格鲁布斯（Grubbs）检验法

检验步骤如下：

（1）将测定值按照从小到大的顺序排列：$a_1, a_2, a_3, \cdots a_n$

（2）计算出该组平行结果的平均值和标准偏差。

（3）求出统计量 T。T 为平均值与可疑值之差的绝对值除以标准偏差。

（4）将计算结果与表 7.4 中的 $T_{\alpha, n}$ 对比，如果计算值大于查表值，可疑值舍弃；否则可保留。

表 7.4　$T_{\alpha, n}$ 值表

测定次数 n	显著性水平 α		
	0.05	0.025	0.01
3	1.15	1.15	1.15
4	1.46	1.48	1.49
5	1.67	1.71	1.75
6	1.82	1.89	1.94
7	1.94	2.02	2.10
8	2.03	2.13	2.22
9	2.11	2.21	2.32
10	2.18	2.29	2.41
11	2.23	2.36	2.48
12	2.29	2.41	2.55
13	2.33	2.46	2.61
14	2.37	2.51	2.63
15	2.41	2.55	2.71
20	2.56	2.71	2.88

7.3 提高实验结果准确度的方法

前面介绍了实验误差的来源,我们在食品分析过程中可以采用一些方法来尽可能地减小食品分析过程中的误差,从而提高结果的准确度。

7.3.1 选择合适的分析方法

不同的食品分析方法的准确度和精密度是不同的。这就要求食品分析人员在进行分析之前要确定合适的分析方法。化学分析方法适合于分析高含量的组分;仪器分析方法适合分析低含量组分、微量组分和痕量组分。

7.3.2 减小误差

不同的食品分析方法对准确度的要求是不同的,应根据实际要求来控制各分析步骤中的误差,从而是准确度提高。

7.3.3 增加平行测定的次数,减小随机误差

在消除系统误差的前提下,平行测定次数越多,其平均值越接近真实值。但平行次数过多,对随机误差的减小不明显,反而是工作量加大,工作效率降低。因此,一般的食品分析实验进行 3 次左右的平行测定即可,对要求较高的实验可适当增加平行次数。

7.3.4 消除分析过程中的系统误差

系统误差是有固定的原因引起的,找出其中的原因即可消除系统误差。消除系统误差可采用以下几种方式。

7.3.4.1 设置对照试验

(1)选择标准试样进行分析,将分析结果与标准品分析结果进行比较,再用 t 检验法进行检验。

(2)用标准方法与所选方法同时分析同一样品,再用 t 检验法和 F 检验法进行判断。

(3)对未知样品进行分析时,可采用加标回收法进行对照试验。

7.3.4.2 设置空白试验

空白试验是指在不加供试样品或以等量溶剂替代供试液的情况下,按相同方法进行试验。从样品分析结果中减去空白试验的结果,就得到比较可靠的分析结果。

7.3.4.3　校准仪器

由于仪器不准确产生的系统误差,可通过对仪器进行校正来避免,在计算分析结果时采用校正值。

思考题

1. 提高实验结果准确度的方法有哪些?
2. 如何消除分析过程中的系统误差?
3. 简述准确度与精密度的关系。

附　　录

附录1　食品中氟的测定——扩散-氟试剂比色法
（参照 GB/T5009.18-2003）

1　范围

本标准规定了粮食、蔬菜、水果、豆类及其制品、肉鱼、蛋等食品中氟的测定方法。

本标准适用于食品中氟的测定。

本方法检出限：0.1mg/kg。

2　原理

样品中的氟化物与酸作用，产生氟化氢气体，经扩散被氢氧化钠吸收，生成氟化钠。氟化钠与硝酸镧、氟试剂生成蓝色三元配合物，用有机溶剂萃取之后，在波长 580nm 处测定其吸收值(A)，与标准系列比较定量。氯离子干扰氟离子的测定，加入硫酸银后可消除氯离子的干扰。

3　主要仪器

恒温箱、分光光度计、塑料扩散盒(内径 4.5cm，深 2cm，盖内壁顶部光滑，并带有凸起的圈以盛放吸收液用，盖紧之后不漏气)。

4　试剂[注1]

4.1　20g・L^{-1} Ag_2SO_4 溶液。称取硫酸银（Ag_2SO_4，分析纯）2.00g 溶于 100mlH_2SO_4（3：1）溶液中。

4.2　1mol・L^{-1}NaOH 溶液。称取氢氧化钠(NaOH，优级纯)4.00g 溶于 100ml 无水乙醇中。

4.3　1mol・L^{-1}乙酸溶液。取冰乙酸(CH_3COOH，分析纯)3ml，加水稀释至 50ml。

4.4　氟试剂。称取茜素氨羧配合剂($C_{19}H_{15}NO_3$，分析纯)0.19g，加水 50ml 和 1mol・L^{-1}NaOH 溶液 1ml 使之溶解，再加乙酸钠(NaOAc，分析纯)0.125g，用 1mol・L^{-1}乙酸溶液调节至红色(pH 值为 5.0)，用水稀释至 500ml，放置冰箱中备用。

4.5　硝酸镧溶液。称取硝酸镧［$La(NO_3)_3$・$6H_2O$，分析纯]0.22g，用少量 1mol・L^{-1}乙酸溶液溶解，加水至 450ml，用 250g・L^{-1}乙酸钠溶液调节 pH 为 5.0，然后用水稀至 500ml，摇匀，放置冰箱中备用。

4.6　缓冲液(pH4.7)。称取乙酸钠(CH_3COONa，分析纯)30.0g，溶于水 400ml 中，加冰

乙酸 22ml,再缓缓加入冰乙酸调节 pH 为 4.7,用水稀释至 500ml。

4.7　二乙基苯胺-异戊醇溶液。吸取二乙基苯胺(分析纯)25ml 溶于异戊醇(分析纯)500ml 中。

4.8　丙酮(分析纯)。

4.9　$1000\mu g \cdot ml^{-1}$ 氟(F)标准贮备溶液。准确称氟化钠(NaF,优级纯,经110℃烘干2h后,在干燥器中放冷)2.21g 溶于水,定容至 1L,贮于聚乙烯塑料瓶中备用(置于冰箱中保存)。

4.10　$5\mu g \cdot ml^{-1}$ 氟(F)标准溶液。吸取 $1000\mu g \cdot ml^{-1}$ 氟标准贮备液 1.0ml,用水稀释至200ml。

5　操作步骤

5.1　试样处理

谷类试样:稻谷去壳,其他粮食除去可见杂质,取有代表性试样 50～100g,粉碎,过 40目筛。

蔬菜、水果:取可食部分,洗净、晾干、切碎、混匀,称取 100～200g 试样,80℃鼓风干燥,粉碎,过 40目筛。结果以鲜重表示,同时要测水分。

特殊样品(含脂肪高,不易粉碎过筛的试样,如花生、肥肉、含糖分高的果实等):称取研碎的试样 1.00～2.00g 于坩埚(镍、银、瓷等)内,加 4ml 硝酸镁溶液(100g/L),加氢氧化钠溶液(100g/L)使呈碱性,混匀后浸泡 0.5h,将试样中的氟固定,然后在水浴中挥干,再加热炭化至不冒烟,再于 600℃马弗炉内灰化 6h,等灰化完全,取出放冷,取灰分进行扩散。

取塑料盒若干个,分别于盒盖中央加氢氧化钠-乙醇溶液 0.2ml,在圈内均匀涂布,于 55℃恒温箱中烘干,形成一层薄膜,取出备用。称取样品 1.00g 于处理好的塑料盒中[注2],加水4ml,使样品均匀分散不结块,加硫酸银-硫酸溶液 4ml,立即盖紧,轻轻摇匀(切莫将酸溅在盖上),将盒置于 55±1℃恒温箱中,保温 20h。同时分别于处理好的塑料盒内加 $5\mu g \cdot ml^{-1}$ 氟标准溶液 0.00、0.40、0.80 、1.20、1.60 、2.00ml,以下操作同样品提取。

5.2　测定

将盒取出,取下盒盖,分别用 20ml 水少量多次将盒盖内氢氧化钠薄膜溶解,用滴管小心完全移置 100ml 分液漏斗中。分别向分液漏斗中加氟试剂 3.0ml,缓冲液 3.0ml,丙酮8ml[注3],硝酸镧溶液 3.0ml 和水 13ml,混匀,放置 20min[注4],各加入二乙基苯胺-异戊醇溶液10.0ml,振摇 2min,待分层后,弃去水相,分出有机相,并用滤纸过滤于 10ml 带塞容量瓶中。此时蓝色三元配合物全部进入 10ml 有机相,在 10ml 有机相中氟标准系列浓度 p(F)分别为0.00、0.20、0.40、0.60、0.80、1.00$\mu g \cdot ml^{-1}$。用 1cm 光径比色杯于 580nm 波长处,以零管调节零点,分别测定标准系列和样品吸收值(A),绘制工作曲线,从工作曲线上查出样品待测液中氟的浓度($\mu g \cdot ml^{-1}$)。

6　结果计算

试样中氟的含量按(1)式进行计算

$$X=\frac{A\times 1\,000}{m\times 1\,000} \tag{1}$$

X——试样中氟的含量,单位为毫克每千克(mg/kg);

A——测定用试样中的质量,单位为 ug;

m——试样的质量,单位为克(g);

计算结果保留两位有效数字。

7　注释

注1.全部试剂的配制用无氟去离子水,并贮于聚乙烯瓶中。

注2.样品扩散前首先应检查所用的扩散盒是否漏气,气密性不好的扩散盒不宜使用。

注3.显色时加入丙酮,可使蓝色加深,提高比色灵敏度。

注4.放置后,不加二乙基苯胺—异戊醇萃取,而直接测定,就是复色法,往往也能得到较理想的结果。

附录2　农药残留检测——食品中六六六、滴滴涕残留量的测定

1　目的

1.1　掌握电子捕获检测器的工作原理及其在组分含量测定中的应用。

1.2　掌握外标法在气相色谱分析中的应用。

2　原理

电子捕获检测器对于负电及较强的化合物具有极高的灵敏度,利用这一特点,可分别测出痕量的六六六、滴滴涕。试样中六六六、滴滴涕经丙酮提取,净化后用气相色谱法测定,外标法定量。

3　主要试剂与仪器

3.1　试剂

以下未注明级别的试剂,均为分析纯。

3.1.1　丙酮。

3.1.2　正乙烷。

3.1.3　石油醚:沸程30℃～60℃。

3.1.4　苯。

3.1.5　硫酸。

3.1.6　无水硫酸钠。

3.1.7　硫酸钠溶液(20g/L)。

3.1.8　农药标准品:六六六纯度＞99％;滴滴涕纯度＞99％。

3.1.9　农药标准储备液:精密称取六六六、滴滴涕各10mg,溶于苯中,分别移入100ml容量瓶中,以苯稀释至刻度,混匀,浓度为100mg/L,贮于冰箱中。

3.1.10　农药混合标准工作液:分别量取上述各标准储备液于同一容量瓶中,以正乙烷稀释至刻度。α-HCH、γ-HCH、δ-HCH的浓度为0.05mg/L,β-HCH和p,p′-DDE浓度为0.01mg/L,o,p′-DDT浓度为0.05mg/L,p,p′-DDD浓度为0.02mg/L,p,p′-DDT浓度为0.1mg/L。

3.2　仪器

3.2.1　气相色谱仪:配电子捕获检测器

3.2.2　旋转蒸发器

3.2.3　N-蒸发器

3.2.4　匀浆机

3.2.5　调速多用振荡器

3.2.6　离心机

3.2.7　植物样本粉碎机

4　实验内容与步骤

4.1　样品处理

4.1.1　试样准备

谷类制成粉末,其制品制成匀浆;蔬菜,水果及其制品制成匀浆;蛋品去壳制成匀浆;肉品去皮筋后,切成小块,制成肉糜;鲜乳混匀待用。

4.1.2　提取

4.1.2.1　称取具有代表性的各类食品试样匀浆 20g,加水 5ml(视其水分含量加水,使其总水量约 20ml),加丙酮 40ml,振荡 30min,加氯化钠 6g,摇匀。加石油醚 30ml,再振荡 30min,静止分层。取上清夜 35ml 经无水硫酸钠脱水,于旋转蒸发器中浓缩至近干,以石油醚定容至 5ml,加浓硫酸 0.5ml 净化,振摇 0.5min,于 3000r/min 离心 15min。取上清夜进行 GC 分析。

4.1.2.2　称取具有代表性的 2g 粉末试样,加石油醚 20ml,振荡 30min,过滤,浓缩,定容至 5ml 加浓硫酸 0.5ml 净化,振摇 0.5min,于 3000r/min 离心 15min。取上清夜进行 GC 分析。

4.1.2.3　称取具有代表性的食用油试样 0.5g,以石油醚溶解于 10ml 刻度管中,定容至刻度。加 1.0ml 浓硫酸净化,振摇 0.5min,于 3000r/min 离心 15min。取上清夜进行 GC 分析。

4.2　样品测定

4.2.1　气相色谱条件

色谱柱:内径 3mm,长 2m 的玻璃柱,内装涂以 1.5％OV-17 和 2％QF-1 混合固定液的 80~100 目硅藻土。

载气:高纯氮,流速 110ml/min;柱温;185℃;检测器温度 225℃;进样口温度 195℃。

4.2.2　样品测定

待仪器基线平稳后进样,进样量为 1~10ml。

5　数据处理

5.1　确定试样中六六六、滴滴涕及其异构体保留时间。

5.2　按下式计算样品中六六六、滴滴涕及其异构体的含量。

$$X = \frac{A_1}{A_2} \times \frac{m_1}{m_2} \times \frac{V_1}{V_2} \times \frac{1\,000}{1\,000}$$

式中：X—试样中六六六、滴滴涕及其异构体的单一含量,单位为毫克每千克(mg/kg);

A_1—试样中各组分的峰面积;

A_2—各农药组分标准的峰面积;

m_1—单一农药标准溶液的含量,单位为纳克(ng);

m_2—被测试样的取样量,单位克(g);

V_1—被测定试样的稀释体积,单位为毫升(ml);

V_2—被测定试样的进样体积,单位为毫升(ml)。

6　注意事项

6.1　本方法适合于各类食品中六六六、滴滴涕残留量的测定。

6.2 在取样 2g,最终体积为 5ml,进样体积为 $10\mu L$ 时 α-HCH、β-HCH、γ-HCH、δ-HCH 检测限分别为 0.038,0.16,0.047,0.070μg/Kg;而 p,p'-DDE、o,p'-DDT、p,p'-DDD、p,p'-DDT 依次为 0.23,0.50,1.8,2.1μg/Kg。

6.3 在重复条件下获得的两次独立测定结果的绝对差值不得超过算术平均值的 20%。

附录 3 农产品重金属检测——豆乳粉中铁、铜、钙的测定

1 目的

1.1 掌握原子吸收光谱法测定食品中微量元素的方法。

1.2 学习食品试样的处理方法。

2 实验原理

原子吸收光谱法是测定多种试样中金属元素的常用方法。测定食品中微量金属元素,首先要处理试样,让其中的金属元素以可溶的状态存在。试样可以用湿法处理,即试样在酸中消解制成溶液。也可以用干法灰化处理,即将试样置于马弗炉中,在 400~500℃高温下灰化,再将灰分溶解在盐酸或硝酸中制成溶液。

本实验采用干法灰化处理样品,然后测定其中 Fe、Cu、Ca 等微量元素。此法也可用于其他食品,如豆类、水果、蔬菜、牛奶中微量元素的测定。

3 主要试剂与仪器

3.1 主要试剂:铜储备液(含铜 1.000mg/ml);铁储备液(含铁 1.000mg/ml);钙储备液(含钙 1.000mg/ml);镧溶液(50mg/ml)。

3.2 主要仪器:原子吸收分光光度计;Fe、Cu、Ca 空心阴极灯;乙炔钢瓶;马弗炉。

4 实验步骤

4.1 试样的制备

准确称取 2.0g 试样,置于瓷坩埚中,放入马弗炉,在 500℃灰化 2~3h,取出冷却,加 6mol/L 盐酸 4ml,加热促使残渣完全溶解。移入 50ml 容量瓶,用蒸馏水定容至刻度,摇匀。

4.1.1 铜和铁的测定

4.1.1.1 系列标准溶液的配制 用吸管移取铁储备液 10ml 至 100ml 容量瓶中,用蒸馏水稀释至刻度。此标准溶液含铁 100.0μg/ml。

将铜储备液进行稀释,制成 20.0μg/ml 铜的标准溶液。

分别加入 100.0μg/ml 的 Fe 标准溶液 0.50、1.00、3.00、5.00、7.00ml 于 100ml 容量瓶中,20.0μg/ml Cu 标准溶液 0.50、2.50、5.00、7.50、10.00ml,再加入 6mol/ml 的盐酸 8ml,用蒸馏水稀释至刻度,摇匀。

4.1.1.2 标准曲线 铜的分析线为 324.8nm,铁的分析线为 248.3nm。其他测量条件通过实验选择。分别测量系列标准溶液铜和铁的吸光度。

4.1.1.3 试样溶液的分析 与标准曲线同样的条件,测量试样溶液中 Cu 和 Fe 的浓度。

4.1.2 钙的测定

4.1.2.1 系列标准溶液的配制 将钙储备液稀释成 100.0μg/mlCa 的标准溶液。分别吸取

该标准溶液 0.5、1.0、2.0、3.0、5.0ml 于 100ml 容量瓶中,分别加入 6mol/ml 的盐酸 8ml 和 20ml 镧溶液(50mg/ml),用蒸馏水稀释至刻度,摇匀。

4.1.2.2　标准曲线　测量条件参照实验一,逐个测定标准溶液的吸光度。

4.1.2.3　试样溶液的分析　吸取试样溶液 10ml 到 50ml 容量瓶中,加入 6mol/ml 的盐酸 4ml,10ml 镧溶液,用蒸馏水稀释至刻度,摇匀,测量其吸光度。

5　结果处理

5.1　分别绘制 Fe、Cu、Ca 的吸光度-浓度标准曲线。

5.2　利用标准曲线计算出豆乳粉中这些元素的含量($\mu g/g$)。

6　注意事项

6.1　如果样品中这些元素的含量较低,可以增加取样量。

6.2　处理好的试样溶液若混浊,可用定量滤纸干过滤。

附录 4　农产品重金属检测——农产品中铬的测定

1　目的

1.1　了解石墨炉原子化器的工作原理和使用方法。

1.2　掌握石墨炉原子吸收光谱法测定食品中铬的方法。

2　原理

　　测定样品经高压消解后,用去离子水定容至一定体积,取一定量的消解液于石墨炉原子化器中,原子化后,铬吸收波长 357.9nm 的共振线,其吸收量与铬含量成正比,并与标准系列比较定量。

3　主要试剂与仪器

3.1　主要试剂:硝酸(1mol/ml);过氧化氢;铬标准储备液(1.0 mg/ml);铬标准使用液(100.0μg/ml),临用时现配。

3.2　主要仪器:带石墨炉自动进样系统的原子吸收分光光度计;聚四氯乙烯内罐的高压消解罐。

4　实验步骤

4.1　样品的预处理

　　将待测的粮食、蔬菜、水果类样品洗净晾干,在 105℃烘干至恒重,计算出样品水分含量。粉碎,过 30 目筛,混匀备用。禽蛋、水产等洗净晾干,取可食部分,混匀备用。

4.2　样品消解

4.2.1　高压消解法　称取制备好的有代表性样品 0.30～0.50g 置于高压消解罐中,加入 1.0ml 的硝酸和 4.0ml 过氧化氢溶液,轻轻摇匀,盖紧上盖。放入恒温箱中,当温度升高到 140℃时开始计时,保持恒温 1h,同时做试剂空白。取出消解罐,待自然冷却后,打开上盖,将消解液移入 10ml 容量瓶中,将消解罐用水洗净,合并洗液于容量瓶中,用少许蒸馏水稀释至刻度,混匀,待测。同时做试剂空白。

4.2.2　干式消解法　称取食物样品 0.50～1.0g 于瓷坩埚中,加入 1～2ml 硝酸,浸泡 1h 以上,将坩埚置于电热板上,小心蒸干,炭化至不冒烟为止,转移至高温炉中,550℃恒温 2h,取出冷却后,加数滴浓硝酸于灰分中,再转入 550℃高温炉中继续灰化 1～2h,到样品呈白灰状,取出放冷后,用 1‰硝酸溶解灰分,并定量转移至 10ml 容量瓶中,定容至刻度,混匀。同时做试剂空白。

4.3 标准液系列制备

吸取 0、0.10、0.30、0.50、0.70、1.00、1.50ml 铬标准使用液,分别置于 10ml 容量瓶中,以硝酸(1mol/ml)稀释至刻度,混匀。

4.4 仪器条件

波长 357.9nm,灯电流、狭缝、氩气流量均按仪器说明书要求调至最佳状态。背景校正。
石墨炉温度参数为:干燥 110℃,40s;灰化 1000℃,30s;原子化 2800℃,5s。

4.5 测定

将处理好的样品溶液、试剂空白液和铬标准溶液分别用石墨炉原子化器进行测定,记录其对应的吸光度值,与标准曲线比较定量。

5 结果处理

5.1 绘制铬的吸光度-浓度标准曲线。

利用标准曲线计算出样品中铬元素的含量(μg /g)。

5.2 注意事项

5.2.1 实验前应仔细了解仪器的构造及操作,以便实验能顺利进行。
5.2.2 实验前应检查通风是否良好,确保实验中产生的废气排出室外。

附录 5 农产品重金属检测——农产品中铅含量的测定

1 目的

1.1 了解原子荧光光度计的工作原理和使用方法。
1.2 掌握原子荧光光谱法测定食品中铅含量的方法。

2 原理

样品经酸热解消化后,在酸性介质中,样品中的铅与硼氢化钠($NaBH_4$)或硼氢化钾(KBH_4)反应生成挥发性铅的氢化物(PbH_4),以氩气为载气,将氢化物导入电热石英原子化器中原子化,在特制铅空心阴极灯照射下,基态铅原子被激发至高能态,在去活化回到基态时,发射出特征波长的荧光,其荧光强度与铅含量成正比,根据标准曲线进行定量。

3 主要试剂与仪器

3.1 主要试剂:混合酸(硝酸:高氯酸＝4:1);盐酸溶液(1:1);草酸溶液(10g/L);铁氰化钾溶液(100g/L);氢氧化钠溶液(2 g/L);硼氢化钠溶液(10g/L);铅标准储备液(1.00mg/ml);铅标准使用液(100.0μg/ml)。
3.2 主要仪器:原子荧光光度计;铅空心阴极灯;电热板。

4　实验步骤

4.1　样品消化

采用湿法消解,称取固体样品 0.20～2.00g,液体样品 2.00～10.00 ml,置于 50～100 ml 消化容器中,然后加入混合酸(硝酸:高氯酸＝4:1)4～10 ml,摇匀浸泡,放置过夜。次日置于电热板上加热消解,至消化液呈淡黄色或无色(如消解过程色泽较深,稍冷补加少量硝酸继续消解);稍冷后加入 20ml 水再继续加热,至消解液为 0.4～1.0 ml,冷却后用少量水转入 25 ml 容量瓶中,加入盐酸(1:1)0.5 ml,草酸溶液(10g/L)0.5ml,摇匀;再加入铁氰化钾溶液(100g/L)1.0 ml,用水准确定容至刻度,摇匀,放置 30min 后测定。同时做试剂空白。

4.2　标准系列制备

取 10 ml 容量瓶 7 只,依次准确加入铅标准使用液(100.0μg /ml)0、0.1、0.2、0.3、0.5、1.0 ml(分别相当于铅浓度为 0、1、2、3、5、10μg/ml),用少量水稀释后,加入盐酸(1:1)0.5 ml、草酸溶液(10g/L)0.5ml,摇匀,再加入铁氰化钾溶液(100g/L)1.0 ml,用水准确定容至刻度,摇匀,放置 30min 后待测。

4.3　仪器条件

负高压 323V;铅空心阴极灯灯电流 75mA;原子化器炉温 750℃～800℃,炉高 8mm;氩气流速为载气 800ml/min;屏蔽气 1000 ml/min;加还原剂时间 7.0s;读数时间 15s;延迟时间 0s;测量方式:标准曲线法;读数方式:峰面积;进样体积 2.0 ml。

4.4　测定

测量空白、样品和标准系列的荧光强度,并计算出样品中铅的含量。

附录6　盐酸萘乙二胺法——亚硝酸盐的测定

1　原理

试样经沉淀蛋白质、除去脂肪后,在弱酸条件下亚硝酸盐与对氨基苯磺酸重氮化后,再与盐酸萘乙二胺偶合形成紫红色染料,与标准比较定量。

2　试剂

2.1　亚铁氰化钾溶液:称取 106.0 g 亚铁氰化钾($K_4Fe(CN)_6 \cdot 3H_2O$),用水溶解,并稀释至1000ml。

2.2　乙酸锌溶液:称取 220.0 g 乙酸锌($Zn(CH_3COO)_2 \cdot 2H_2O$),加 30ml 冰乙酸溶于水,并稀释至 1000ml。

2.3　饱和硼砂溶液:称取 5.0 g 硼酸钠($Na_2B_4O_7 \cdot 10H_2O$),溶于 100ml 热水中,冷却后备用。

2.4　对氨基苯磺酸溶液(4g /L):称取 0.4 g 对氨基苯磺酸,溶于 100 ml 20% 盐酸中,置棕色瓶中混匀,避光保存。

2.5　盐酸萘乙二胺溶液(2 g/L):称取 0.2 g 盐酸萘乙二胺,溶解于 100 ml 水中,混匀后,置棕色瓶中,避光保存。

2.6　亚硝酸钠标准溶液:准确称取 0. 1000 g 于硅胶干燥器中干燥 24 h 的亚硝酸钠,加水溶解移入 500 ml 容量瓶中,加水稀释至刻度,混匀。此溶液每毫升相当于 200 μg 的亚硝酸钠。

2.7　亚硝酸钠标准使用液:临用前,吸取亚硝酸钠标准溶液 5. 00 ml,置于 200 ml 容量瓶中,加水稀释至刻度,此溶液每毫升相当于 5. 0μg 亚硝酸钠。

3　仪器

3.1　小型绞肉机。

3.2　分光光度计。

4　步骤

4.1　试样处理

称取 5. 0 g 经绞碎混匀的试样,置于 50ml 烧杯中,加 12.5ml 硼砂饱和液,搅拌均匀,以 70℃ 左右的水约 300 ml 将试样洗入 500 ml 容量瓶中,于沸水浴中加热 15 min,取出后冷却至室温,然后一面转动,一面加入 5 ml 亚铁氰化钾溶液,摇匀,再加入 5 ml 乙酸锌溶液,以沉淀蛋白质。加水至刻度,摇匀,放置 0. 5 h,除去上层脂肪,清液用滤纸过滤,弃去初滤液 30 ml,滤液备用。

4.2　测定

吸取 40.0ml 上述滤液于 50ml 带塞比色管中,另吸取 0. 00、0. 20、0. 40、0. 60、0. 80、1. 00、1. 50、2. 00、2. 50 ml 亚硝酸钠标准使用液(相当于 0、1、2、3、4、5、7.5、10、12.5 μg 亚硝酸钠),分别置于 50 ml 带塞比色管中。于标准管与试样管中分别加入 2 ml 对氨基苯磺酸溶液(4 g/L),混匀,静置 3~5 min 后各加入 1 ml 盐酸萘乙二胺溶液(2 g/L),加水至刻度,混匀,静置 15 min,用 2 cm 比色杯,以零管调节零点,于波长 538 nm 处测吸光度,绘制标准曲线比较,同时做试剂空白。

5　结果计算

试样中亚硝酸盐的含量按式(1)进行计算。

$$X = \frac{A \times 1\,000}{m \times \frac{V_2}{V_1} \times 1\,000} \tag{1}$$

式中:

X——试样中亚硝酸盐的含量,单位为毫克每千克(mg/kg);

m——试样质量,单位为克(g);

A——测定用样液中亚硝酸盐的质量,单位为微克(μg);

V_1——试样处理液总体积,单位为毫升(ml);

V_2——测定用样液体积,单位为毫升(ml)。

计算结果保留两位有效数字。

6　精密度

在重复性条件下获得的两次独立测定结果的绝对差值不得超过算术平均值的 10%。

附录 7　镉柱法——硝酸盐的测定

1　原理

试样经沉淀蛋白质、除去脂肪后,溶液通过镉柱,使其中的硝酸根离子还原成亚硝酸根离子,在弱酸性条件下,亚硝酸根与对氨苯基磺酸重氮化后,再与盐酸萘乙二胺偶合形成红色染料,测得亚硝酸盐总量,由总量减去亚硝酸盐含量即得硝酸盐含量。

2　试剂

2.1　氨缓冲溶液(pH 值 9.6～9.7);量取 20ml 盐酸,加 50ml 水,混匀后加 50 ml 氨水,再加水稀释至 1000ml,混匀。

2.2　稀氨缓冲液:量取 50ml 氨缓冲溶液,加水稀释至 500ml,混匀

2.3　盐酸溶液(0.1 mol/L):吸取 5ml 盐酸,用水稀释至 600ml。

2.4　硝酸钠标准溶液:准确称取 0.1232g 于 110～120℃ 干燥恒重的硝酸钠,加水溶解,移于 500ml 容量瓶中,并稀释至刻度。此溶液每毫升相当于 200 μg 亚硝酸钠。

2.5　硝酸钠标准使用液:临用时吸取硝酸钠标准溶液 2.50ml,置于 100ml 容量瓶中,加水稀释至刻度。此溶液每毫升相当于 5μg 亚硝酸钠。

2.6　亚硝酸钠标准使用液同 3.7。

3　仪器

3.1　镉柱

3.1.1　海绵状镉的制备:投入足够的锌皮或锌棒于 500ml 硫酸镉溶液(200g /L)中,经 3～4h,当其中的镉全部被锌置换后,用玻璃棒轻轻刮下,取出残余锌棒,使镉沉底,倾去上层清液,以水用倾泻法多次洗涤,然后移入组织捣碎机中,加 500 ml 水,捣碎约 2 s,用水将金属细粒洗至标准筛上,取 20～40 目之间的部分。

3.1.2　柱的装填:如图 1。用水装满镉柱玻璃管,并装入 2 cm 高的玻璃棉做垫,将玻璃棉压向柱底时,应将其中所包含的空气全部排出,在轻轻敲击下加入海绵状镉至 8～10cm 高,上面用 1 cm 高的玻璃棉覆盖,上置一贮液漏斗,末端要穿过橡皮塞与镉柱玻璃管紧密连接。如无上述镉柱玻璃管时,可以 25ml 酸式滴定管代用。

当镉柱填装好后,先用 25ml 盐酸(0.1 mol/L)洗涤,再以水洗两次,每次 25ml,镉柱不用时用水封盖,随时都要保持水平面在镉层之上,不得使镉层夹有气泡。

3.1.3　镉柱每次使用完毕后,应先以 25ml 盐酸(0.1 mol/L)洗涤,再以水洗两次,每次 25ml,最后用水覆盖镉柱。

3.1.4　镉柱还原效率的测定:吸取 20 ml 硝酸钠标准使用液,加入 5 ml 稀氨缓冲液,混匀后依照 11.2.2～11.2.3 进行操作。取 10.0 ml 还原后的溶液(相当 10μg 亚硝酸钠)于 50ml 比色管中,以下按 5.2 进行操作,根据标准曲线计算测得结果,与加入量一致,还原效率应大于 98% 为符合要求。

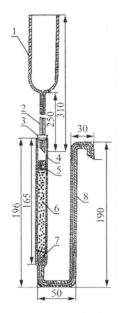

图 1　柱的装填

1—贮液漏斗，内径 35mm，外径 37mm；2—进液毛细管，内径 0.4 mm，外径 6mm；3—橡皮塞；4—福柱玻璃管，内径 12 mm，外径 16mm；5，7—玻璃棉；6—海绵状镉；8—出液毛细管，内径 2mm，外径 8mm

3.1.5　结果计算：还原效率按式（2）进行计算。

$$X=\frac{A}{10}\times100\%\qquad\qquad(2)$$

式中：

X— 还原效率；

A— 测得亚硝酸盐的质量，单位为微克（μg）；

10—测定用溶液相当亚硝酸盐的质量，单位为微克（μg）。

4　分析步骤

4.1　试样处理

同附录 6 的 4.1。

4.2　测定

4.2.1　先以 25 ml 稀氨缓冲液冲洗镉柱，流速控制在 3～5 ml/min（以滴定管代替的可控制在 2～3 ml/min）。

4.2.2　吸取 20ml 处理过的样液于 50ml 烧杯中，加 5ml 氨缓冲溶液，混合后注入贮液漏斗，使流经镉柱还原，以原烧杯收集流出液，当贮液漏斗中的样液流完后，再加 5ml 水置换柱内留存的样液。

4.2.3　将全部收集液如前再经镉柱还原一次，第二次流出液收集于 100ml 容量瓶中，继以水流经镉柱洗涤三次，每次 20ml，洗液一并收集于同一容量瓶中，加水至刻度，混匀。

4.2.4　亚硝酸钠总量的测定：吸取 10～20ml 还原后的样液于 50 ml 比色管中，以下按附录 6 的 4.2 自"吸取 0.00、0.20、0.40、0.60、0.80、1.00…"起依法操作。

4.2.5   亚硝酸盐的测定:吸取 40 ml 经 11.1 处理的样液于 50ml 比色管中,以下按附录 6 的 4.2 自"吸取 0.00、0.20、0.40、0.60、0.80、1.00…"起依法操作。

5   结果计算

试样中硝酸盐的含量按式(3)进行计算。

$$X=\left[\frac{A_1\times1\,000}{m\times\frac{V_1}{V_2}\times\frac{V_4}{V_3}\times1\,000}-\frac{A_2\times1\,000}{m\times\frac{V_6}{V_5}\times1\,000}\right]\times1.232 \tag{3}$$

式中:

X——试样中硝酸盐的含量,单位为毫克每千克(mg/kg);

m——试样的质量,单位为克(g);

A_1——经镉粉还原后测得亚硝酸钠的质量,单位为微克(μg);

A_2——直接测得亚硝酸盐的质量,单位为微克(μg);

1.232——亚硝酸钠换算成硝酸钠的系数;

V_1——测总亚硝酸钠的试样处理液总体积,单位为毫升(ml);

V_2——测总亚硝酸钠的测定用样液体积,单位为毫升(ml);

V_3——经镉柱还原后样液总体积,单位为毫升(ml);

V_4——经镉柱还原后样液的测定用样液体积,单位为毫升(ml);

V_5——直接测亚硝酸钠的试样处理液总体积,单位为毫升(ml);

V_6——直接测亚硝酸钠的试样处理液的测定用样液体积,单位为毫升(ml)。

计算结果保留两位有效数字。

6   精密度

在重复性条件下获得的两次独立测定结果的绝对差值不得超过算术平均值的 10%。

附录 8   示波极谱法——亚硝酸盐的测定

1   原理

试样经沉淀蛋白质、除去脂肪后,在弱酸性的条件下亚硝酸盐与对氨基苯磺酸重氮化后,在弱碱性条件下再与 8-羟基喹啉偶合形成橙色染料,该偶氮染料在汞电极上还原产生电流,电流与亚硝酸盐的浓度呈线性关系,可与标准曲线比较定量。

2   试剂

2.1   亚铁氰化钾溶液:称取 106.0 g 亚铁氰化钾($K_4Fe(CN)_6\cdot3H_2O$),用水溶解,并稀释至1 000 ml。

2.2   乙酸锌溶液:称取 220.0 g 乙酸锌($Zn(CH_3COO)_2\cdot2H_2O$),加 30ml 冰乙酸溶于水,并稀释至 1 000 ml。

2.3   饱和硼砂溶液:称取 5.0 g 硼酸钠($Na_2B_4O_7\cdot10H_2O$),溶于 100ml 热水中,冷却后备用。

2.4   对氨基苯磺酸溶液(8 g/L):称取 2 g 对氨基苯磺酸,用热水溶解,再加 25 ml 盐酸(1.0

mol/L），移至 250 ml 容量瓶稀释至刻度。

2.5 8-羟基喹啉溶液（1g /L）：称取 0.250g 8-羟基喹啉，加 4ml 盐酸（0.1 mol/L）和少量水溶解，移至 250 ml 容量瓶稀释至刻度。

2.6 EDTA 溶液（0.10mol/L）：称取 3.722g EDTA（$C_{10}H_{14}N_2O_8Na \cdot 2 H_2O$），加水 30ml 溶解，转入 100 ml 容量瓶中用水稀释至刻度。

2.7 氨水（5%）：吸取 28% 的浓氨水 5.00ml 于 100ml 容量瓶中，加水稀释至刻度。

2.8 亚硝酸盐标准溶液：准确称取 0.1000 g 于硅胶干燥器中 24 h 的亚硝酸钠，加水溶解移入 500 ml 容量瓶中，并稀释至刻度，此溶液每毫升相当于 $200\mu g$ 亚硝酸钠。

2.9 亚硝酸钠标准使用液：准确吸取亚硝酸钠标准溶液 5.00ml 于 200ml 容量瓶中，加水稀释至刻度，此溶液每毫升相当于 $5\mu g$ 亚硝酸钠。再取 10.00ml 该稀释液于 100 ml 容量瓶中，加水稀释至刻度，此溶液每毫升相当于 $0.5\mu g$ 的亚硝酸钠。

3 仪器

3.1 小型绞肉机。

3.2 示波极谱仪。

4 分析步骤

4.1 试样处理

称取 5.000g 经绞碎混匀的试样（午餐肉、火腿肠可称 10.00g～20.00g ），置于 50ml 烧杯中，加 12.5ml 硼砂饱和液，搅拌均匀，以 70℃ 的水 300 ml 将试样洗入 500ml 容量瓶中，于沸水浴中加热 15min，取出后冷却至室温，然后一面转动，一面加入 5 ml 亚铁氰化钾溶液，摇匀，再加入 5ml 乙酸锌溶液，以沉淀蛋白质。加水至刻度，摇匀，放置 0.5h，除去上层脂肪，清液用滤纸过滤，弃去初滤液 50ml，滤液备用。

4.2 测定

吸取 3 ml 上述滤液于 10ml 容量瓶（或比色管）中，另取 0、0.50、1.00、1.50、2.00、2.50、3.00ml 亚硝酸钠标准溶液（相当于 0、0.25、0.50、0.75、1.00、1.25、1.50μg 亚硝酸钠）于 10ml 容量瓶（或比色管）中，于标准与试样管中分别加入 0.20 ml EDTA 溶液（0.10 mol/L），1.50 ml 对氨基苯磺酸溶液（8g /L），混匀，静止 3～4min 后各加入 1.00ml 8-羟基喹啉溶液（1g /L）和 0.5 ml 氨水（5%），用水稀释至刻度，混匀，静止 10～15min，将试液全部转入电解池中（10ml 小烧杯）。在示波极谱仪上采用三电极体系进行测定（滴汞电极为工作电极，饱和甘汞电极为参比电极，铂电极为辅助电极）。

4.3 测定参考条件

原点电位调节在 −0.2V；倍率为 0.1（可以根据试样中亚硝酸盐含量多少选择合适的倍率，含量高，倍率高，倍率选择在 0.1 以上；反之，倍率选择在 0.1 以下）。

电极开关拨至三电极导数档。

测量开关拨至阴极。

将三电极插入电解池中，每隔 7s 仪器自行扫描一次，在荧光屏上记录 −0.56V 左右（允许电位波动 10～20 mV）的极谱波高，绘制标准曲线比较。

5 结果计算

试样中亚硝酸盐的含量按式（4）进行计算。

$$X = \frac{A \times 1\,000}{m \times (V_2/V_1) \times 1\,000 \times 1\,000} \tag{4}$$

式中：

X——试样中亚硝酸盐的含量，单位为克每千克(g/kg)；

A——测定用样液中亚硝酸盐的质量，单位为微克(μg)；

V_1——试样溶液的总体积，单位为毫升(ml)；

V_2——测定用样液的体积，单位为毫升(ml)；

m——试样质量，单位为克(g)。

计算结果保留两位有效数字。

6 精密度

在重复性条件下获得的两次独立测定结果的绝对差值不得超过算术平均值的10%。

附录9 盐酸副玫瑰苯胺法——农产品中漂白剂的测定

1 原理

亚硫酸盐与四氯汞钠反应生成稳定的络合物，再与甲醛及盐酸副玫瑰苯胺生成紫红色络合物，于550nm处有最大吸收，测定其吸光度以定量。反应式为

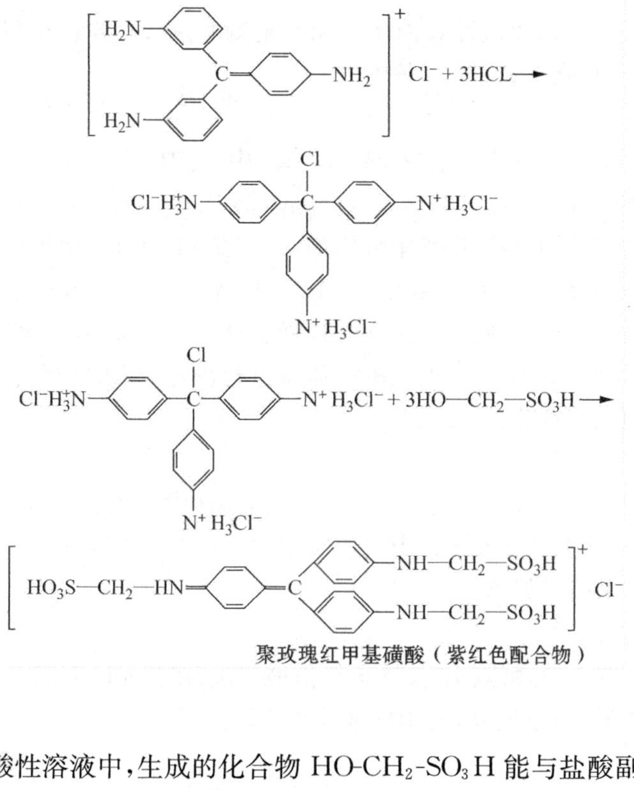

聚玫瑰红甲基磺酸（紫红色配合物）

在甲醛存在的酸性溶液中，生成的化合物 $HO\text{-}CH_2\text{-}SO_3H$ 能与盐酸副玫瑰品红起显色反应。20min即发色完全，在2~3h是稳定的。

2　试剂

2.1　四氯汞钠吸收液:称取 13.6g 氯化高汞及 6.0g 氯化钠,溶于水中并稀释至 1000ml,放置过夜,过滤后备用。

2.1.1　氨基磺酸铵溶液(12g/L)。

2.1.2　甲醛溶液(2g/L):吸取 0.55ml 无聚合沉淀的甲醛(36％),加水稀释至 100ml,混匀。

2.1.3　淀粉指示液:称取 1g 可溶性淀粉,用少许水调成糊状,缓缓倾入 100ml 沸水中,随加随搅拌,煮沸,放冷备用,此溶液临用时现配。

2.1.4　亚铁氰化钾溶液:称取 10.6g 亚铁氰化钾[$K_4Fe(CN)_6 \cdot 3H_2O$],加水溶解并稀释至 100ml。

2.1.5　乙酸锌溶液:称取 22g 乙酸锌[$Zn(CH_3COO)_2 \cdot 2H_2O$]溶于少量水中,加入 3ml 冰乙酸,加水稀释至 100ml。

2.1.6　盐酸副玫瑰苯胺溶液:称取 0.1g 盐酸副玫瑰苯胺($C_{19}H_{18}N_2Cl \cdot 4H_2O$;p-rosanilinen-hydrochlo-ride)于研钵中,加少量水研磨使溶解并稀释至 100ml。取出 20ml,置于 100ml 容量瓶中,加盐酸(1+1),充分摇匀后使溶液由红变黄,如不变黄再滴加少量盐酸至出现黄色,再加水稀释至刻度,混匀备用(如无盐酸副玫瑰苯胺可用盐酸品红代替)。

　　盐酸副玫瑰苯胺的精制方法:称取 20g 盐酸副玫瑰苯胺于 400ml 水中,用 50ml 盐酸(1+5)酸化,徐徐搅拌,加 4～5g 活性炭,加热煮沸 2min。将混合物倒入大漏斗中,过滤(用保温漏斗趁热过滤)。滤液放置过夜,出现结晶,然后再用布氏漏斗抽滤,将结晶再悬浮于 1000ml 乙醚-乙醇(101)的混合液中,振摇 3～5min,以布氏漏斗抽滤,再用乙醚反复洗涤至醚层不带色为止,于硫酸干燥器中干燥,研细后贮于棕色瓶中保存。

2.1.7　碘溶液[$c(1/2I_2)＝0.1mol/L$]。

2.1.8　硫代硫酸钠标准溶液[$c(Na_2S_2O_3 \cdot 5H_2O:248.17)＝0.100mol/L$],氢氧化钠溶液(20g/L),硫酸溶液(1+71)。

2.1.9　二氧化硫标准溶液和标准使用液:

　　二氧化硫标准溶液:称取 0.5g 亚硫酸氢钠,溶于 200ml 四氯汞钠吸收液中,放置过夜,上清液用定量滤纸过滤备用。

　　二氧化硫标准溶液的标定:吸取 10.0ml 亚硫酸氢钠-四氯汞钠溶液于 250ml 碘量瓶中,加 100ml 水,准确加入 20.00ml 碘溶液(0.1mol/L),5ml 冰乙酸,摇匀,放置于暗处 2min 后迅速以硫代硫酸钠(0.100mol/L)标准溶液滴定至淡黄色,加 0.5ml 淀粉指示液,继续滴至无色。另取 100ml 水,准确加入碘溶液 20.0ml(0.1mol/L)、5ml 冰乙酸,按同一方法做试剂空白试验。

　　二氧化硫标准使用液:临用前将二氧化硫标准溶液以四氯汞钠吸收液稀释成每毫升相当于 $2\mu g$ 二氧化硫。

　　二氧化硫标准溶液的浓度按下式计算:

$$X_1 = \frac{(V_2 - V_1) \times C \times 32.03}{10}$$

式中:

X_1——二氧化硫标准溶液浓度,mg/ml;

V_1——测定用亚硫酸氢钠-四氯汞钠溶液消耗硫代硫酸钠标准溶液体积,ml;

V_2——试剂空白消耗硫代硫酸钠标准溶液体积,ml;

C——硫代硫酸钠标准溶液的摩尔浓度,mol/L;

32.03——与每毫升硫代硫酸钠[$c(Na_2S_2O_3 \cdot 5H_2O)=1.000$mol/L 标准溶液相当的二氧化硫的质量,mg。

3　仪器

3.1　分光光度计

3.2　分析天平

3.3　25ml 具塞比色管。

4　试样处理

4.1　水溶性固体试样如白砂糖等可称取约 10.00g 均匀试样(样品量可视含量高低而定),以少量水溶解,置于 100ml 容量瓶中,加入 4ml 氢氧化钠溶液(20g/L),5min 后加入 4ml 硫酸(1+71),然后加入 20ml 四氯汞钠吸收液,以水稀释至刻度。

4.2 取蘑菇罐头样品,开罐后沥干水分,用扭力天平称取 50.00g 倒入组织捣碎机中,加150.00ml 水,捣成匀浆。称取 10.00 匀浆,置于 100ml 容量瓶中,加入 4ml 氢氧化钠溶液(20g/L),5min 后加入 4ml 硫酸(1+71),然后加入 20ml 四氯汞钠吸收液,加入亚铁氰化钾溶液及乙酸锌溶液各 2.5ml,混匀,以水稀释至刻度,静置 30min。过滤备用。

4.3　其他固体试样如饼干、粉丝等可称取 5.0~10.0g 研磨均匀的试样,以少量水湿润并移入100ml 容量瓶中,然后加入 20ml 四氯汞钠吸收液,浸泡 4h 以上,若上层溶液不澄清可加入亚铁氰化钾溶液及乙酸锌溶液各 2.5ml,最后用水稀释至 100ml 刻度,过滤后备用。

4.4　液体试样,葡萄酒等可直接吸取 5.0~10.0ml 试样,置于 100ml 容量瓶中,以少量水稀释,加 20ml 四氯汞钠吸收液,摇匀,最后加水至刻度,混匀,必要时过滤备用。

5　测定

吸取 0.50~5.0ml 上述试样处理液于 25ml 带塞比色管中。另吸取 0.00ml、0.20、0.40、0.60、0.80、1.00、1.50、2.00、2.50、3.00、3.50、4.00ml 二氧化硫标准使用液(每毫升相当于10μg 二氧化硫)(相当于 0.0、2.0、4.0、6.0、8.0、10.0、15.0、20.0、25.0、30.0、35.0、40.0μg 二氧化硫),分别置于 25ml 带塞比色管中。于试样及标准管中各加入四氯汞钠吸收液至 10ml,然后再加入 1ml 氨基磺酸钠溶液(12g/L)、1ml 甲醛溶液(2g/L)及 1ml 盐酸副玫瑰苯胺溶液,摇匀,放置 20min。用 1cm 比色杯,以零管调节零点,于波长 550nm 处测吸光度,绘制标准曲线比较。

6　计算

试样中二氧化硫的含量按下式进行计算。

$$X = \frac{A \times 1000}{m \times \dfrac{V}{100} \times 1000 \times 1000}$$

式中:

X——试样中二氧化硫的含量,g/kg;

A——测定用样液中二氧化硫的含量,μg;

m——试样质量,单位 g;

V——测定用样液的体积,ml。

计算结果表示到 3 位有效数字。

精密度:在重复条件下获得的两次独立测定结果的绝对差值不得超过 10%。

7 说明

7.1 本法适用于各类食品中游离型或结合型亚硫酸盐的检测,方法简便、快捷、灵敏度高,再现性好。其方法回收率 97.2%,最小检测量 $1\mu g$。

7.2 甲醛应无聚合沉淀为宜。

7.3 如无盐酸副玫瑰苯胺,可用盐酸品红代替。

7.4 检测时硫酸用量应控制好。过量使显色浅,量少使显色深。

7.5 二氧化硫使用液应使用新标定的溶液配制,否则含量会因时间长而降低。

7.6 显色时间在 10~30min 内稳定,温度在 10~25℃ 稳定,故比色时间应控制好温度与时间,否则影响测定结果。

7.7 亚硫酸和食品中的醛(乙醛等)、酮(酮戊二酸、丙酮酸)和糖(葡萄糖、果糖、甘露糖)相结合,以结合型的亚硫酸存在于食品中,加碱是将糖中的二氧化硫释放出来,加硫酸是为了中和碱,这是因为总的显色反应是在微酸性条件下进行的。

7.8 葡萄酒加四氯汞钠后,在不同时间测定,测定值随放置时间而增加,72h 后达到最大值。并和碘量法测定一致。

附录 10　蒸馏法——食品中亚硫酸盐的测定

1 原理

在密闭容器中对试样进行酸化并加热蒸馏,以释放出其中的二氧化硫,释放物用乙酸铅溶液吸收。吸收后用浓盐酸酸化,再以碘标准溶液滴定,根据所消耗的碘标准溶液量计算出试样中的二氧化硫含量。本法适用于色酒及葡萄糖糖浆、果脯。

2 试剂

2.1 盐酸(1+1):浓盐酸用水稀释 1 倍。

2.2 乙酸铅溶液(20g/L):称取 2g 乙酸铅,溶于少量水中并稀释至 100ml。

2.3 碘标准溶液[$c(1/2I_2=0.010mol/L)$]:将碘标准溶液(0.100mol/L)用水稀释 10 倍。

2.4 淀粉指示液(10g/L):称取 1g 可溶性淀粉,用少许水调成糊状,缓缓倾入 100ml 沸水中,随加随搅拌,煮沸 2min,放冷,备用,此溶液应临用时新制。

3 仪器

3.1 全玻璃蒸馏器。

3.2 碘量瓶。

3.3 酸式滴定管。

4 分析步骤

4.1 试样处理

固体试样用刀切或剪刀剪成碎末后混匀,称取约 5.00g 均匀试样(试样量可视含量高低而定)。液体试样可直接吸取 5.0~10.0ml 试样,置于 500ml 圆底蒸馏烧瓶中。

4.2　测定

4.2.1　蒸馏:将称好的试样置入圆底蒸馏烧瓶中,加入 250ml 水,装上冷凝装置,冷凝管下端应插入碘量瓶中的 25ml 乙酸铅(20g/L)吸收液中,然后在蒸馏瓶中加入 10ml 盐酸(1+1),立即盖塞,加热蒸馏。当蒸馏液约 200ml 时,使冷凝管下端离开液面,再蒸馏 1min。用少量蒸馏水冲洗插入乙酸铅溶液的装置部分,在检测试样的同时要做空白试验。

4.2.2　滴定:向取下的碘量瓶中依次加入 10ml 浓盐酸、1ml 淀粉指示液(10g/L)。摇匀之后用碘标准滴定溶液(0.01mol/L)滴定至变蓝且在 30s 内不褪色为止。

4.2.3　计算

试样中的二氧化硫含量按下式计算:

$$X = \frac{(A-B)0.01 \times 0.032 \times 100}{M}$$

式中:

X——试样中的二氧化硫总含量,单位 g/kg;

A——滴定样品所用碘标准滴定溶液(0.01mol/L)的体积,单位 ml;

B——滴定试剂空白所用碘标准滴定溶液(0.01mol/L)的体积,单位 ml;

M——试样质量,单位 g;

0.032——与 1ml 碘标准溶液$[c(1/2I_2)=1.000mol/L]$相当的二氧化硫的质量,单位 g。

附录 11　高效液相色谱法——食品中合成着色剂的测定

1　原理

食品中人工合成着色剂用聚酰胺吸附法或液—液分配法提取,制成水溶液,注入高效液相色谱仪,经反相色谱分离,根据保留时间定性和与峰面积比较进行定量。

2　试剂

2.1　正己烷。

2.2　盐酸。

2.3　乙酸。

2.4　甲醇:经 0.5μm 滤膜过滤。

2.5　聚酰胺粉(尼龙 6):过 200 目筛。

2.6　乙酸铵溶液(0.02 mol/L):称取 1.54 g 乙酸铵,加水至 1 000ml,溶解,经 0.45 μm 滤膜过滤。

2.7　氨水:量取氨水 2ml,加水至 100ml,混匀。

2.8　氨水-乙酸铵溶液(0.02 mol/L):量取氨水 0.5ml,加乙酸铵溶液(0.02 mol/L)至 1000ml,混匀。

2.9　甲醇—甲酸(6+4)溶液:量取甲醇 60ml,甲酸 40ml,混匀。

2.10　柠檬酸溶液:称取 20g 柠檬酸($C_6H_8O_7 \cdot H_2O$),加水至 100ml,溶解混匀。

2.11　无水乙醇-氨水-水(7+2+1)溶液:量取无水乙醇 70ml,氨水 20ml、水 10ml,混匀。

2.12　三正辛胺正丁醇溶液(5%)：量取三正辛胺 5ml,加正丁醇至 100ml,混匀。

2.13　饱和硫酸钠溶液。

2.14　硫酸钠溶液(2 g/L)。

2.15　pH6 的水：水加柠檬酸溶液调 pH 值到 6。

2.16　合成着色剂标准溶液：准确称取按其纯度折算为 100% 质量的柠檬黄、日落黄、览菜红、胭脂红、新红、赤薜红、亮蓝、靛蓝各 0.100 g,置 100ml 容量瓶中,加 pH6 水到刻度,配成水溶液(1.00mg/ml)。

2.17　合成着色剂标准使用液：临用时上述溶液(或将 3.16)加水稀释 20 倍,经 0.45 um 滤膜过滤,配成每毫升相当于 50.0 μg 的合成着色剂。

3　仪器

高效液相色谱仪,带紫外检测器,254 nm 波长。

4　分析步骤

4.1　试样处理

4.1.1　橘子汁、果味水、果子露汽水等：称取 20.0～40.0g,放入 100ml 烧杯中,含二氧化碳试样加热驱除二氧化碳。

4.1.2　配制酒类：称取 20.0～40.0g,放 100ml 烧杯中,加小碎瓷片数片,加热驱除乙醇。

4.1.3　硬糖、蜜饯类、淀粉软糖等：称取 5.00～10.00g 粉碎试样,放入 100ml 小烧杯中,加水 30ml,温热溶解,若试样溶液 pH 值较高,用柠檬酸溶液调 pH 值到 6 左右。

4.1.4　巧克力豆及着色糖衣制品：称取 5.00～10.00g,放入 100ml 小烧杯中,用水反复洗涤色素,到试样无色素为止,合并色素漂洗液为试样溶液。

4.2　色素提取

4.2.1　聚酰胺吸附法：试样溶液加柠檬酸溶液调 pH 值到 6,加热至 60℃,将 1g 聚酰胺粉加少许水调成粥状,倒入试样溶液中,搅拌片刻,以 G3 垂融漏斗抽滤,用 60℃ pH＝4 的水洗涤 3～5 次,然后用甲醇-甲酸混合溶液洗涤 3～5 次(含赤薜红的试样用 5.2.2 法处理),再用水洗至中性,用乙醇-氨水-水混合溶液解吸 3～5 次,每次 5ml,收集解吸液,加乙酸中和,蒸发至近干,加水溶解,定容至 5ml 经 0.45 μm 滤膜过滤,取 10μL 进高效液相色谱仪。

4.2.2　液一液分配法(适用于含赤薜红的试样)：将制备好的试样溶液放入分液漏斗中,加 2ml 盐酸、三正辛胺正丁醇溶液(5%)10～20ml,振摇提取,分取有机相,重复提取至有机相无色,合并有机相,用饱和硫酸钠溶液洗 2 次,每次 10ml,分取有机相,放蒸发皿中,水浴加热浓缩至 10ml,转移至分液漏斗中,加 60 ml 正己烷,混匀,加氨水提取 2～3 次,每次 5ml,合并氨水溶液层(含水溶性酸性色素),用正己烷洗 2 次,氨水层加乙酸调成中性,水浴加热蒸发至近干,加水定容至 5ml。经滤膜 0.45μm 过滤,取 10μL 进高效液相色谱仪。

4.3　高效液相色谱参考条件

4.3.1　柱：YWG-C1810μm 不锈钢柱 4.6 mm(i.d)×250mm。

4.3.2　流动相：甲醇：乙酸铵溶液(pH＝4,0.02 mol/L)。

4.3.3　梯度洗脱：甲醇:20%～35%,3%/min;35%～98%,9min;98%继续 6 min。

4.3.4　流速：1ml/min。

4.3.5　紫外检测器,254 nm 波长。

4.4　测定

取相同体积样液和合成着色剂标准使用液分别注入高效液相色谱仪,根据保留时间定性,外标峰面积法定量。

5　结果计算

试样中着色剂的含量按式(1)进行计算。

$$X=\frac{A\times1\,000}{m\times V_2/V_t\times1\,000\times1\,000}$$

式中：

X——试样中着色剂的含量,单位为克每千克(g/kg);

A——样液中着色剂的质量,单位为微克(μg);

V_2——进样体积,单位为毫升(ml);

V_1——试样稀释总体积,单位为毫升(ml);

m——试样质量,单位为克(g)。

计算结果保留两位有效数字。

6　精密度

在重复性条件下获得的两次独立测定结果的绝对差值不得超过算术平均值的10%。

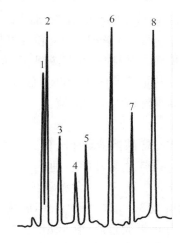

图1　8种着色剂色谱分离图

1—新红;2—柠檬黄;3—苋菜红;4—靛蓝;5—胭脂红;6—日落黄;7—亮蓝;8—赤藓红

附录12　薄层色谱法——食品中合成着色剂的测定

1　原理

水溶性酸性合成着色剂在酸性条件下被聚酰胺吸附,而在碱性条件下解吸附,再用纸色谱法或薄层色谱法进行分离后,与标准比较定性、定量。最低检出量为50μg。点样量为1μL时,检出浓度约为50m/kg。

2　试剂

2.1　石油醚:沸程 60～90℃。

2.2　甲醇。

2.3　聚酰胺粉(尼龙 6):200 目。

2.4　硅胶 G。

2.5　硫酸:(1+10)。

2.6　甲醇-甲酸溶液:(6+4)。

2.7　氢氧化钠溶液(50g/L)。

2.8　海砂:先用盐酸(1+10)煮沸 15 min,用水洗至中性,再用氢氧化钠溶液(50g/L)煮沸 15 min,用水洗至中性,再于 105℃ 干燥,贮于具玻璃塞的瓶中,备用。

2.9　乙醇(50%)。

2.10　乙醇-氨溶液:取 1ml 氨水,加乙醇(70%)至 100ml。

2.11　pH6 的水:用柠檬酸溶液(20%)调节至 pH6。

2.12　盐酸(1+10)。

2.13　柠檬酸溶液(200g/L)。

2.14　钨酸钠溶液(100g/L)。

2.15　碎瓷片:处理方法同 7.8。

2.16　展开剂如下:

2.16.1　正丁醇-无水乙醇-氨水(1%)(6+2+3):供纸色谱用。

2.16.2　正丁醇-吡啶-氨水(1%)(6+3+4):供纸色谱用。

2.16.3　甲乙酮-丙酮-水(7+3+3):供纸色谱用。

2.16.4　甲醇-乙二胺-氨水(10+3+2):供薄层色谱用。

2.16.5　甲醇-氨水-乙醇(5+1+10):供薄层色谱用。

2.16.6　柠檬酸钠溶液(25g/L)-氨水-乙醇(8+1+2):供薄层色谱用。

2.17　合成着色剂标准溶液:按 3.16 方法,分别配制着色剂的标准溶液浓度为每毫升相当于 1.0 mg。

2.18　着色剂标准使用液:临用时吸取色素标准溶液各 5.0 ml,分别置于 50ml 容量瓶中,加 pH6 的水稀释至刻度。此溶液每毫升相当于 0.10mg 着色剂。

3　仪器

3.1　可见分光光度计。

3.2　微量注射器或血色素吸管。

3.3　展开槽:25cm × 6cm × 4cm。

3.4　层析缸。

3.5　滤纸:中速滤纸,纸色谱用。

3.6　薄层板:5cm × 20cm。

3.7　电吹风机。

3.8　水泵。

4　分析步骤

4.1　试样处理

4.1.1   果味水、果子露、汽水:称取 50.0 g 试样于 100 ml 烧杯中。汽水需加热驱除二氧化碳。

4.1.2   配制酒:称取 100.0g 试样于 100 ml 烧杯中,加碎瓷片数块,加热驱除乙醇。

4.1.3   硬糖、蜜饯类、淀粉软糖:称取 5.0 0g 或 10.0g 粉碎的试样,加 30ml 水,温热溶解,若样液 pH 值较高,用柠檬酸溶液(200 g/L)调至 pH=4 左右。

4.1.4   奶糖:称取 10.0g 粉碎均匀的试样,加 30ml 乙醇-氨溶液溶解,置水浴上浓缩至约 20ml,立即用硫酸溶液(1+10)调至微酸性,再加 1.0 ml 硫酸(1+10),加 1ml 钨酸钠溶液(100g/L),使蛋白质沉淀,过滤,用少量水洗涤,收集滤液。

4.1.5   蛋糕类:称取 10.0 g 粉碎均匀的试样,加海砂少许,混匀,用热风吹干用品(用手摸已干燥即可),加入 30ml 石油醚搅拌。放置片刻,倾出石油醚,如此重复处理三次,以除去脂肪,吹干后研细,全部倒人 G3 垂融漏斗或普通漏斗中,用乙醇-氨溶液提取色素,直至着色剂全部提完,以下按 9.1.4 自"置水浴上浓缩至约 20ml……"起依法操作。

4.2   吸附分离

将处理后所得的溶液加热至 70℃,加入 0.5～1.0 g 聚酰胺粉充分搅拌,用柠檬酸溶液(200g/L)调 pH 至 4,使着色剂完全被吸附,如溶液还有颜色,可以再加一些聚酰胺粉。将吸附着色剂的聚酰胺全部转入 G3 垂融漏斗中过滤(如用 G3 垂融漏斗过滤可以用水泵慢慢地抽滤)。用 pH=4 的 70℃水反复洗涤,每次 20 ml,边洗边搅拌,若含有天然着色剂。再用甲醇-甲酸溶液洗涤 1～3 次,每次 20ml,至洗液无色为止。再用 70℃水多次洗涤至流出的溶液为中性。洗涤过程中应充分搅拌。然后用乙醇-氨溶液分次解吸全部着色剂,收集全部解吸液,于水浴上驱氨。如果为单色,则用水准确稀释至 50ml,用分光光度法进行测定。如果为多种着色剂混合液,则进行纸色谱或薄层色谱法分离后测定,即将上述溶液置水浴上浓缩至 2ml 后移入 5ml 容量瓶中,用 50%乙醇洗涤容器,洗液并入容量瓶中并稀释至刻度。

4.3   定性

4.3.1   纸色谱

取色谱用纸,在距底边 2 cm 的起始线上分别点 3～10μL 试样溶液,1～2μL 着色剂标准溶液,挂于分别盛有 7.16.1、7.16.2 的展开剂的层析缸中,用上行法展开,待溶剂前沿展至 15cm 处,将滤纸取出于空气中晾干,与标准斑比较定性。也可取 0.5ml 样液,在起始线上从左到右点成条状,纸的左边点着色剂标准溶液,依法展开,晾干后先定性后再供定量用。靛蓝在碱性条件下易褪色,可用 7.16.3 展开剂。

4.3.2   薄层色谱

4.3.2.1   薄层板的制备

称取 1.6g 聚酰胺粉、0.4g 可溶性淀粉及 2g 硅胶 G,置于合适的研钵中,加 15ml 水研匀后,立即置涂布器中铺成厚度为 0.3 mm 的板。在室温晾干后,于 80℃ 干燥 1h,置干燥器中备用。

4.3.2.2   点样

离板底边 2cm 处将 0.5 ml 样液从左到右点成与底边平行的条状,板的左边点 2μL 色素标准溶液。

4.3.2.3   展开

苋菜红与胭脂红用 7.16.4 展开剂,靛蓝与亮蓝用 7.16.5 展开剂,柠檬黄与其他着色剂用

7.16.6 展开剂。取适量展开剂倒入展开槽中,将薄层板放入展开,待着色剂明显分开后取出,晾干,与标准斑比较,如 Ri 相同即为同一色素。

4.4　定量

4.4.1　试样测定

将纸色谱的条状色斑剪下,用少量热水洗涤数次,洗液移入 10ml 比色管中,并加水稀释至刻度,作比色测定用。将薄层色谱的条状色斑包括有扩散的部分,分别用刮刀刮下,移入漏斗中,用乙醇-氨溶液解吸着色剂,少量反复多次至解吸液于蒸发皿中,于水浴上挥去氨,移入 10 ml 比色管中,加水至刻度,作比色用。

4.4.2　标准曲线制备

分别吸取 0、0.5、1.0、2.0、3.0、4.0ml 胭脂红、苋菜红、柠檬黄、日落黄色素标准使用溶液,或 0、0.2、0.4、0.6、0.8、1.0ml 亮蓝、靛蓝色素标准使用溶液,分别置于 10 ml 比色管中,各加水稀释至刻度。

上述试样与标准管分别用 1cm 比色杯,以零管调节零点,于一定波长下(胭脂红 510nm,苋菜红 520 nm,柠檬黄 430 nm,日落黄 482 nm,亮蓝 627 nm,靛蓝 620 nm),测定吸光度,分别绘制标准曲线比较或与标准系列目测比较。

5　结果计算

试样中着色剂的含量按式(2)进行计算。

$$X = \frac{A \times 1\,000}{m \times V_2/V_1 \times 1\,000} \tag{2}$$

式中:

X——试样中着色剂的含量,单位为克每千克(g/kg);

A——测定用样液中色素的质量,单位为毫克(mg);

m——试样质量或体积,单位为克或毫升(g 或 ml);

V_1——试样解吸后总体积,单位为毫升(ml);

V_2——样液点板(纸)体积,单位为毫升(ml)。

计算结果保留两位有效数字。

附录 13　示波极谱法——食品中合成着色剂的测定

1　原理

食品中的合成着色剂,在特定的缓冲溶液中,在滴汞电极上可产生敏感的极谱波,波高与着色剂的浓度成正比。当食品中存在一种或两种以上互不影响测定的着色剂时,可用其进行定性定量分析。

2　试剂

2.1　底液 A:磷酸盐缓冲液(常用于红色和黄色复合色素),可作苋菜红、胭脂红、日落黄、柠檬黄以及靛蓝着色剂的测定底液。称取 13.6g 无水磷酸二氢钾(KH_2PO_4)和 14.1g 无水磷酸氢二钠(Na_2HPO_4)或 35.6g 含结晶水的磷酸氢二钠($Na_2HPO_4 \cdot 12H_2O$)及 10.0g 氯化钠,加水溶解后稀释至 1L。

2.2　底液 B:乙酸盐缓冲液(常用于绿色和蓝色复合色素),可作靛蓝、亮蓝、柠檬黄、日落黄着色剂的测定底液。量取 40.0 ml 冰乙酸,加水约 400ml,加入 20.0g 无水乙酸钠,溶解后加水稀释至 1L。

2.3　柠檬酸溶液:200g/L。

2.4　乙醇-氨溶液:取 1 ml 浓氨水,加乙醇(70%)至 100 ml。

2.5　着色剂标准溶液:准确称取按其纯度折算为 100% 质量的人工合成着色剂 0.100 g,溶解后置于 100 ml 容量瓶中,加水至刻度,此溶液 1ml 含 1.00 mg 着色剂。

2.6　着色剂标准使用溶液:吸取着色剂标准溶液 1.00ml,置于 100ml 容量瓶中,加水至刻度。此溶液 1ml 含 10.0 μg 着色剂。

3　仪器

3.1　微机极谱仪。

3.2　常用玻璃仪器。

4　分析步骤

4.1　试样处理

4.1.1　饮料和酒类:取样 10.0～25.0ml,加热驱除二氧化碳和乙醇,冷却后用 200g/L 氢氧化钠和盐酸(1+1)调至中性,然后加蒸馏水至原体积。

4.1.2　表层色素类:取样 5.0～10.0g,用蒸馏水反复漂洗直至色素完全被洗脱,合并洗脱液并定容至一定体积。

4.1.3　水果糖和果冻类:取样 5.0g,用水加热溶解,冷却后定容至 25.0ml。

4.1.4　奶油类:取样 5.0g 于 50ml 离心管中,用石油醚洗涤三次,每次约 20～30ml,用玻璃棒搅匀,离心,弃上清液。低温挥去残留的石油醚后用乙醇-氨溶液溶解并定容至 25.0ml,离心,取上清液一定量水浴蒸干,用适量的水加热溶解色素,用水洗入 10ml 容量瓶并定容。

4.1.5　奶糖类:取样 5.0g 溶于乙醇-氨溶液至 25.0ml,离心。取上清液 20.0ml,加水 20ml,加热挥去约 2ml,冷却,用 200g/L 柠檬酸调至 pH4,加入 200 目聚酰胺粉 0.5～1.0g,充分搅拌使色素完全吸附后,用 30～40ml 酸性水洗入 50ml 离心管,离心,弃上层液体。沉淀物反复用酸性水洗涤 3～4 次后,用适量酸性水洗入含滤纸的漏斗中。用乙醇-氨溶液洗脱色素,将洗脱液水浴蒸干,用适量的水加热溶解色素,用水洗入 10ml 容量瓶并定容。

5　测定

5.1　极谱条件:滴汞电极,一阶导数,三电极制,扫描速度 250 mV/s,底液 A 的初始扫描电位为 $-0.2V$,终止扫描电位为 $-0.9V$。参考峰电位为苋菜红 $-0.42V$、日落黄 $-0.50V$、柠檬黄 -0.56 V、胭脂红 $-0.69V$、靛蓝 $-0.29V$。底液 B 的初始扫描电位为 $0.0V$,终止扫描电位为 $-1.0V$。参考峰电位(溶液、底液偏酸使出峰电位正移,偏碱使出峰电位负移):靛蓝 $-0.16V$、日落黄 $-0.32V$、柠檬黄 $-0.45V$、亮蓝 $-0.80V$。

5.2　标准曲线:吸取着色剂标准使用溶液 0,0.50,1.00,2.00,3.00,4.00 ml 分别于 10ml 比色管中,加入 5.00ml 底液,用水定容至 10.0 ml(浓度分别为 0,0.50,1.00,2.00,3.00,4.00 kg/ml),混匀后于微机极谱仪上测定,0 为试剂空白溶液。

5.3　试样测定:取试样处理液 1.00ml,或一定量(复合色素峰电位较近时,尽量取稀溶液),加底液 5.00ml,加水至 10.00ml,摇匀后与标准系列溶液同时测定。

6 计算

试样中着色剂的含量按式(3)进行计算。

$$X = \frac{c_x \times 10 \times 100}{m \times V_1 \times V_2 \times 1\,000 \times 1\,000} \tag{3}$$

式中：

X——试样中着色剂的含量，单位为克每升或克每千克(g/L 或 g/kg)；

c_x——试样测定液中着色剂的含量，单位为微克每毫升(μg/ml)；

m——试样取样质量或体积，单位为克或毫升(g 或 ml)；

V_1——试样测定液中试样处理液的体积，单位为毫升(ml)；

V_2——试样稀释后的总体积，单位为毫升(ml)。

计算结果保留两位有效数字。

7 精密度

在重复性条件下获得的两次独立测定结果的绝对差值不得超过算术平均值的10%。

附录 14 高效液相色谱法——食品中苏丹红的测定

1 原理

苏丹红属偶氨系列化工合成染料，样品经溶剂提取、固相萃取净化后，用反相高效液相色谱-紫外可见光检测器进行色谱分析，采用外标法定量。

2 试剂

2.1 乙腈 色谱纯

2.2 丙酮 色谱纯、分析纯

2.3 甲酸 分析纯

2.4 乙醚 分析纯

2.5 正己烷 分析纯

2.6 无水硫酸钠 分析纯

2.7 层析柱管：1cm(内径)×5cm(高)的注射器管。

2.8 层析用氧化铝(中性 100～200 目)：105℃干燥 2h，于干燥器中冷至室温，每 100g 中加入 2ml 水降活，混匀后密封，放置 12h 后使用。

注：不同厂家和不同批号氧化铝的活度有差异，须根据具体购置的氧化铝产品略作调整，活度的调整采用标准溶液过柱，将 1ug/ml 的苏丹红的混合标准溶液 1ml 加到柱中，用 5%丙酮正己烷溶液 60ml 完全洗脱为准，4 种苏丹红在层析柱上的流出顺序为苏丹红Ⅱ、苏丹红Ⅳ、苏丹红Ⅰ、苏丹红Ⅲ，可根据每种苏丹红的回收率作出判断。苏丹红Ⅱ、苏丹红Ⅳ的回收率较低表明氧化铝活性偏低，苏丹红Ⅲ的回收率偏低时表明活性偏高。

2.9 氧化铝层析柱：在层析柱管底部塞入一薄层脱脂棉，干法装入处理过的氧化铝至 3cm 高，轻敲实后加一薄层脱脂棉，用 10ml 正己烷预淋洗，洗净柱中杂质后，备用。

2.10 5%丙酮的正己烷液：吸取 50ml 丙酮用正己烷定容至 1L。

2.11 标准物质:苏丹红Ⅰ、苏丹红Ⅱ、苏丹红Ⅲ、苏丹红Ⅳ;纯度≥95%

2.12 标准贮备液:分别称取苏丹红Ⅰ、苏丹红Ⅱ、苏丹红Ⅲ及苏丹红Ⅳ各10.0mg(按实际含量折算),用乙醚溶解后用正己烷定容至250ml。

3 仪器

3.1 高效液相色谱仪(配有紫外可见光检测器)

3.2 分析天平:感量0.1mg

3.3 旋转蒸发仪

3.4 均质机

3.5 离心机

3.6 0.45μm有机滤膜

4 分析步骤

4.1 样品处理

4.1.1 红辣椒粉等粉状样品

称取1～5g(准确至0.001g)样品于三角瓶中,加入10～30ml正己烷,超声5min,过滤,用10ml正己烷洗涤残渣数次,至洗出液无色,合并正己烷液,用旋转蒸发仪浓缩至5ml以下,慢慢加入氧化铝层析柱中(4.9),为保证层析效果,在柱中保持正己烷液面为2mm左右时上样,在全程的层析过程中不应使柱干涸,用正己烷少量多次淋洗浓缩瓶,一并注入层析柱。控制氧化铝表层吸附的色素带宽宜小于0.5cm,待样液完全流出后,视样品中含油类杂质的多少用10～30ml正己烷洗柱,直至流出液无色,弃去全部正己烷淋洗液,用含5%丙酮的正己烷液60ml(4.10)洗脱,收集、浓缩后,用丙酮转移并定容至5ml,经0.45μm有机滤膜过滤后待测。

4.1.2 红辣椒油、火锅料、奶油等油状样品

称取0.5～2g(准确至0.001g)样品于小烧杯中,加入适量正己烷溶解(约1～10ml),难溶解的样品可于正己烷中加温溶解。按4.1.1中"慢慢加入到氧化铝层析柱……过滤后待测"操作。

4.1.3 辣椒酱、番茄沙司等含水量较大的样品

称取10～20g(准确至0.01g)样品于离心管中,加10～20ml水将其分散成糊状,含增稠剂的样品多加水,加入30ml正己烷:丙酮 = 3:1,匀浆5min,3 000rpm离心10min,吸出正己烷层,于下层再加入20ml×2次正己烷匀浆、离心,合并3次正己烷,加入无水硫酸钠5g脱水,过滤后于旋转蒸发仪上蒸干并保持5分钟,用5ml正己烷溶解残渣后,按4.1.1中"慢慢加入到氧化铝层析柱……过滤后待测"操作。

4.1.4 香肠等肉制品

称取粉碎样品10～20g(准确至0.01g)于三角瓶中,加入60ml正己烷充分匀浆5min,滤出清液,再以20ml×2次正己烷匀浆,过滤。合并3次滤液,加入5g无水硫酸钠脱水,过滤后于旋转蒸发仪上蒸至5ml以下,按4.1.1中"慢慢加入到氧化铝层析柱中……过滤后待测"操作。

4.2 仪器条件

色谱柱:Zorbax SB-C18 3.5μm 4.6mm×150mm(或相当型号色谱柱)。

流动相:溶剂A 0.1%甲酸的水溶液:乙腈 = 85:15。

溶剂B 0.1%甲酸的乙腈溶液:丙酮=80:20。

梯度洗脱:流速:1ml/min 柱温:30℃ 检测波长:苏丹红Ⅰ 478nm;苏丹红Ⅱ、苏丹红Ⅲ、苏丹红Ⅳ520nm;于苏丹红Ⅰ出峰后切换。进样量 10μl。梯度条件见表1。

4.3 标准曲线

吸取标准储备液 0、0.1、0.2、0.4、0.8、1.6ml,用正己烷定容至 25ml,此标准系列浓度为 0、0.16、0.32、0.64、1.28、2.56μg/ml,绘制标准曲线。

5 计算

按公式(1)计算苏丹红含量

$$R = C \times \frac{V}{M} \tag{1}$$

R——样品中苏丹红含量,单位为毫克每千克(mg/kg);

C——由标准曲线得出的样液中苏丹红的浓度,单位为微克每毫升(μg/ml);

V——样液定容体积,单位为毫升(ml);

M——样品质量,单位为克(g)。

表 1 梯度条件

时间/min	流动相		曲线
	A%	B%	线性
0	25	75	线性
10.0	25	75	线性
25.0	0	100	线性
32.0	0	100	线性
35.0	25	75	线性
40.0	25	75	线性

附录 15　Bt 玉米检测试剂盒
——玉米粉中 Starlink Cry9C 蛋白的测定

1 原理

根据抗原抗体特异性结合原理,第一步包被,第二步样品中转基因蛋白与包被在酶联板上的相应抗体结合,第三步酶标记的抗体和检测的转基因作物表达的蛋白相结合。结合的酶标记抗体上酶在加入底物后通过酶促反应形成有色物质,颜色深浅用酶联仪测定。

2 样品提取

称取合适样品放在适当容器中(精确到+g),并按要求吸取一定体积缓冲溶液到样品管,见表1,摇动 10min 后吸取上清液以 3 000~5 000rpm 离心 5min。

表 1　样品取样量和溶液体积

玉米样品	质量/g	溶液体积/ml
粉碎玉米	1.0	12
玉米粉	1.0	8
粗玉米粉	1.0	5

3　检测

3.1　加入 Bt9 玉米酶标记抗体(Cry9C 蛋白的抗体)包被有 Bt9 玉米抗体的孔中加入 Bt9 玉米的酶标抗体每孔 $100\mu L$。

3.2　加入样品,按照设计在相应孔中加入对照和样品提取液,每孔 $100\mu L$,覆盖封口膜防止污染和蒸发,轻敲酶联板大约 30s 混匀。

3.3　室温孵育 1h。

3.4　洗板,加入洗液每孔 $300\mu L$,洗 5 次。

3.5　显色,加入底物溶液每孔 $100\mu L$,轻敲 30s 混匀,室温孵育 10min。

3.6　终止反应,室温孵育 10min 后,加入终止液每孔 $100\mu L$,按照加入底物溶液的顺序加终止液。

3.7　15min 内在酶联仪滤光片单波长 450nm 下读数。

附录 16　试纸条法——玉米转基因 StarlinkTM 的测定

1　背景

由 Aventis 作物科学公司开发的 StarlinkTM 玉米,是运用现代生物技术的方法,导入从苏云金杆菌(Bt)得来的遗传物质经过遗传改良而得到。结果,StarlinkTM 玉米产生了一蛋白质 Cry9C,具有杀虫活性,能够有效控制欧洲钻心螟虫。美国环境保护局在 1998 年批准 StarlinkTM 玉米仅仅做动物饲料用。由于 StarlinkTM 玉米是用作动物饲料的,未被批准用作食品,在美国检测发现个别食品中被此转基因玉米品种污染,引起了消费者恐慌。目前许多国家进口农产品中,指明不能含有此转基因产品,因此对此转基因产品的检测具有非常重要的意义。

由美国 SDI(Strategic Diagnostics, Incorporatod)公司提供的试剂盒 Trait V Bt9 Lateral Flow Test Kit,能在 0.25%(400 粒有 1 粒 StarlinkTM 玉米)水平内检测 StarlinkTM 的 Cry9C 蛋白。

测试方案不能准确检测样品中 StarlinkTM 玉米的百分含量。检测的仅仅是根据样品的数目和大小,在一个指定的含量内,判断一个样品是否含有 Cry9C 蛋白。

2　检验可信度

基于取样理论,每一扦样批货物的大小对样品大小有重要的影响,这是谷物检验的一般原则,总的样品大小由可能接受的指定含量决定。分析方法的局限性决定了必须检验多少个小样,例如:如果一个申请者想要检验一个 1200 粒的样品,但分析方法仅能达到 400 粒检出一颗的可信度,那么1 200粒的样品必须分为3个400粒的小样。

官方扦样程序已经被发展为实用程序,用来获得随机样品。增加样品量能增加在低水平检测的可信度;然而,大样品的可靠结果仅能通过检验多个小样而获得。

3　样品准备

检验人员一定要额外小心,以免粗心混杂,确保样品的整体性。在官方样品中混入一粒外来样品就能影响试验结果。保证样品收集装置(例如取样铲子、收集斗)和实验设备(样品袋子、容器和分样器)没有残留谷物。根据《谷物检验手册》第一册《谷物取样》的程序取样。使用认可的分样器获取需要分析小样,保证原始样品大小能足够提供所有要求的小样的分析,用作测试样品,一般的刻度天平,可用作称量样品的缩分样。

分析的小样是115g(+5g)或大约400粒。这个大小要求适于所有的服务,包括呈送样品。如有必要,通过称100粒重然后乘以4来调节分析缩分样大小至400粒左右。

4　测试程序

4.1　加工样品

4.1.1　取小样测试缩分样(大约400粒)。

4.1.2　把小样放到一个干净干燥的用作捣碎的容器中。

4.1.3　将一个干净、干燥的刀片安装到混合装置上(食品加工器或混合器),在容器上放一个塑料保护罩,以防在样品加工时,容器破碎。

4.1.4　以高速磨碎小样直到所有整粒被打碎(大约30s)。

4.1.5　把小样从混合装置上卸下来,然后加入143～145ml水。

在容器上放一个盖子反复摇动,湿润所有的玉米粉粒(10～20s),然后让成泥浆状的样品放置15～30s,小样应该浓稠但又含有自由流动的液体。

4.1.6　使用检测试剂盒内提供的移液管将0.5ml液体从容器转移到1.5ml的样品管中。

(注:一些玉米成分在这一步骤中被转移到样品管中。)

4.1.7　加5滴TraitV样品缓冲液到样管中。

4.1.8　盖上盖子,摇动大约10s。

4.1.9　把1张TraitV Bt9测试条插入样品管中,让条带置于试管中直到控制线(顶线)清楚可见,如果样品是Cry9C蛋白阳性,测试线应在10min内形成。

5　测试条结果分析

在插入条带之后,要时常检查结果窗口,至少有一条控制线应该在储蓄垫下大约1cm处形成。在这个位置出现一条红线说明该测试条的功能正常。在控制线下出现的一条红线是测试线,这条红线表明测试结果是阳性。

附录17　PCR法——抗虫转Bt基因水稻定性

1　原理

根据转Bt基因抗虫水稻中CaMV 35S启动子、NOS终止子、cry1Ac基因或cry1Ab基因或cry1Ab/cry1Ac融合基因,以及水稻的内标准基因sps基因、gos基因,设计特异性引物/探针进行 PCR 扩增检测,以确定水稻及其产品中是否含有转 Bt 基因抗虫水稻成分。

2　试剂

除非另有说明,本方法试剂均为分析纯试剂和重蒸馏水。

2.1　琼脂糖。

2.2　溴化乙啶(EB)溶液:10 mg/ml。

注:EB 有致癌作用,配制和使用时应戴一次性手套操作并妥善处理废液。

2.3　10mol/L 氢氧化钠(NaOH)溶液:在 160ml 水中加入 80g NaOH,溶解后加水定容至 200ml,塑料瓶中保存。

2.4　500mmol/L EDTA 溶液(pH 值 8.0):称取二水乙二铵四乙酸二钠 18.6 g,加入 70 ml 水中,加入少量 10mol/L NaOH 溶液,加热至完全溶解后,冷却至室温,用 10mol/L NaOH 溶液调 pH 至 8.0,加水定容至 100 ml。在 103.4 kPa(121℃)条件下灭菌 20 min。

2.5　1mol/L Tris-HCl 溶液(pH 值 8.0):称取 121.1g 三羟甲基氨基甲烷(Tris)溶解于 800 ml 水中,用浓盐酸调 pH 至 8.0,加水定容至 1000ml。在 103.4 kPa(121℃)条件下灭菌 20min。

2.6　TE 缓冲液(pH 值 8.0):分别加入 1mol/L Tris-HCl(pH 8.0)10ml 和 500mmol/L ED-TA(pH8.0)溶液 2 ml,加水定容至 1000ml。在 103.4 kPa(121℃)条件下灭菌 20min。

2.7　50×TAE 缓冲液:称取 242.2g Tris,用 500ml 水加热搅拌溶解,加入 500 mmol/L ED-TA 溶液(pH 8.0)100ml,用冰乙酸调 pH 至 8.0,然后加水定容至 1000 ml。使用时用水稀释成 1×TAE。

2.8　加样缓冲液

称取溴酚蓝 0.25g,加入 10 ml 水,在室温下过夜溶解;再称取二甲基苯腈蓝 0.25g,用 10ml 水溶解;称取蔗糖 50g,用 30ml 水溶解,混合 3 种溶液,加水定容至 100ml,在 4℃下保存备用。

2.9　1 mol/L Tris-HCl(pH 7.5)

称取 121.1g Tris 碱溶解于 800ml 水中,用浓盐酸调 pH 至 7.5,用水定容至 1000ml。在 103.4kPa(121℃)条件下灭菌 20 min。

2.10　苯酚:氯仿:异戊醇溶液

将苯酚、氯仿和异戊醇按照 25:24:1 的体积比混合。

2.11　氯仿:异戊醇溶液

将氯仿和异戊醇按照 24:1 的体积比混合。

2.12　10mg/ml　RNase A

将胰 RNA 酶(RNase A)溶于 10mmol/L Tris-HCl(pH7.5)、15 mmol/L NaCl 中,配成 10mg/ml 的浓度,于 100℃加热 15min,缓慢冷却至室温,分装成小份保存于-20℃。

2.13　异丙醇。

2.14　3mol/L 乙酸钠(pH 5.6)

称取 408.3g 三水乙酸钠溶解于 800ml 水中,用冰乙酸调 pH 值至 5.6,用水定容至 1000ml。在 103.4kPa(121℃)条件下灭菌 20min。

2.15　70%乙醇(V:V)。

2.16　抽提液(1000 ml)

在 600ml 水中加入 69.3g 葡萄糖,20g 聚乙烯吡咯烷酮(K30)(PVP),1g DIECA(diethyl-dithiocarbamic acid),充分溶解,然后加入 1 mol/L Tris-HCl(pH7.5) 100ml,0.5mol/L EDTA(pH8.0)10ml,加水定容至 1000ml,4℃保存,使用时加入 0.2%(V/V)的 β-巯基乙醇。

2.17　裂解液(1 000 ml)

在 600 ml 水中加入 81.7 g 氯化钠,20 g 十六烷基三甲基溴化铵(CTAB),20 g 聚乙烯吡咯烷酮(K30)(PVP),1 g DIECA(diethyldithiocarbamic acid),充分溶解,然后加入 1mol/L Tris-HCl(pH7.5)100 ml,0.5 mol/L EDTA(pH8.0)4 ml,加水定容至 1000 ml,室温保存,使用时加入 0.2%(V/V)的 β-巯基乙醇。

2.18　DNA 分子量标准。

2.19　dNTPs:浓度为 10 mmol/L 的 dATP、dTTP、dGTP、dCTP4 种脱氧核糖核苷酸的等体积混合溶液。

2.20　适用于普通 PCR 反应 TaqDNA 聚合酶(5U/μL)及其反应缓冲液。

2.21　适用于实时荧光 PCR 反应 Taq DNA 聚合酶(5U/μL)及其反应缓冲液。

2.22　植物 DNA 提取试剂盒。

2.23　液状石蜡。

2.24　PCR 产物回收试剂盒。

3　操作步骤

3.1　DNA 提取和纯化

DNA 模板制备时设置不加任何试样的空白对照。称取 200mg 经预处理的试样,在液氮中充分研磨后装入液氮预冷的 1.5 ml 或 2 ml 离心管中(不需研磨的试样直接加入)。加入 1ml 预冷至 4℃的抽提液,剧烈摇动混匀后,在冰上静置 5min,4℃条件下 10 000g 离心 15min,弃上清液。加入 600μL 预热到 65℃的裂解液,充分悬浮沉淀,在 65℃恒温保持 40min,期间颠倒混匀 5 次。室温条件下,10 000g 离心 10min,取上清液转至另一新离心管中。加入 5μLRNaseA,37℃恒温保持 30min。分别用等体积苯酚:氯仿:异戊醇溶液和氯仿:异戊醇溶液各抽提一次。室温条件下,10 000g 离心 10min,取上清液转至另一新离心管中。加入 2/3 体积异丙醇,1/10 体积 3mol/L 的乙酸钠溶液(pH 5.6),−20℃放置 2~3h。在 4℃条件下,10 000g 离心 15 min,弃上清液,用 70%乙醇洗涤沉淀一次,倒出乙醇,晾干沉淀。加入 50μL TE(pH8.0)溶解沉淀,所得溶液即为样品 DNA 溶液。

3.2　DNA 溶液纯度测定和保存

将 DNA 溶液适当稀释,测定并记录其在 260nm 和 280nm 的紫外光吸收率,OD_{260} 值应该在 0.05~1 的区间内,OD_{260nm}/OD_{280nm} 比值应介于 1.4~2.0,根据 OD_{260} 值计算 DNA 浓度。依据测得的浓度将 DNA 溶液稀释到 25ng/μL,−20℃保存备用。

3.3　PCR 检测

3.3.1　PCR 反应

在 PCR 反应管中依次加入反应试剂,轻轻混匀,再加约 50μL 液状石蜡(有热盖设备的 PCR 仪可不加)。每个试样 3 次重复。离心 10s 后,将 PCR 管插入 PCR 仪中。反应程序为:95℃预变性 5min;进行 35 次循环扩增反应(94℃变性 1min,56℃退火 30s,72℃延伸 30s。根据不同型号的 PCR 仪,可将 PCR 反应的退火和延伸时间适当延长);72℃延伸 7min。反应结束后取出 PCR 反应管,对 PCR 反应产物进行电泳检测或在 4℃下保存待用。

在试样 PCR 反应的同时,应设置阴性对照、阳性对照和空白对照。阴性对照是指用非转基因水稻材料中提取的 DNA 作为 PCR 反应体系的模板;设置两个阳性对照,分别用转 Bt 基因抗虫水稻材料中提取的 DNA、以及转 Bt 基因水稻含量为 0.1% 的水稻 DNA 作为 PCR 反应体系的模板;设置两个空白对照,分别用无菌重蒸水和 DNA 制备空白对照作为 PCR 反应体系的模板。上述各对照 PCR 反应体系中,除模板外其余组分及 PCR 反应条件与试样 PCR 反应条件相同。

3.3.2　PCR 产物电泳检测

将适量的琼脂糖加入 1×TAE 缓冲液中,加热溶解,配制成浓度为 2.0%(w/v)的琼脂糖溶液,然后按每 100ml 琼脂糖溶液中加入 5μL EB 溶液的比例加入 EB 溶液,混匀,稍适冷却后,将其倒入电泳板上,插上梳板,室温下凝固成凝胶后,放入 1×TAE 缓冲液中,轻轻垂直向上拔去梳板。吸取 7μL 的 PCR 产物与适量的加样缓冲液混合后加入点样孔中,在其中一个点样孔中加入 DNA 分子量标准,接通电源在 2V/cm 条件下电泳。

3.3.3　凝胶成像分析

电泳结束后,取出琼脂糖凝胶,轻轻地置于凝胶成像仪上或紫外透射仪上成像。根据 DNA 分子量标准估计扩增条带的大小,将电泳结果形成电子文件存档或用照相系统拍照。根据琼脂糖凝胶电泳结果,对 PCR 扩增结果进行分析。

3.3.4　PCR 产物回收

按 PCR 产物回收试剂盒说明书回收 PCR 扩增的 DNA 片段。

3.3.5　PCR 产物测序验证

回收的 PCR 产物进行序列测定,并对测序结果进行比对和分析,确定 PCR 扩增的 DNA 片段是否为目的 DNA 片段。

4　结果分析

如果阳性对照的 PCR 反应中,水稻内标准 SPS 基因、CaMV 35S 启动子和/或 NOS 终止子和 Bt 基因得到了扩增,且扩增片段大小与预期片段大小一致,而在阴性对照中仅扩增出 SPS 基因片段,空白对照中没有任何扩增片段,表明 PCR 反应体系正常工作。否则,表明 PCR 反应体系不正常,需要查找原因重新检测。

在 PCR 反应体系正常工作的前提下,检测结果通常有以下几种情况:

4.1　在试样的 PCR 反应中,内标准 SPS 基因片段没有得到扩增,或扩增出的 DNA 片段与预期大小不一致,表明样品未检出 SPS 基因。

4.2　在试样 PCR 反应中,内标准 SPS 基因和 Bt 基因均得到了扩增,且扩增出的 DNA 片段大小与预期片段大小一致,无论 CaMV 35S 启动子和/或 NOS 终止子是否得到扩增,表明样品检出 Bt 基因。

4.3　在试样 PCR 反应中,内标准 SPS 基因、CaMV 35S 启动子和/或 NOS 终止子得到了扩增,且扩增片段大小与预期片段大小一致,但 Bt 基因没有得到扩增,或扩增出的 DNA 片段与预期大小不一致,表明样品检出 CaMV 35S 启动子和/或 NOS 终止子,未检出 Bt 基因。

4.4　在试样的 PCR 反应中,内标准 SPS 基因片段得到扩增,且扩增片段大小与预期片段大小一致,Bt 基因、CaMV 35S 启动子和 NOS 终止子没有得到扩增,表明样品未检出 Bt 基因;

5　结果表述

5.1　在试样的 PCR 反应中,未检出 SPS 基因和/或 GOS 基因,结果表述为"样品中未检出水稻成分"。

5.2 在试样 PCR 反应中,检出 Bt 基因,对于水稻及以水稻为唯一原料的产品,结果表述为"样品中检出转 Bt 基因水稻成分";对于混合原料产品,结果表述为"样品中检出 Bt 基因",需要进一步对加工原料进行检测确认。

5.3 在试样 PCR 反应中,未检出 Bt 基因,但检出 CaMV 35S 启动子和/或 NOS 终止子,表明该样品含有转基因成分,结果表述为"样品中检出 CaMV 35S 启动子和/或 NOS 终止子,未检出转 Bt 基因水稻成分"。

5.4 在试样的 PCR 反应中,检出水稻内标准基因,但未检出 Bt 基因、CaMV 35S 启动子和 NOS 终止子,结果表述为"样品中未检出转 Bt 基因水稻成分"。

参 考 文 献

[1] 中华人民共和国农业部. 中华人民共和国农业行业标准[S]. 北京:中国标准出版社,2001.

[2] 2008 年农业部国家标准名目[J]. 农业质量标准,2009(5).

[3] 2008 年农业部国家标准名目[J]. 农业质量标准,2009(1):28~33,35~39.

[4] 2008 年农业部国家标准名目[J]. 农业质量标准,2009(2):31~33.

[5] 2008 年农业部国家标准名目[J]. 农业质量标准,2009(3):29~31.

[6] 2008 年农业部国家标准名目[J]. 农业质量标准,2009(4):39~42.

[7] 2009 年农业部国家标准名目[J]. 农业质量与安全,2010(1):28~32.

[8] 2009 年农业部国家标准名目[J]. 农业质量与安全,2010(2):29~32.

[9] 2009 年农业部国家标准名目[J]. 农业质量与安全,2010(3):32~35.

[10] 2010 年农业部国家标准名目[J]. 农业质量与安全,2011(1):33~36.

[11] 2010 年农业部国家标准名目[J]. 农业质量与安全,2011(2):33.

[12] 2011 年农业部国家标准名目[J]. 农业质量与安全,2012(1):41~44.

[13] 刘连馥. 绿色食品导论[M]. 北京:企业管理出版社,1998.

[14] 孙小燕. 农产品质量安全问题的成因与治理——基于信息不对称视角的研究[D]. 重庆:西南财经大学出版社,2008.

[15] 彭进. 湖南省农产品质量安全检验检测体系及运行机制研究[D]. 湖南:国防科学技术大学,2005.

[16] 王晓虹. 农产品安全中的质量控制研究[D]. 青岛:青岛大学出版社,2008.

[17] 蒋业洋. 农产品质量标准体系建设问题研究[D]. 湖南:湖南农业大学出版社,2003.

[18] 铜山. 食用农产品安全生产长效机制和支撑体系建设研究[D]. 武汉:华中农业大学出版社,2008.

[19] 崔野韩,等. 我国农产品质量安全检验检测体系能力调查与对策研究[J]. 农业质量标准,2005(3):29~32.

[20] 辛盛鹏. 我国动物产品质量安全体系的研究与 HACCP 在生产中的应用[D]. 北京:中国农业大学出版社,2004.

[21] 翟虎渠. 农业概论[M]. 北京:高等教育出版社,2001.

[22] 杨洁彬,王晶,王柏琴,等. 食品安全性[M]. 北京:中国轻工业出版社,1999.

[23] 钟耀广. 食品安全学[M]. 北京:化学工业出版社,2005.

[24] 肖良. 中国农产品质量安全检验检测体系研究[D]. 北京:中国农业科学院,2007.

[25] 樊红. 中国农产品质量安全认证体系与运行机制研究[D]. 北京:中国农业科学院,2007.

[26] 钱富珍. 食品安全国际标准研究之国际食品法典委员会(CAC)组织机制及其标准体系研究[J]. 上海标准化,2005,(12):21~25.

[27] 哈益明,张德权. CAC 农产品加工标准体系现状及发展趋势[J]. 中国食物与营养,2005,(10):4~6.

[28] 徐丽珊. 大气氟化物对植物影响的研究进展[J]. 浙江师范大学学报(自然科学版),2004,27(1):66~71.

[29] 庞廷祥.大气氟污染对作物的危害及防治措施[J].热带农业工程,2000,1:3～6.

[30] 霍书浩,丁桑岚.大气污染对农业影响的经济损失分析[J].广州化工,2011,39(10):154～156.

[31] 刘大锰,刘志华,李运勇.煤中有害物质及其对环境的影响研究进展[J].地球科学进展,2002,17(6):840～847.

[32] 袁健,刘召敏,杨慎文,李继红.浅析土壤污染的种类、危害及防治措施[J].环境科学导刊,2010,29(增刊1):51～53.

[33] 张远,樊瑞莉.土壤污染对食品安全的影响及其防治[J].中国食物与营养,2009(3):10～13.

[34] 熊严军.我国土壤污染现状及治理措施[J].现代农业科技,2010(8):294～298.

[35] 刑艾莉.对我国水污染防治的立法思考[D].北京:中国地质大学,2008.

[36] 陈培镕,邓勃.现代仪器分析实验与技术[M].北京:清华大学出版社,1999

[37] 朱明华.仪器分析[M].北京:高等教育出版社,2000

[38] 贾春晓.现代仪器分析技术及其在食品中的应用[M].北京:中国轻工业出版社,2005

[39] 王立,汪正范.色谱分析样品处理[M].北京:化学工业出版社,2005

[40] 吴均烈.气相色谱检测方法[M].北京:化学工业出版社,2005

[41] 戴军.食品仪器分析技术[M].北京:化学工业出版社,2006

[42] 熊开元,贺红举.仪器分析[M].北京:化学工业出版社,2006

[43] 傅若农.色谱分析概论[M].北京:化学工业出版社,2005

[44] 杜建中,张天辉,丁玎,等.胶束电动毛细管电泳法分离测定食品中尼泊金酯的研究[J].食品科学,2009,30(12):183～186

[45] 陈耀祖,涂亚平.有机质谱原理及应用[M].北京:科学出版社,2001

[46] 司文会.现代仪器分析[M].北京:中国农业出版社,2005

[47] 藤葳,柳琪,李倩,等.重金属污染对农产品的危害与风险评估[M].北京:化学工业出版社,2010.

[48] 张扬祖.原子吸收光谱分析应用基础[M].上海:华东理工大学出版社,2007.

[49] 司文会.现代仪器分析[M].北京:中国农业出版社,2005.

[50] 贾春晓.现代仪器分析技术及其在食品中的应用[M].北京:中国轻工业出版社,2005.

[51] 邓勃.应用原子吸收与原子荧光光谱分析[M].北京:化学工业出版社,2003.

[52] 戴军.食品仪器分析技术[M].北京:化学工业出版社,2006.

[53] 杜一平.现代仪器分析方法[M].上海:华东理工大学出版社,2008.

[54] 孔繁瑶.家畜寄生虫学[M].北京:农业出版社.1993.

[55] 王志,等,译.动物性食品卫生学[M].北京:农业出版社,1988

[56] 杨洁彬,编.食品微生物学(第二版)[M].北京:北京农业大学出版社,1995

[57] 龚宏伟.转基因农产品检测前沿技术及应用[J].甘肃农业出版社,2010,12.

[58] 于艳波.农业转基因生物检测技术的初步研究[D].东北农业大学出版社,2003.

[59] 谢丽娟.转基因番茄的可见/近红外光谱快速无损检测方法[D].浙江大学出版社,2009.

[60] 肖唐华.转基因作物环境风险特性及其安全管理研究[D].华中农业大学出版社,2009.

[61] 郑伟娟.实用分子生物学实验[M].北京:高等教育出版社,2010.

[62] 王晶,王林,黄晓蓉,等.食品安全快速检测技术.北京:化学工业出版社,2002.